Mission Erde

T0092384

Detlef Angermann · Roland Pail ·
Florian Seitz · Urs Hugentobler

Mission Erde

Geodynamik und Klimawandel im Visier der Satellitengeodäsie

Mit Interviewbeiträgen von Günter Hein,
Harald Lesch und Stefan Rahmstorf

 Springer

Detlef Angermann
Deutsches Geodätisches Forschungsinstitut
Technische Universität München
München, Bayern, Deutschland

Florian Seitz
Deutsches Geodätisches Forschungsinstitut
Technische Universität München
München, Bayern, Deutschland

Roland Pail
Astronomische & Physikalische Geodäsie
Technische Universität München
München, Bayern, Deutschland

Urs Hugentobler
Satellitengeodäsie
Technische Universität München
München, Bayern, Deutschland

ISBN 978-3-662-62337-4   ISBN 978-3-662-62338-1   (eBook)
https://doi.org/10.1007/978-3-662-62338-1

Die Deutsche Nationalbibliothek verzeichnet diese Publikation in der Deutschen Nationalbibliografie; detaillierte bibliografische Daten sind im Internet über http://dnb.d-nb.de abrufbar.

Einbandabbildung: © mozZz / stock.adobe.com, Satellit: © ESA, P. Carril

Planung/Lektorat: Stefanie Wolf
Springer ist ein Imprint der eingetragenen Gesellschaft Springer-Verlag GmbH, DE und ist ein Teil von Springer Nature.
Die Anschrift der Gesellschaft ist: Heidelberger Platz 3, 14197 Berlin, Germany

Vorwort

Liebe Leserin, lieber Leser!

Wollten Sie immer schon erfahren, woher Ihr Handy weiß, wo Sie gerade unterwegs sind? Interessiert es Sie, wie geodynamische Prozesse und der fortschreitende Klimawandel unseren Planeten ständig verändern und wie wir zuverlässige Informationen über seinen Zustand und seine Veränderungen gewinnen können?

Gerade in Zeiten von „Fake News" und einer im wahrsten Sinne des Wortes heißen Klimadebatte finden wir es wichtig, einmal niederzuschreiben, was wir gesichert wissen, weil wir es direkt gemessen haben. Wir stellen dar, wie aus geodätischen Satellitenbeobachtungen eine Vielzahl an Informationen über den Zustand und die Veränderungen unserer Erde gewonnen werden und wie sich diese Informationen in immer bessere Modelle zur Beschreibung unseres komplexen Erdsystems einspeisen lassen – aber auch, wo wir mit unseren Messungen an Grenzen stoßen. Und es gibt da noch einen Aspekt, der vielfach übersehen wird. Uns Geodäten wird häufig mit Augenzwinkern vorgeworfen, dass wir uns lieber mit Messfehlern beschäftigen als mit der Messung selbst. Tatsächlich aber ist das Bewusstsein über Ungenauigkeiten entscheidend, um beurteilen zu können, wie verlässlich die aus den Messungen abgeleiteten Ergebnisse und Modelle überhaupt sind. Nur auf der Grundlage dieses Wissens kann die Zuverlässigkeit von Prognosen über zukünftige Entwicklungen beurteilt werden. Sie werden sehen: Mit hochgenauen Satellitendaten liefert die moderne Geodäsie belastbare Aussagen über geodynamische Prozesse im Erdsystem und über die Auswirkungen des Klimawandels. Über die Realisierung von globalen

Bezugssystemen höchster Genauigkeit schafft sie zudem die nötige Voraussetzung, um kleinste Veränderungen verlässlich über Jahre hinweg festzustellen.

Die Geodäsie ist eine der ältesten Wissenschaften der Welt und ihre Daten und Erkenntnisse hatten schon immer eine hohe gesellschaftliche Relevanz. Mit dem Eintritt in das Satellitenzeitalter haben sich ihr Charakter und das Anwendungsspektrum jedoch geradezu explosionsartig entwickelt. Für viele Bereiche des täglichen Lebens und als Informationsgrundlage für politische Entscheidungsträger spielt sie heute eine wichtige Rolle.

Ja, wir wissen es: Dieses Buch ist mit großem Mut zu noch größerer Lücke geschrieben – und mit der für viele vielleicht ungewohnten Perspektive „von oben". Wir bitten Kolleginnen und Kollegen aus anderen geodätischen Disziplinen um Nachsicht, dass wir deren Steckenpferde wie Ingenieurgeodäsie, Geoinformation, Landmanagement, Fotogrammetrie oder Kartografie, nur am Rande gestreift haben, obwohl sie mit ihren Ergebnissen genauso hohe gesellschaftliche Relevanz erzielen.

Dieses Buch ist geschrieben für Neugierige! Suchen Sie Formeln und mathematische Herleitungen? Tut uns Leid, dann ist es ein Fehlkauf. Erwarten Sie, auf der Basis dieses Buches jene umfassenden Algorithmen programmieren zu können, die benötigt werden, um die hier beschriebenen Ergebnisse zu reproduzieren? Vergeben Sie uns, dann ist das Buch für Sie ebenfalls ein Fehlkauf. Wir erheben auch nicht den Anspruch, ein Lehrbuch verfasst zu haben, obwohl die Inhalte für Studierende aus den Natur-, Geo- und Technikwissenschaften gleichermaßen interessant sein werden.

Zuletzt noch eine Anmerkung für Sprachwissenschaftler: Als ausgebildete Ingenieure verwenden wir in diesem Buch den zweckmäßigen Ansatz des generischen Maskulinums. Dadurch ersparen wir uns und Ihnen gendersprachliche Verrenkungen. Also, liebe Leserin und lieber Leser (ein letztes Mal), wir tun das mit der ausdrücklichen Festsstellung, dass wir uns über großes Interesse weiblicher Lesender (sehen Sie, genau deshalb!) mindestens genauso freuen. Ja genau, Frauen und Mädels, wir brauchen auch Euch in den Natur- und Technikwissenschaften ganz dringend!

Und nun laden wir Sie ein, uns auf unserer „Mission Erde" zu begleiten. Wir wünschen Ihnen viel Spaß und Interesse beim Erkunden und Vermessen des wohl spannendsten Planeten unseres Universums!

Prolog

Traurig schaut sie aufs Meer hinaus. Eine sanfte Brise zieht vom Meer herein und wiegt ihr langes, wallendes Haar. Gedankenverloren lässt sie ihre Blicke über den Horizont schweifen. Sie bleiben an den letzten Strahlen der untergehenden Sonne hängen, die der große Ozean täglich neu verschluckt – wieder und wieder. Das Meer war bisher ihr Freund gewesen. Über viele Generationen hat es ihre Familie mit Nahrung versorgt und ihr als wichtigster Spielplatz während ihrer Kindheit gedient. Unzählige Geschichten haben ihre Eltern und Großeltern von diesem Paradies erzählt. Nun hat sich aber etwas Entscheidendes verändert. Fast unmerklich, aber stetig dringt das Meer während der Gezeitenflut immer tiefer in das Landesinnere ein, verschluckt mehr und mehr vom schneeweißen Sandstrand und frisst sich immer weiter in Richtung ihres Dorfes vor. Noch hat es nicht begonnen, ihr Haus zu unterspülen. Sie weiß nicht, dass moderne Satellitentechniken das Fortschreiten des Meeresspiegelanstiegs mit hoher Genauigkeit vom Weltraum aus tagtäglich vermessen. Damit hat sie sich noch nie beschäftigt, wie moderne Technik bislang noch nie ein zentrales Element ihres Lebens war. Aber sie kann das, was die Satelliten messen, mit eigenen Augen sehen und erahnen, dass das ansteigende Meer nicht nur ein Problem für ihre kleine Welt darstellt. Sie weiß, dass sie bald wird gehen müssen, noch bevor das aquatische Ungetüm die Türschwelle ihres Hauses erreicht. Das steigende Salzwasser des Meeres hat das Grundwasser verseucht und die Böden unfruchtbar gemacht. Seit sich ihre Familie erinnern kann, konnte sich ihr Dorf autark ernähren. Von den Schätzen, die der reichlich vorhandene Boden und das noch reichlicher vorhandene Meer ihnen zu bieten hatten. Das hat sich nun geändert – schleichend, aber doch unaufhaltsam.

Sie werden von hier wegziehen in die nächstgelegene Großstadt am Festland. Zumindest für ein paar Generationen, bis auch diese vom steigenden Meeresspiegel bedroht wird. Sie wird gehen müssen, aber sie weiß, dass ihr Herz für immer hierbleiben wird …

Strömender Regen peitscht auf sie herab, durchnässt ihre Haare und ihre Kleidung. Sie vergräbt sich tief in ihre Jacke und versucht, an der nächstgelegenen Markise des Lebensmittelgeschäfts Unterstand zu finden. Umständlich kramt sie ihr neues Mobiltelefon aus der Tasche. Mit dem Umzug wurde sie mit einem Schlag mit einer völlig neuen Welt konfrontiert. Riesige Häuser, belebte Straßen, schmutzige Luft und unzählige Menschen. Nichts ist wie früher, und etwas Gravierendes hat sich geändert: Moderne Technik beherrscht das neue Leben in der pulsierenden Stadt. Mittlerweile hat sie sich an das Handy gewöhnt und gelernt, es für sich persönlich zu nutzen. Es ist nicht größer als die Muschelschale, die sich in ihrer anderen Jackentasche befindet und sie an ihr altes Leben erinnern, sie mit ihrem alten Leben verbinden soll. Dieses kleine Hightech-Gerät ist zu ihrem unverzichtbaren Begleiter geworden, um sich in diesem Dschungel aus Häusern, Autos und Straßen zu orientieren, während ihre Eltern und Großeltern so gar nicht damit warm werden können. Seit gut fünf Wochen ist sie nun hier, aber vieles ist ihr noch fremd, etwa die undurchsichtige Bürokratie, mit der sie zuvor niemals etwas zu tun hatte. Sie muss aufs Einwohnermeldeamt, um persönliche Dinge zu regeln und wichtige Dokumente vorzulegen. Noch nie war sie in diesem Teil der Stadt, der so ganz anders aussieht wie jener, wo sie zusammen mit ihrer Familie eine kleine, einfache Wohnung bezogen hat. Sie hat im strömenden Regen die Orientierung verloren und sich verlaufen. Um ihr Mobiltelefon vor der Sintflut, die vom Himmel strömt, zu schützen, presst sie sich eng an die Wand. Der Bildschirm wird hell erleuchtet, als sie die Aktivierungstaste drückt. Unbemerkt nimmt ihr Mobiltelefon Kontakt mit allen von ihrem Standort aus sichtbaren Positionierungssatelliten auf, um in Windeseile ihre aktuelle Position zu ermitteln und auf der elektronischen Karte anzuzeigen. Weitere Informationen poppen auf: die Positionen von Banken, Postämtern, Restaurants und Supermärkten in ihrer Nähe. All das, was ein ausgeklügeltes System dahinter als „wichtige Orte" interpretiert hat. Nachdem der Regen nun langsam an Intensität verliert, setzt sie sich in Bewegung, geleitet von einem kleinem blauen Punkt und einem Pfeil auf einem winzigen Bildschirm …

Inhaltsverzeichnis

Über die Autoren

Detlef Angermann (*1958) ist promovierter Geodät und leitet den Bereich Referenzsysteme am Deutschen Geodätischen Forschungsinstitut der TU München. Seine Forschungsarbeiten fokussieren sich auf die Analyse geodätischer Weltraumbeobachtungen zur Realisierung von Referenzsystemen und zur Bestimmung von Erdsystemparametern. Er ist Direktor des Büros für Produkte und Standards des Globalen Geodätischen Beobachtungssystems der Internationalen Assoziation für Geodäsie.
Kontakt: www.dgfi.tum.de

Roland Pail (*1972) ist Professor für Astronomische und Physikalische Geodäsie an der TU München. Seine Forschungsaktivitäten umfassen Themen der physikalischen und numerischen Geodäsie, mit den Schwerpunkten globale und regionale Modellierung des Schwerefeldes der Erde, Satellitenmissionen zur Erdbeobachtung und Anwendungen in Komponenten des Erdsystems (Ozeane, Wasserkreislauf, Eismassen, Geophysik).
Kontakt: https://www.lrg.tum.de/iapg/mitarbeiter/pail/

Florian Seitz (*1976) ist Professor für Geodätische Geodynamik und leitet das Deutsche Geodätische Forschungsinstitut der TU München. Seine Forschungsinteressen sind die Kombination geodätischer Weltraumbeobachtungsverfahren, geodätische Referenzsysteme und Erdrotation, die Bestimmung zeitlicher Veränderungen der Meeresoberfläche und die Erforschung von dynamischen Prozessen und Wechselwirkungen im System Erde.
Kontakt: www.dgfi.tum.de

Urs Hugentobler (*1959) ist Professor für Satellitengeodäsie und leitet die Forschungseinrichtung Satellitengeodäsie der TU München, welche zusammen mit dem Bundesamt für Kartographie und Geodäsie das Geodätische Observatorium Wettzell im Bayerischen Wald betreibt. Seine Forschungsthemen fokussieren auf die hochgenaue Positionierung mittels der globalen Navigationssatellitensysteme sowie der präzisen Modellierung der Satellitenbahnen.

Kontakt: https://www.lrg.tum.de/iapg/mitarbeiter/hugentobler/

1

Einführung

1.1 Die Erde – Ein dynamischer Planet

Wir leben auf einem hochgradig dynamischen Planeten, auf und in dem laufend Veränderungsprozesse stattfinden. Viele dieser Veränderungen sind mit dem unmittelbaren Lebensraum von uns Menschen verknüpft, und einige davon stellen subtile Indikatoren für potenzielle Klimaveränderungen dar.

Abb. 1.1 zeigt die wichtigsten Komponenten des Erdsystems sowie diverse geodynamische Prozesse, die im Inneren, an der Oberfläche oder im Außenraum der Erde stattfinden. Im Bereich des Erdinneren laufen Veränderungsvorgänge auf sehr langen Zeitskalen von Millionen von Jahren ab, zum Beispiel konvektive Bewegungen im Erdmantel, die letztlich Prozesse in der Lithosphäre wie die Plattentektonik antreiben und somit für Gebirgsbildung, Erdbeben und Vulkanismus verantwortlich sind. In den Ozeanen finden große Wärme- und Energietransporte über die Ozeanströmungen statt. Hier werden große Mengen von der Sonne eingestrahlter Energie von den Äquatorregionen in Richtung der Pole verlagert. Im Bereich des Wasserkreislaufs spiegeln sich sowohl jahreszeitliche periodische Vorgänge wider, aber auch Trends in Niederschlag, Verdunstung und Abfluss, die letztlich zu veränderlichen Wasserspeichermengen in einer bestimmten Region führen. Neben dem flüssigen Wasser gibt es ebenfalls langzeitliche Variationen wie säkulare Abschmelzvorgänge sowohl großer Eisschilde (Grönland, Antarktis) als auch kleinerer Inlandgletscher. All diese Teilsysteme sind untereinander, aber auch mit der Atmosphäre sehr eng gekoppelt. Diese enge Interaktion

© Springer-Verlag GmbH Deutschland, ein Teil von Springer Nature 2021
D. Angermann et al., *Mission Erde,* https://doi.org/10.1007/978-3-662-62338-1_1

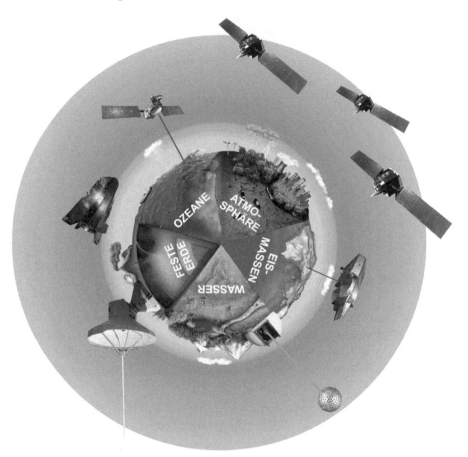

Abb. 1.1 Komponenten des Systems Erde und geodätische Beobachtungsverfahren

macht auch das Verständnis dieses komplexen Systems Erde so schwierig, denn jede Änderung in einem Teilsystem kann in einem anderen Teilsystem massive Konsequenzen auslösen. Wenn man also an einem Faden in dem einen Teilsystem zieht, dann ist es nicht unwahrscheinlich, dass der Pullover in der benachbarten Teilkomponente aufgetrennt wird.

Aus der Sicht des Systemverständnisses und der Modellierung ergeben sich daraus aber auch wichtige Randbedingungen in der Form sogenannter Erhaltungsgrößen. Wenn zwei oder mehrere Teilsysteme miteinander kommunizieren wie Gefäße, die durch Rohre verbunden sind, so muss in einem Gefäß genauso viel Wassermasse ankommen wie aus dem anderen abfließt. Ähnliches wie für die (Wasser-)Masse gilt auch für Energie und, etwas abstrakter, den Drehimpuls. Von besonderer Bedeutung für uns ist natürlich auch die Interaktion der einzelnen Teilsysteme und letztlich des

Gesamtsystems Erde mit der auf ihr lebenden Biosphäre, von der wir als Menschen ein zentraler Bestandteil sind.

1.2 Erdsystem, Klimawandel und Gesellschaft

In diesem Wechselspiel sind Veränderungsvorgänge in den Teilsystemen auch Indikatoren für ein sich veränderndes Weltklima. Hier spielt zunehmend folgende Frage eine zentrale Rolle: Welche der beobachtbaren Veränderungsprozesse sind Teil eines natürlichen Zyklus und welche werden vom Menschen verursacht oder zumindest beeinflusst?

Ein Beispiel für Trends im System Erde ist die Veränderung der globalen Durchschnittstemperatur der Erde. Seit Beginn der industriellen Revolution zu Beginn des vorigen Jahrhunderts ist die globale mittlere Oberflächentemperatur um mehr als ein Grad Celsius gestiegen, und der Kohlendioxidgehalt der Atmosphäre hat sich in diesem Zeitraum um nahezu 50 Prozent erhöht. Mithilfe von rechentechnisch höchst aufwendigen Klimamodellen, welche auf den weltweit größten wissenschaftlichen Rechnersystemen betrieben werden, können auch Prognosen für die Zukunft erstellt werden. Abb. 1.2 zeigt den Verlauf globaler Mitteltemperaturen der vergangenen 120 Jahre sowie Vorhersagen für die globale Temperaturentwicklung für das nächste Jahrhundert. Je nach angenommenem Szenario, insbesondere welche Gegenmaßnahmen in den nächsten Jahren politisch auf globaler Ebene eingeleitet werden, wird eine Temperaturzunahme von ca. 1,5 bis 4,5 Grad Celsius als globaler Mittelwert vorhergesagt. Das aus den Medien bekannte „Zwei-Grad-Celsius-Ziel" zu erreichen (gemäß Pariser Klimavertrag von 2015 wird sogar eine Begrenzung auf 1,5 Grad Celsius eingefordert), auf das man sich auf den vergangenen Weltklimakonferenzen nach hartem Ringen geeinigt hat, erscheint aus der Sicht des bisher Erreichten als äußerst fragwürdig oder zumindest als sehr ambitioniert.

Dazu kommt, dass sich aufgrund der Komplexität des Erdsystems und des unterschiedlichen Verhaltens von Festland und Ozean hinsichtlich Temperaturveränderungen regional sehr große Unterschiede ergeben. Die Kontinente erwärmen sich viel leichter und schneller als die Ozeane. Abb. 1.3 demonstriert die unregelmäßige geografische Verteilung der vorhergesagten Temperaturzunahme. Dazu wurden vorhergesagte Temperaturen für die Jahre 2081 bis 2100 gemittelt und einer Mitteltemperatur für den Zeitraum 1986 bis 2005 gegenübergestellt. Dargestellt ist die regionale Temperaturentwicklung für ein optimistisches Klimaszenario (Abb. 1.3a), bei dem von einer massiven Reduktion der Emissionen von Kohlendioxid

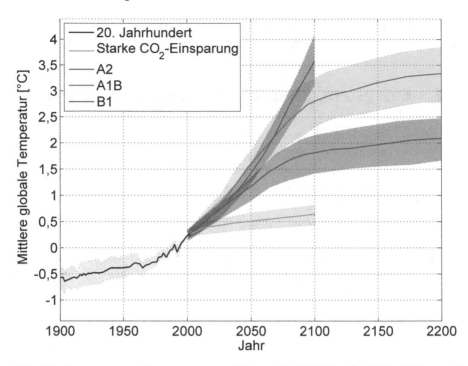

Abb. 1.2 Prognose zur Temperaturentwicklung bis 2100 (nach IPCC, 2007, modifiziert). Die Kurven B1, A1B und A2 beziehen sich auf verschiedene Szenarien für die zukünftigen Treibhausgasemissionen

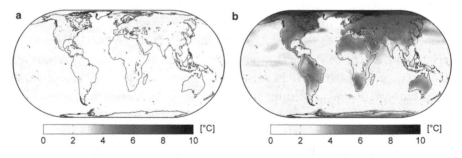

Abb. 1.3 Geografische Verteilung der Temperaturveränderungen in den Jahren 2081 bis 2100 verglichen mit den Jahren 1986 bis 2005 für ein (**a**) optimistisches und ein (**b**) pessimistisches Klimaszenario (nach IPCC, 2014, modifiziert)

(CO_2) ausgegangen wird, und ein pessimistisches Szenario (Abb. 1.3b), dem ein weiterer Anstieg von Treibhausgasen zugrunde gelegt wurde. Offensichtlich sind die polnahen Regionen der Nordhemisphäre besonders stark betroffen, während andere Gebiete – insbesondere Ozeanflächen – sich nur geringer erwärmen werden. Da die Ozeanflächen, die ca. 70 Prozent der

Erdoberfläche einnehmen und deshalb stark in die Mittelwertbildung eingehen, bedeutet eine globale mittlere Temperaturzunahme von zwei Grad Celsius, dass es innerhalb eines Jahrhunderts in den Kontinentalregionen um vier bis fünf Grad Celsius, und in Polgebieten sogar um sechs bis sieben Grad Celsius wärmer werden wird.

Aufgrund dieser Temperaturveränderungen kommt es zu einer Reihe weiterer zeitlicher Variationen im System Erde. So können heute Abschmelzvorgänge der großen Eisschilde wie Grönland und Antarktis nachgewiesen werden (Abschn. 4.5). Damit gekoppelt ist ein Anstieg des globalen Meeresspiegels. Dieser ist im vergangenen Jahrhundert um ca. 20 Zentimeter angestiegen (Abschn. 4.4).

Das Verständnis für die Veränderungsprozesse unseres Systems Erde ist allerdings nicht nur von wissenschaftlichem Interesse, denn diese haben auch einen sozioökonomischen Impact. Naturkatastrophen wie zum Beispiel Erdbeben, Vulkanausbrüche, Überflutungen, Erdrutsche, Stürme fordern jährlich nicht nur mehrere Zehntausend Menschenleben, sondern verursachen aufgrund der großen Sachschäden auch hohe Kosten. Außerdem ist die Erde ein endlicher Planet mit beschränkten Ressourcen von Rohstoffen, fossiler Energie, Trink- und Brauchwasserverfügbarkeit und bewirtschaftbaren Böden. Dem gegenüber steht eine stetig wachsende Weltbevölkerung. Im Jahr 2050 wird mit einer Weltbevölkerung von 8,5 Milliarden Menschen gerechnet. Die Endlichkeit der zur Verfügung stehenden Ressourcen kann zu Völkerwanderungen, politischen und militärischen Konflikten führen.

Aufgrund der dynamischen Prozesse des Systems Erde entstehen auch globale Risiken. Neben klassischen Risiken durch Naturkatastrophen wie Erdbeben, Vulkanismus oder Orkane haben auch langsame Prozesse wie etwa der Anstieg des Meeresspiegels ein enormes Bedrohungspotenzial. Der damit verbundene Verlust von Lebensräumen kann größere Migrationsbewegungen und gesellschaftliche Konflikte zur Folge haben.

1.3   Geodynamische Prozesse – Sehr ungleich schnell

Die Perioden geodynamischer Prozesse sind dabei sehr unterschiedlich. Plattentektonische Prozesse (Abschn. 4.2) laufen in Millionen von Jahren ab und führen zu Bewegungen lithosphärischer Platten im Schneckentempo von einigen Zentimetern pro Jahr. Vergleichbar mit einem Flitzebogen, der über lange Zeiträume gespannt und schlagartig losgelassen wird, werden

die durch Plattentektonik aufgestauten Spannungen in der Form von Erdbeben in oft nur wenigen Sekunden abrupt abgebaut (Abschn. 4.2). Dabei
entstehen seismische Wellen, die mit einer Geschwindigkeit von mehreren
Kilometern pro Sekunde durch den Erdkörper laufen.

Veränderungen in den Wassermassen unserer Erde spielen sich ebenfalls auf völlig unterschiedlichen Zeitskalen ab. Während wir einen
globalen Meeresspiegelanstieg von gut drei Millimetern im Jahr beobachten
(Abschn. 4.4), haben Tsunamis Ausbreitungsgeschwindigkeiten von
mehreren Hundert Metern pro Sekunde (Abschn. 4.3).

Was bedeutet es dann aber, wenn wir solche Veränderungsvorgänge
beobachten wollen? Aus den angeführten Extrembeispielen hinsichtlich
räumlicher und zeitlicher Skalen können wir schon Anforderungen für
Beobachtungssysteme zur Messung dieser Phänomene ableiten. Einerseits ist es das Ziel, äußerst kleine Veränderungsprozesse zu erfassen, die
sehr langsam ablaufen. Das bedeutet, dass wir mit extrem hoher Genauigkeit beobachten müssen, um etwa Plattenbewegungsgeschwindigkeiten von
wenigen Zentimetern pro Jahr oder Meeresspiegeländerungen von wenigen
Millimetern pro Jahr zu erfassen. Hier suchen wir also nach einer sehr
kleinen Nadel in einem sehr großen Heuhaufen. Am anderen Ende der Zeitskala sind Beobachtungen fast in Echtzeit erforderlich, wenn wir diese zum
Beispiel für Frühwarnsysteme nutzen wollen.

Wir müssen also hoch genau messen können, und das möglichst
permanent und möglichst weltumspannend. Genau dort kommt die Geodäsie ins Spiel …

1.4   Globale Vermessung der Erde

Die Disziplin der Geodäsie beschäftigt sich mit der fortlaufenden Ausmessung der zeitlich veränderlichen Geometrie von Land- und Meeresoberfläche, des Schwerefeldes der Erde sowie ihrer Rotation und Orientierung
im Weltraum. Neben den klassischen vermessungstechnischen Aufgaben
liefert sie damit auch fundamentale Beiträge für die Erfassung von Prozessen
im System Erde in Raum und Zeit und der Analyse der Dynamik zwischen
den Systemelementen mit sehr hoher Genauigkeit. Daher ist die Geodäsie
in der Lage, auch sehr kleine und langsam ablaufende Veränderungsprozesse
direkt zu beobachten.

Der Begriff der Geodäsie beziehungsweise Vermessung wird heute noch
immer gerne mit dem Bild des gummibestiefelten Beamten assoziiert, der
sich im Außendienst bei Wind und fast jedem Wetter durch den Matsch

quält, um Grundstücksgrenzen und Fahrbahntrassen einzumessen oder nachzuprüfen, ob der böse Nachbar sich womöglich sogar ein Stück Grundstück „abgezweigt" hat. Spätestens seit Beginn der Satellitenära, aber eigentlich schon viel früher mit der technischen Entwicklung von neuen Messmethoden und -sensoren, hat sich dieses Bild jedoch gewandelt und sich das Anwendungsspektrum des Geodäten enorm erweitert. Heute vermisst er beispielsweise genauso hochpräzise Autoteile in der industriellen Fertigung, entwickelt detaillierte Modelle von Gebäuden bis zu ganzen Städten im Computer, noch bevor der erste Spatenstich gesetzt ist, kümmert sich um digitale Karten, liefert die mathematischen Werkzeuge für Fahrzeugnavigationssysteme und vermisst eben auch unseren dynamischen Planeten in globalem Maßstab. Neben der reinen Datenerfassung als erstem Teil der Nahrungskette beschäftigt sich die Geodäsie auch mit der Analyse der Daten, deren Visualisierung, bis hin zur Königsliga, der Ableitung von Modellen und Produkten und deren Interpretation.

In diesem Sinne soll dieses Buch bitte nicht als Gesamtüberblick über das geodätische Portfolio missverstanden werden, sondern es setzt seinen Fokus vielmehr auf die Aspekte der globalen Erd(-ver-)messung und die Methoden der Satellitengeodäsie. Denn erst Satelliten ermöglichen es, in kurzen Zeiträumen weltumspannend Beobachtungen anzustellen, um damit die Veränderungen unseres dynamischen Planeten mit hoher Genauigkeit zu erfassen. Wie Abb. 1.1 bereits erahnen lässt, besteht ein interdisziplinärer Austausch mit vielen anderen geowissenschaftlichen Disziplinen, etwa Geophysik, Ozeanografie, Glaziologie, Atmosphärenphysik, Klimaforschung, Erdsystemforschung und Astronomie.

Die moderne Geodäsie trägt mit drei Grundpfeilern zur geodätischen Erdsystemforschung bei. Diese sind in Abb. 1.4 dargestellt. Zugehörige Messverfahren werden in Abb. 1.1 symbolisch angedeutet und in Kap. 3 ausführlich besprochen.

Geometrie und Kinematik

Die Geodäsie legt die geometrische Form von Teilen der Erdoberfläche bis hin zur Erde als Ganzes in Formelementen oder geometrischen Objekten fest. Dies umfasst Punktkoordinaten von Stationen an der Erdoberfläche, deren Veränderungen sowie flächenhafte Deformationen der festen Erde. Da aber mehr als zwei Drittel der Erdoberfläche aus Ozeanen besteht, kümmern wir uns auch um die geometrischen Veränderungen der Meeresoberfläche.

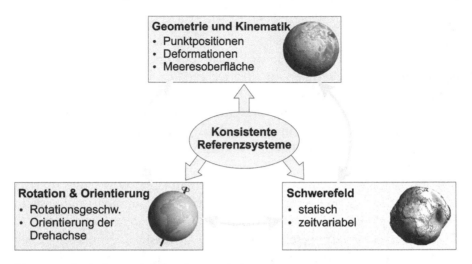

Abb. 1.4 Die drei Grundpfeiler der Geodäsie

Orientierung und Rotation

Die Geodäsie bestimmt die Rotation unseres Planeten und seine Orientierung im Weltraum. Sie legt die Lage der Rotationsachse der Erde relativ zum Fixsternhimmel fest und bestimmt deren variable Rotationsgeschwindigkeit. Dies ist beispielsweise notwendig, um die Bahn eines Satelliten mit einer beliebigen Position auf der Erdoberfläche zu verknüpfen, damit unser Navigationssystem auch den richtigen Standort anzeigt (Abschn. 4.7).

Schwerefeld

Die Geodäsie ermittelt das durch die unregelmäßige Massenverteilung im Erdinneren und an der Oberfläche erzeugte Gravitationsfeld im Außenraum der Erde sowie dessen zeitliche Veränderungen, die mit Massentransportprozessen im Erdsystem im Zusammenhang stehen (Abschn. 3.7).

Von besonderer Bedeutung sind dabei hochgenaue Referenzsysteme (Abschn. 3.2). Wenn wir ganz kleine Veränderungen wie zum Beispiel ein paar Millimeter Meeresspiegeländerung erfassen wollen, brauchen wir auch einen Referenzzustand, sozusagen eine Nullfläche, der noch genauer bekannt sein muss, damit wir die richtigen Aussagen treffen können. Konsistente Referenzsysteme sind insbesondere wichtig, wenn wir Äpfel mit Birnen

– in unserem Fall geometrische und gravimetrische Beobachtungen – in gemeinsamen Modellen verknüpfen und das Modellverhalten dann richtig interpretieren wollen.

Lieber Leser! Wie geht es nun weiter? In Teil 2 dieses Buches wird die historische Entwicklung der Geodäsie bis hin zur Satellitenära dargestellt. Teil 3 beschäftigt sich ausführlich mit den globalen Beobachtungsverfahren der modernen Geodäsie. Teil 4 beschreibt und diskutiert exemplarisch wichtige Veränderungsprozesse im Erdsystem, wobei viele davon sensitive Indikatoren für den Klimawandel darstellen. Schließlich stellen wir diese Anwendungen und Ergebnisse in Teil 5 in einen gesellschaftlichen Kontext und diskutieren die Relevanz geodätischer Beobachtungstechniken, Erkenntnisse und Produkte für die Frau und den Mann auf der Straße. Viel Spaß beim Weiterschmökern!

2

Die Vermessung der Erde im Wandel der Zeit

2.1 Einführung

Das Jahr 1957 markiert einen wichtigen Meilenstein in der Entwicklungsgeschichte der Geodäsie: Mit dem Start des ersten künstlichen Satelliten
wird die Vermessung der Erde geradezu revolutioniert. Mithilfe von
Satellitenmessungen kann nun erstmals die Erde als Ganzes mit hoher
Genauigkeit vermessen werden und somit lassen sich mit den künstlichen
Messobjekten am Himmel auch verschiedene Kontinente problemlos verbinden, was zuvor mittels terrestrischer (erdgebundener) Messungen unvorstellbar war. Durch die rasanten Entwicklungen der Satellitenmessverfahren
und Computertechnologie sowie die Genauigkeitssteigerungen in der
Zeitmessung hat sich das Anwendungsspektrum der Geodäsie in den ver-
gangenen Jahrzehnten kontinuierlich erweitert bis hin zur hochgenauen
Erfassung von Auswirkungen geodynamischer Prozesse oder den Folgen des
Klimawandels.

Wie aber hat es vor dem Satellitenzeitalter ausgesehen? Ohne die künstlichen Messobjekte im Weltraum ist eine globale Vermessung der Erde nicht
möglich. Die erdgebundenen Messverfahren erfordern eine direkte Sichtverbindung zwischen den Messpunkten, sodass die riesigen Ozeane messtechnisch unüberwindbar sind. Die Vermessung größerer Gebiete, etwa die
Landesvermessung im 19. Jahrhundert, ist mit enormen messtechnischen
Anstrengungen verbunden. Auch die Theorie der Kontinentaldrift des
berühmten Geowissenschaftlers Alfred Wegener aus dem Jahr 1912 kann
damals nicht durch Messungen bestätigt werden. Die schon bekannten Ver-

© Springer-Verlag GmbH Deutschland, ein Teil von Springer Nature 2021
D. Angermann et al., *Mission Erde*, https://doi.org/10.1007/978-3-662-62338-1_2

fahren der astronomischen Ortsbestimmung liefern nur Genauigkeiten von einigen Metern, was bei Weitem nicht reicht, um die Bewegungen der Erdplatten von wenigen Zentimetern pro Jahr nachzuweisen.

Wegener begründet seine Theorie damit, dass die Ostküste Südamerikas genau an die Westküste Afrikas passt, als ob sie früher zusammengehangen hätten. Diese Erkenntnis geht auf die erste Karte eines Ur-Kontinents zurück, die der französische Naturforscher Antonio Snider-Pellegrini 1858 veröffentlicht hat. Wegener findet zudem heraus, dass einige geologische Formationen an der Küste Südamerikas auf dem afrikanischen Kontinent ihre Fortsetzung finden. Auch Paläontologen entdecken an beiden Küsten Fossilien gleicher Tier- und Pflanzenarten. Aus diesen Entdeckungen erwächst Wegeners Idee, dass die Landmassen früher in dem Superkontinent Pangäa vereint waren und dann im Laufe von Millionen Jahren auseinandergedriftet sind. Als er seine Theorie von den driftenden Kontinenten auf geologischen Tagungen vorstellt, lachen ihn seine Fachkollegen aus und verspotten ihn als „Märchenerzähler". Hauptkritikpunkte sind, dass er nicht erklären kann, welche Kräfte die Drift der Kontinente erzeugen, und außerdem ist damals niemand in der Lage, das Auseinanderdriften der Kontinente durch geeignete Messungen nachzuweisen. Wegener ist mit seiner Theorie der Zeit um einige Jahrzehnte voraus, und so ist ihm der gebührende Ruhm für seine bahnbrechende Erkenntnis bis zu seinem Tod nicht vergönnt. Er stirbt 1930 bei einer Grönlandexpedition kurz nach seinem 50. Geburtstag und erlebt deshalb den späteren Siegeszug seiner Hypothese leider nicht mehr mit. Erst in den 1950er- und 1960er-Jahren werden die Ideen Wegeners als Theorie der Plattentektonik wiederbelebt, und in den 1990er-Jahren gelingt erstmals der Nachweis der Erdplattenbewegungen mit modernen geodätischen Beobachtungsverfahren (Abschn. 4.2).

Aber nicht nur der Eintritt in das Raumzeitalter hat einen enormen Wandel ausgelöst. Bereits zuvor ist die Entwicklungsgeschichte der Erdvermessung im Laufe der Jahrtausende äußerst spannend verlaufen. Neben den gesellschaftlichen und technologischen Rahmenbedingungen hat sich auch die Vorstellung von der Gestalt der Erde und ihrer Position im Weltraum gravierend geändert. Im Altertum glauben die Menschen noch fest an eine scheibenförmige Erde, in der Antike weisen die Griechen deren Kugelform nach und im 17. Jahrhundert streiten sich Franzosen und Engländer um die Frage, ob die Erde an den Polen abgeplattet ist. Selbst heute gibt es übrigens noch Verfechter der Scheibenform. Auch die Frage nach dem richtigen Weltsystem sorgt im 16. und 17. Jahrhundert für heftige Streitigkeiten.

In den nachfolgenden Kapiteln wollen wir Sie nun mitnehmen auf eine Zeitreise von den ersten Vermessungen früherer Hochkulturen bis in das heutige Satellitenzeitalter. Sie werden erfahren, wie sich die Geodäsie im Laufe der Zeit gewandelt hat und welche große Bedeutung frühere Entdeckungen auch heute noch für die modernen geodätischen Beobachtungsverfahren und die Erdvermessung haben.

2.2   Die Ursprünge der Vermessung

Wann, wo und wie ist die Vermessung entstanden und wie hat sie sich entwickelt? Das Ende der letzten Eiszeit vor etwa 11.000 Jahren und der damit einhergehende Anstieg der Temperaturen leiten eine Veränderung der Lebensweise der Menschen ein. Im Zuge der sogenannten neolithischen Revolution vollzieht sich der Übergang von der Jäger- und Sammlerkultur zur Sesshaftigkeit, verbunden mit dem Bau von Siedlungen, der Bewirtschaftung landwirtschaftlicher Flächen und der Viehzucht. Die Anfänge der Vermessung beginnen etwa um 8000 v. Chr., als die Menschen anfangen, sesshaft zu werden. Für die Aufteilung der Felder und die Zuordnung der anbaufähigen Fläche unter den Dorfbewohnern sind bereits Feldmesser nötig.

Im 4. Jahrtausend v. Chr. entstehen die ersten Hochkulturen an Flüssen und in klimatisch begünstigten Regionen der Erde wie das ägyptische Reich am Nil und Mesopotamien in den fruchtbaren Ebenen zwischen Euphrat und Tigris im Südosten des heutigen Irak. Zu den großen gesellschaftlichen Aufgaben dieser Hochkulturen gehört die Anlage und Wartung von Bewässerungssystemen, der Bau von Siedlungen und Tempelanlagen sowie die Aufteilung der nutzbaren landwirtschaftlichen Flächen. Für die Lösung dieser Aufgaben sind praktische Kenntnisse in der Baukunst, Mathematik und Vermessungstechnik unerlässlich.

Der Nil spielt eine beherrschende Rolle im Leben der altägyptischen Gesellschaft, und seine alljährlichen Überschwemmungen halten durch die Schlammablagerungen weite Teile des Landes fruchtbar. Aufwändige Bewässerungsanlagen leiten das Nilwasser auf die landwirtschaftlich genutzten Flächen und liefern die Grundlage für ergiebige Ernten. Die jährlichen Nilüberschwemmungen erfordern umfangreiche vermessungstechnische Arbeiten, um die Besitzverhältnisse und die alten Grundstücksgrenzen für die Aufteilung der Felder wieder herzustellen. Ägyptische Grabdarstellungen dokumentieren, wie die Messung mit einem Mess-Seil aus Hanf erfolgt, das durch Knoten in gleiche Längeneinheiten unterteilt

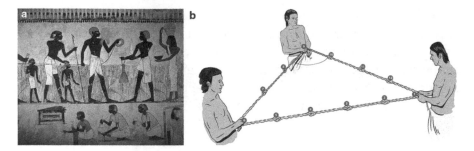

Abb. 2.1 Altägyptische Vermessung: **a** Wandmalerei ägyptischer Seilspanner aus dem Grab des Mennah, **b** Mess-Seil aus Hanf mit Knoteneinteilung (Verhältnis 3:4:5, Ägyptisches Dreieck). (© Erich Lessing/akg-images/picture alliance), (© lukaves/Getty Images/iStock)

ist (Abb. 2.1). Die Ägypter nutzen bereits geometrische Kenntnisse für das Absetzen von rechten Winkeln. Verwendet wird dafür entweder ein Winkelhaken oder eine Messschnur mithilfe des 3:4:5 Verhältnisses (Ägyptisches Dreieck). Insofern ist der berühmte Lehrsatz des Pythagoras bereits bei den alten Ägyptern bekannt. Mit diesen Werkzeugen, Setzwaage und Lot gelingt den Ägyptern die exakte Vermessung beim Bau der berühmten Pyramiden. Nicht nur in der Lagemessung, sondern auch in der Höhenmessung erzielen sie bereits erstaunliche Genauigkeiten, beispielsweise bei der Bestimmung der Fluthöhen des Nils mit ihren sogenannten Nilmessern.

Auch die Sumerer, die ältesten Bewohner des fruchtbaren Zweistromlandes zwischen den Flüssen Euphrat und Tigris, errichten ein ausgeklügeltes Bewässerungssystem für ihre landwirtschaftlich genutzten Flächen. Sie betreiben schon im 3. Jahrtausend v. Chr. eine produktive Landwirtschaft und erfinden die ersten Töpferscheiben, das erste überlieferte Schriftsystem und die ersten Rechtssysteme. Die Fertigkeiten in der Feldmessung entwickeln sich wie in Ägypten aus den praktischen Bedürfnissen der Gesellschaft wie der Feldvermessung, dem Bau von Siedlungen und Bewässerungsanlagen. Ein Dokument für die Vermessungsarbeiten der Sumerer ist der bei Ausgrabungen gefundene Stadtplan von Nippur, dem Zentrum der sumerischen Kultur am Euphrat (Abb. 2.2).

In dieser Zeit der ersten Hochkulturen glaubt die Menschheit, dass die Erde eine Scheibe sei. So stellen sich zum Beispiel die alten Ägypter vor, dass die Menschen in der Mitte dieser Scheibe leben und der Fluss Nil diese in zwei große Teile trennt. Nach ihrer Vorstellung von den drei Ebenen leben die Menschen auf der Scheibe in der Oberwelt, unterhalb davon befinden sich die Verstorbenen in der Unterwelt und darüber liegt der himmlische Ort der Götter.

Abb. 2.2 Stadtplan von Nippur auf einer alten Tontafel. (© Hermann Vollrat Hilprech, Foto von 1903, Wikimedia Commons, gemeinfrei)

2.3   Das antike Griechenland – Von der Scheibe zur kugelförmigen Erde

Die griechische Naturphilosophie markiert im 6. Jahrhundert v. Chr. den Beginn der europäischen Wissenschaft. Die Astronomie und die Geometrie werden die tragenden Säulen der sich allmählich entwickelnden Geodäsie. Griechische Gelehrte stellen sich die Frage nach der Figur und Größe unseres Planeten. Der Naturphilosoph Thales von Milet, ein großer Astronom und Mathematiker der damaligen Zeit, sucht nach dem Ursprung der Erde und deren Verhältnis zum Meer. Er vertritt die Ansicht, dass das Wasser der Ursprung von allem sei und dass die Erde auf dem Ozean schwimme. So halten auch die Gelehrten im antiken Griechenland die Erde für eine flache Kreisscheibe, die vom Ozean umspült ist.

Als Erster vertritt der griechische Philosoph Pythagoras die Vorstellung von der Erde als Kugel, was anhand verschiedenster Beobachtungen untermauert wird. Ein Argument stützt sich auf Beobachtungen auf dem Ozean: Wenn die Erde tatsächlich flach wäre, so müsste ein Schiff auch in größerer Entfernung in ganzer Höhe vom Segel bis zum Rumpf erkennbar sein. Dies ist aber nicht der Fall, denn in der Ferne sehen wir zunächst nur die Segel des Schiffes. Den Rumpf erblicken wir erst später, wenn das Schiff schon näher an das Ufer herangekommen ist. Umgekehrt bemerken die Seefahrer auch, dass aus der Ferne nur die Hügel und Baumwipfel einer Insel sichtbar sind und erst beim Herannahen der blendend weiße Strand in das Blickfeld gerät. Die Griechen haben noch ein weiteres Argument für die Kugelgestalt der Erde: Der Sonnenhöchststand verändert sich, wenn man weiter nach Norden oder Süden reist. Dies kann nur der Fall sein, wenn man sich auf einer gekrümmten Linie bewegt, wodurch die Scheibenform der Erde eindeutig widerlegt ist. Aristoteles liefert noch ein drittes Argument: Bei der Beobachtung einer Mondfinsternis hat er bemerkt, dass die Erde immer einen runden Schatten auf den Mond wirft, wenn die Erde zwischen Sonne und Mond tritt. Dies kann aber nur so sein, wenn die Erde eine Kugel und keine flache Scheibe ist. Wäre sie eine Scheibe, könnte der Schatten nur rund sein, wenn sich die Sonne zum Zeitpunkt der Finsternis direkt unter dem Mittelpunkt der Erdscheibe befände, ansonsten wäre der Schatten immer länglich und hätte die Form einer Ellipse.

Nachdem die Kugelform der Erde außer Zweifel steht, stellen sich die Griechen naturgemäß die Frage nach der Größe unseres Heimatplaneten. Im 3. Jahrhundert v. Chr. hat der griechische Gelehrte Eratosthenes, der Leiter der königlichen Bibliothek von Alexandria, eine geniale Idee für die Bestimmung des Erdumfangs. In der nachfolgenden Box ist seine Methode erläutert. Es ist geradezu sensationell, dass Eratosthenes mit seiner recht groben Abschätzung und den eingeschränkten messtechnischen Möglichkeiten der damaligen Zeit bereits sehr nahe an dem heutigen Wert für den Erdumfang am Äquator von 40.075 Kilometern liegt.

Mit dem nunmehr bekannten Umfang unseres Planeten wollen wir auf das Beispiel mit dem Schiff zurückkommen. Nach dem berühmten Lehrsatz des Pythagoras lässt sich leicht berechnen, welchen Einfluss die Erdkrümmung auf die Sichtbarkeit eines Schiffes in einer bestimmten Entfernung hat. Für die nachfolgende Abschätzung rechnen wir mit einem gerundeten Wert für den Erdradius von 6370 Kilometern und wir gehen davon aus, dass sich der Beobachter in Ufernähe befindet (auf Meeresniveau). So ergibt sich beispielsweise in einer Entfernung von zehn Kilometern ein Einfluss der Erdkrümmung von nahezu acht Metern. In einer solchen Entfernung wäre also ein kleineres Schiff mit einer Höhe von weniger als acht Metern überhaupt nicht sichtbar, da es quasi von der Erdkrümmung „verschluckt" würde. Verdoppeln wir die Entfernung des Schiffes auf 20 Kilometer vom Ufer, so ist der Einfluss der Erdkrümmung bereits etwa viermal so groß. Ein Schiff müsste dann also über 32 Meter hoch sein, damit es nicht vollständig unterhalb der gekrümmten Wasseroberfläche verschwindet. Von einem erhöhten Standpunkt aus wäre der Rumpf des Schiffes auch noch in größerer Entfernung vom Ufer aus sichtbar.

Erste Bestimmung des Erdumfangs von Eratosthenes

Den Griechen ist bekannt, dass in der Stadt Syene (heutiges Assuan) am 21. Juni zur Sommersonnenwende die Sonnenstrahlen zur Mittagszeit genau senkrecht in einen Brunnen einfallen und somit zum Mittelpunkt der Erde gerichtet sind. Es wird auch beobachtet, dass in der nördlich gelegenen Stadt Alexandria die Sonne zur gleichen Zeit nicht ganz so hoch steht, vielmehr wirft ein großer Obelisk einen Schatten, dessen Winkel man aus der Schattenlänge und der Höhe des Obelisken leicht berechnen kann. Es ergibt sich ein Wert von 7,2 Grad, also genau der fünfzigste Teil eines Kreises. Entsprechend der schematischen Darstellung in der nachfolgenden Abbildung ist dieser Winkel identisch mit dem Zentriwinkel im Mittelpunkt des Kreises. Folglich entspricht der Abstand zwischen Alexandria und Syene dem fünfzigsten Teil des Erdumfangs. Eine Kamelkarawane benötigt 50 Tage für die Strecke zwischen beiden Städten und legt dabei täglich etwa 100 Stadien (antikes Längenmaß) zurück, sodass Eratosthenes die Entfernung auf etwa 5000 Stadien schätzt. Ein Stadion entspricht ungefähr 160 Metern, somit beträgt die Entfernung rund 800 Kilometer. Multipliziert man diese Streckenlänge mit dem Faktor 50, so ergibt sich nach dieser geometrisch einfachen und zugleich genialen Methode ein Erdumfang von etwa 40.000 Kilometern.

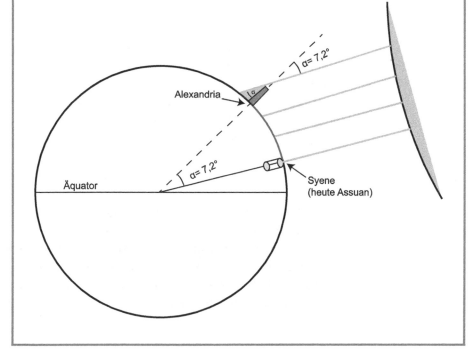

Der ebenfalls in Alexandria wirkende griechische Gelehrte Ptolemäus beschäftigt sich mit astronomischen Fragen und schreibt das geozentrische Weltbild des Aristoteles fort, worauf wir in Abschn. 2.5 noch genauer eingehen werden. Ptolemäus leistet auch einen bedeutenden Beitrag für die Geografie. In seinen Werken, bestehend aus acht Büchern und bekannt als *Geographike Hyphegesis,* finden sich mehr als 8000 Ortsangaben mit geografischen Merkmalen sowie Längen- und Breitengraden. Dieses Werk beinhaltet ursprünglich auch eine Anleitung zum Kartenzeichnen und einige Skizzen, die aber nicht mehr erhalten sind. Die Werke des Ptolemäus werden erst im 15. Jahrhundert wiederentdeckt und 1482 erscheint in Ulm seine Weltkarte basierend auf älteren Unterlagen.

Ptolemäus befasst sich auch mit der Berechnung des Erdumfangs. Er übernimmt allerdings nicht den Wert von Eratosthenes, sondern den etwa 100 Jahre später bestimmten Wert von Poseidonius, welcher aber mit 33.000 Kilometern deutlich zu klein war. Dieser falsche Wert geht dann in die Literatur ein und liefert auch in der frühen Neuzeit noch die Grundlage für die Seekarten – ein Verhängnis für die ersten Weltentdecker wie Christoph Kolumbus, denn sie unterschätzen die Entfernung zu fernen Kontinenten deutlich.

2.4   Die Vermessungskünste im römischen Reich

Mit der Gründung Roms im Jahr 753 v. Chr. wachsen die verstreuten Dörfer in der hügeligen Region am Tiber zu einer stadtartigen Siedlung zusammen. Vom 4. Jahrhundert v. Chr. an triumphiert Rom zunehmend über die benachbarten Völker, erobert die italienische Halbinsel und im Laufe der Zeit umfasst das Reich die ganze Mittelmeerwelt, Teile des Nahen Ostens, Nordafrikas und Nordwesteuropa. Die Tradition der griechisch-hellenistischen Wissenschaft wird primär in den Randgebieten des Imperiums weitergepflegt (beispielsweise in Alexandria), jedoch nicht so sehr in der Metropole selbst. Die Römer konzentrieren sich vielmehr auf die praktischen Vermessungsarbeiten, die mit der Verwaltung und Expansion des römischen Reiches verbunden sind. Die mathematisch und wissenschaftlich geprägten Entwicklungen der frühen Antike kommen unter dem römischen Einfluss nahezu zum Erliegen. So wird auch die Geodäsie den praktischen Zwecken und politischen Zielen des römischen Staates untergeordnet. Die Römer perfektionieren die überlieferte Feldmesskunst der

Etrusker. Sie entwickeln sich zu wahren Meistern bei der Vermessung von Straßentrassen, der Landvermessung sowie der Ingenieurvermessung bei Bauprojekten wie Brücken, Tunnel und Wasserleitungen. Das Aquädukt „Pont du Gard" über den Fluss Gardon bei Nîmes in Frankreich zeugt von der Blüte des Ingenieurbaus in der römischen Zeit (Abb. 2.3).

Im Zuge der Expansion des römischen Reiches wird neben dem Ausbau der Infrastruktur auch die Wasserversorgung der rasch wachsenden Bevölkerung in der Metropole zu einer der größten Herausforderungen, denn ohne genügend Wasser hätten die Römer ihre Stadt nicht zur mächtigsten Metropole der Welt ausbauen können. Bereits 312 v. Chr. plant der Zensor Appius Claudius die erste Fernwasserleitung in der römischen Geschichte. Es soll eine mehr als 16 Kilometer lange, zumeist unterirdische Wasserleitung aus den östlich gelegenen Sabiner Bergen an die Stadt herangeführt werden. Ein gigantisches Bauprojekt, das gewaltige Investitionen erfordert und die römischen Ingenieure vor extreme vermessungs- und bautechnische Herausforderungen stellt. Doch selbst die größten Zweifel der Senatoren können dieses Großprojekt nicht aufhalten, denn der zunehmende Mangel an sauberem Wasser ist zu einem riesigen Problem in der wachsenden Metropole geworden. Nach der erfolgreichen Fertigstellung dieser Wasserleitung namens Aqua Appia folgt der Bau weiterer Aquädukte. Etwa 200 Jahre später wird die dritte und mit 91 Kilometern längste Wasserleitung, die Aqua Marcia gebaut, die noch heute, zwei Jahrtausende später,

Abb. 2.3 Aquädukt „Pont du Gard" über den Fluss Gardon bei Nimes, Frankreich. (© espiegle/ Getty Images/ iStock)

eine Hauptwasserquelle für Rom darstellt. Nicht zuletzt dank der guten Wasserversorgung wächst die Metropole Rom schneller als je zuvor und zählt um die Zeitenwende bereits fast eine Million Einwohner.

Mit dem raschen Aufstieg des römischen Reiches wachsen die Erfordernisse, die Republik infrastrukturell und verkehrstechnisch zu erschließen sowie neue Siedlungsräume zu schaffen. Als Voraussetzung dafür ist eine genaue Vermessung des Territoriums erforderlich. Für die Vermessungsarbeiten im römischen Reich sind die Feld- und Landmesser (die sogenannten Agrimensoren) verantwortlich. Ihre Zuständigkeit erstreckt sich aber nicht nur auf die fachmännische Ausführung der Messungen, sondern sie entscheiden als „Ackerrichter" entsprechend der römischen Rechtsnormen auch über die Landteilung und Zuteilung von Landflächen.

In der römischen Zeit wird das Vermessungswesen als „Limitation" bezeichnet, was aus dem lateinischen Wort *limitatio* abgeleitet ist. Wesentliche Grundlage für die Landvermessung ist die Festlegung eines rechteckigen Gitters, das oft nach den Himmelsrichtungen orientiert ist. Die meist in West-Ost-Richtung verlaufende Hauptachse heißt *decumanus,* die im rechten Winkel dazu verlaufende Hauptachse wird als *cardo* bezeichnet. Auch bei der Gründung von Städten wird meist eine solche Orientierung vorgenommen, sodass die Hauptkoordinatenachsen, *decumanus* und *cardo,* die Richtung der Hauptstraßen bilden, in deren Mitte sich das Forum (Marktplatz) als Nabel der Stadt befindet. Die Hauptachsen werden als *cardo maximus* und *decumanus maximus* bezeichnet. Mit den parallel dazu angelegten Nebenachsen ergibt sich ein schachbrettartiger Stadtplan, der noch heute in der Anlage vieler auf die römische Gründung zurückgehender Städte erkennbar ist. Der lateinische Begriff *porta decumana* bezeichnet das Tor am Ende der Hauptachse *decumanus maximus,* durch welches man in die Heerstraße *(via praetoria)* gelangt.

Für die Absteckung der rechten Winkel ist die Groma das wichtigste Gerät der Agrimensoren (siehe nachfolgende Box). Die Römer verwenden hierfür auch das schon seit der frühen Antike bekannte Winkelkreuz. Die Streckenmessung erfolgt meistens mit Messketten oder Messlatten.

Abstecken von rechten Winkeln mit der Groma

Hauptbestandteil dieses Messgerätes ist ein drehbares Achsenkreuz, das über einen Auslegearm an einem Stabstativ befestigt ist. Das Achsenkreuz besteht aus zwei sich rechtwinklig schneidenden Armen, an deren Enden Lote an einer Schnur angebracht sind. Das Prinzip für das Abstecken rechter Winkel mit der Groma ist sehr einfach: Das erste Paar Lotschnüre wird auf eine Basislinie eingerichtet, und das andere Paar definiert eine dazu senkrechte Linie. Auf diese Weise haben die Römer damals rechte Winkel bei ihren Bauvorhaben und Städteplanungen abgesteckt.

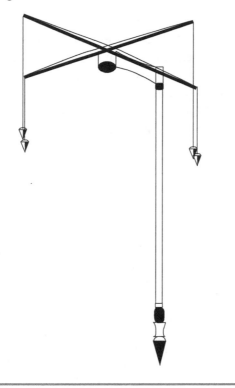

Eine der größten messtechnischen Herausforderungen der Römer sind die Vermessungsarbeiten bei der Planung und Errichtung der Aquädukte, um die Wasserversorgung im Römischen Reich sicherzustellen. Dazu muss die Topografie des Geländes von der Quelle bis zur Wassersammelstelle genauestens erkundet und vermessen werden. Die Trassenführung muss so geplant werden, dass aufwändige Baumaßnahmen wie Brücken und Tunnel auf ein Minimum beschränkt werden können. Dabei ist jedoch sicherzustellen, dass die Wasserleitung auf der gesamten Streckenlänge die erforderliche Neigung aufweist, damit das Wasser auch in die richtige Richtung fließt und die Verwendungsstelle erreicht. Ein Richtmaß für die Neigung ist, dass die Höhe der Trasse pro Kilometer mindestens 1,5 Meter verlieren soll. Die Römer verlegen ihre Wasserleitungen meistens unterirdisch, um sie vor Feinden zu verbergen. Demzufolge müssen kilometerlange Gräben ausgehoben werden, die genug Platz für die 80 Zentimeter breiten und doppelt so hohen Wasserleitungen gewährleisten müssen. Das vorgegebene Gefälle muss bei den Erdarbeiten genauestens eingehalten werden, was eine exakte Vermessung voraussetzt.

Wie haben die Römer die Höhenmessungen für den Bau der Wasserleitungen bewerkstelligt? Sie verwenden dafür ein spezielles Messgerät zum Nivellieren, das nach dem Prinzip einer Wasserwaage funktioniert und als Chorobat bezeichnet wird. Mit diesem Gerät wird das für die Wasserleitung erforderliche Gefälle bestimmt. Mit dem Verfahren des „Austafelns" kann man die mit dem Chorobat bestimmte Gefällneigung sehr einfach auf die Trassenführung übertragen. Das Prinzip der Höhenmessung ist in der nachfolgenden Box erläutert.

Höhenmessung im Römischen Reich

Der Chorobat besteht aus einem 20 Fuß (ca. 6,5 Meter) langen drehbaren Stab, an dem vier senkrechte Streben befestigt sind (siehe Bildmitte). Auf der Oberseite befindet sich eine Wasserrinne, die durch Ablesung des Wasserpegels eine horizontale Aufstellung des Gerätes ermöglicht. Zusätzlich kann dieses Gerät über herabhängende Bleilote horizontiert werden. Dazu muss die Richtung der Bleilote parallel zu den vertikal angebrachten Streben sein. Bei starkem Wind, wenn die Bleilote nicht genau die Lotrichtung anzeigen, kann die Horizontierung mithilfe des Wasserpegels vorgenommen werden. Bei den praktischen Vermessungsarbeiten wird dieses Gerät wie ein großer Stechzirkel gedreht und von Messpunkt zu Messpunkt über die zu vermessende Strecke bewegt. Auf diese Weise lassen sich der Höhenunterschied und die Entfernung zwischen den Messpunkten sehr genau bestimmen. Bei jeder neuen Aufstellung wird der Chorobat über die herabhängenden Bleilote oder den Wasserpegelstand horizontal ausgerichtet, sodass der Einfluss der Erdkrümmung die Höhenmessung nicht verfälscht. Durch das Wenden des Chorobates werden zudem sämtliche konstruktionsbedingten Gerätefehler eliminiert.

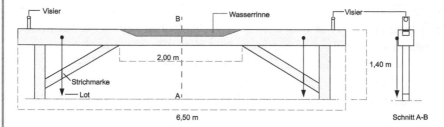

In der nachfolgenden Skizze ist das Prinzip des Austafelns schematisch dargestellt. Am Beginn eines Trassenabschnittes werden zwei T-förmige Hölzer so ausgerichtet, dass der Höhenunterschied zwischen den beiden Messpunkten genau dem vom Bauleiter festgelegten Gefälle entspricht. Nun stellt sich ein weiterer Arbeiter mit einem dritten T-Holz weiter unten in der Trasse auf. Dieser wird dann mittels einer Peilung über die beiden ersten T-Hölzer höhenmäßig genau ausgerichtet. Anschließend wird das erste T-Holz entfernt und am unteren Ende der Trasse wieder ausgerichtet usw.

Dieses als „Austafeln" bezeichnete Messverfahren ist noch in der Mitte des 20. Jahrhunderts ein gängiges Verfahren für die Absteckung im Kanalbau. Allerdings muss man an den Einfluss der Erdkrümmung denken, wenn das Austafeln über große Distanzen wie beim Bau der Wasserleitungen verwendet wird. Hierzu greifen wir das Beispiel mit dem Schiff aus Abschn. 2.3 auf. Dort haben Sie bereits erfahren, dass die Erdkrümmung in einer Entfernung von zehn Kilometern einen Einfluss von rund acht Metern hat. So groß wäre der Höhenmessfehler beim Austafeln über eine Streckenlänge von zehn Kilometern, wenn keine Korrektur vorgenommen wird. Bei einer kürzeren Strecke verringert sich der Einfluss der Erdkrümmung nahezu quadratisch. Somit reduziert sich der Höhenmessfehler bei einer einen Kilometer langen Strecke auf ein Hundertstel, also auf etwa acht Zentimeter. Um diesem Sachverhalt Rechnung zu tragen, haben die Römer längere Trassen beim Bau der Wasserleitungen in kürzere Teilstücke unterteilt, die sogenannten Baulose. Für jedes Baulos haben sie dann die Geländeneigung mittels des Chorobates erneut bestimmt und somit den Einfluss der Erdkrümmung erheblich reduziert.

Nach einer mehr als 1000-jährigen Blütezeit des römischen Imperiums mit allen seinen kulturellen und technischen Errungenschaften wird das Reich zunehmend durch sein komplexes und starres Gesellschaftssystem sowie durch immer häufigere Barbareneinfälle geschwächt. Schließlich erfolgt 395 n. Chr. die Spaltung des Imperiums in einen westlichen und östlichen Teil und weniger als 100 Jahre später wird das Ende des Weströmischen Kaiserreichs besiegelt. Das frühere antike Wissen geht damit für lange Zeit verloren. Im Mittelalter spielen Kultur und Wissenschaften zumindest in Europa keine große Rolle mehr, sodass es auch keine neuen Impulse für die Vermessung der Erde gibt. Mit dem Übergang in die Neuzeit, deren Beginn auf die Entdeckung Amerikas durch Christoph Kolumbus (1492) datiert wird, erwacht die Wissenschaft im europäischen Raum aus ihrem mittelalterlichen Schattendasein.

2.5 Mehr als ein Wechsel der Perspektive – Der schwierige Übergang vom geozentrischen zum heliozentrischen Weltsystem

Die Frage nach den Ursprüngen des geozentrischen Weltsystems führt uns zurück in die Antike. Schon zur Zeit des Aristoteles im 4. Jahrhundert v. Chr. wird dem Nachthimmel eine besondere Aufmerksamkeit geschenkt. Fünf Planeten sind mit dem bloßem Auge zu sehen: Merkur, Venus, Mars, Jupiter und Saturn. Die Menschen glauben damals, dass sich die Erde im Zentrum befindet und von Sonne, Mond und Planeten umrundet wird. Verblüfft stellen die Griechen fest, dass die Planeten am Himmel seltsamen Bahnen folgen. Während sie sich gegenüber den vielen Tausend Sternen normalerweise langsam in Richtung Osten bewegen, wandern sie erstaunlicherweise plötzlich rückläufig in die Gegenrichtung, um erst nach einiger Zeit wieder ihren ursprünglichen Kurs aufzunehmen. Aus der Erdperspektive wird also eine scheinbare Schleifenbewegung der Planeten beobachtet. Dieses Phänomen stellt die Gelehrten vor große Probleme, aber dennoch finden sie dafür eine Erklärung, wie Sie gleich erfahren werden.

Im 2. Jahrhundert n. Chr. entwickelt der berühmte griechische Gelehrte Claudius Ptolemäus sein geozentrisches Weltbild (Abb. 2.4). Danach ist die im Zentrum befindliche Erde von acht kristallenen Sphären umgeben, in denen sich die Himmelskörper auf vollkommenden Kreisbahnen bewegen. Nach der mystischen Überzeugung gilt die kreisförmige Bewegung als die vollkommenste. Die Sterne nehmen in der äußeren Sphäre feste Positionen ein und kreisen gemeinsam als geschlossene Gruppe über den Himmel. So bleiben sie relativ zueinander immer in der gleichen Position. Von der Erde aus betrachtet scheinen alle Sterne auf dieser äußeren Sphäre wie auf einer rotierenden Kugel festgehaftet zu sein. Die inneren Sphären tragen den Mond, die Sonne und die damals bekannten Planeten.

Ptolemäus erklärt die Schleifenbewegung der Planeten auf folgende Weise: Er nimmt in seinem geozentrischen Weltbild an, dass Sonne, Mond

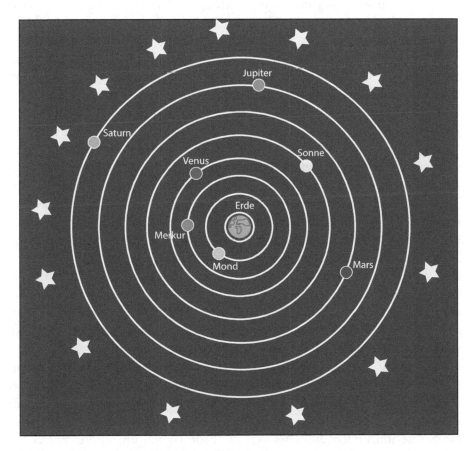

Abb. 2.4 Geozentrisches Weltbild nach Ptolemäus

und Planeten im Gegensatz zu den Sternen nicht auf den jeweiligen Sphären fixiert sind, sondern dass sie sich auf ihren Sphären auf kleinen Kreisen (Epizyklen) um einen gedachten Punkt bewegen, der wiederum die Erde umkreist. Sein recht kompliziertes Modell nach der Epizyklentheorie kann die Schleifenbewegung der Planeten gut erklären, und es eignet sich auch, die Positionen der Himmelskörper mit ausreichender Genauigkeit vorherzusagen. Die christliche Kirche übernimmt das geozentrische Weltsystem als das Bild des Universums, da es im Einklang mit der Heiligen Schrift steht und zudem jenseits der Sphäre der Fixsterne noch genügend Platz für Himmel und Hölle lässt.

Erstaunlich und nicht sonderlich bekannt ist die Tatsache, dass der griechische Philosoph Aristarch von Samos bereits im 3. Jahrhundert v. Chr. das heliozentrische System mit der Sonne im Zentrum und einer täglich um ihre Achse rotierenden Erde postuliert, was sich aber damals nicht durchsetzen kann und wieder in Vergessenheit gerät. So vergehen noch fast zwei Jahrtausende, bis sich dieses Weltsystem schließlich als das richtige Weltbild durchsetzt.

Als Entdecker des heliozentrischen Weltsystems gilt Nikolaus Kopernikus (Domherr zu Frauenberg, heutiges Polen), der mit seinem Hauptwerk „De revolutionibus orbium coelistium – über die Kreisbewegungen der Himmelskörper" berühmt geworden ist. Das Manuskript hält Kopernikus jedoch lange zurück, bevor es kurz vor seinem Tod im Jahr 1543 in Nürnberg erstmals gedruckt wird. Dies geschieht vermutlich aus Angst, sich mit seiner „absurden" Theorie lächerlich zu machen oder vielleicht sogar von seiner Kirche als Ketzer gebrandmarkt zu werden. So hat er seine Thesen aus dem frühen 16. Jahrhundert zunächst nur einem kleinen Kreis von Fachleuten zugänglich gemacht. Der Theologe und Reformator Andreas Osiander trägt wesentlich dazu bei, dass das Werk gegen den Widerstand Martin Luthers überhaupt gedruckt werden kann. Allerdings nimmt er dazu eigenständig einige Änderungen vor und fügt noch ein anonymes Vorwort hinzu. Darin wird dieses Weltbild nicht als *real,* sondern nur als reines mathematisches Hilfsmittel für die Berechnung von Planetenbahnen dargestellt, was die Bedeutung enorm abschwächt und zudem den Eindruck vermittelt, dass selbst der Entdecker nicht voll davon überzeugt ist.

Kopernikus hat herausgefunden, dass sich die Bewegung der Planetenbahnen viel eleganter beschreiben lässt, wenn man einen Perspektivwechsel vornimmt und die Sonne in den Mittelpunkt des Sonnensystems rückt. Er stellt die These auf, dass die Erde und die Planeten auf kreisrunden Bahnen die Sonne umrunden und dass sich die Erde täglich um ihre eigene Achse dreht. Obwohl sich das heliozentrische Weltsystem wesentlich besser für die

Beschreibung der Planetenbahnen eignet als das komplizierte ptolemäische Modell, vergeht noch fast ein Jahrhundert, bis es endlich als das richtige Weltmodell akzeptiert wird.

Warum hat sich die Menschheit so lange gegen diese Änderung des Weltbilds gesträubt? Es sind im Wesentlichen die folgenden Gründe: Erstens ist damals das geozentrische Weltsystem fest im christlichen Glauben verankert, und so ist die Menschheit davon überzeugt, dass sich die Erde und damit auch der Mensch im Zentrum des Universums befinden. Zweitens kann sich niemand vorstellen, dass sich die Erde täglich um ihre eigene Achse drehen soll. Wenn dies tatsächlich so wäre, müssten wir uns rasend schnell durch den Raum bewegen. In der Nähe des Äquators, wo sich die Erddrehung wegen des größeren Abstands von der Rotationsachse am stärksten auswirkt, wäre man mit einer Geschwindigkeit von fast 1700 Kilometern pro Stunde und damit deutlich schneller als ein Flugzeug unterwegs. Noch unglaublicher ist die Vorstellung, dass wir infolge der jährlichen Bewegung der Erde um die Sonne auch noch mit einer Geschwindigkeit von mehr als 100.000 Kilometern pro Stunde durch den Raum düsen. Niemand kann damals glauben, dass dies tatsächlich so sein kann, ohne davon etwas zu spüren. Ein drittes Argument gegen das heliozentrische Weltbild stützt sich auf folgende Beobachtung: Wenn jemand einen Stein von einem hohen Turm herunterwirft, so trifft dieser infolge der Erdanziehungskraft unmittelbar an seinem Fuß auf (in Lotrichtung). Damals behauptet man, dass sich die Erde nicht um die eigene Achse drehen kann, da ansonsten der Stein infolge der Erddrehung (während seiner Flugzeit) nicht genau senkrecht unter der Abwurfstelle aufkommen müsste, sondern in einer bestimmten Entfernung davon auf dem Boden.

Die Frage nach dem richtigen Weltsystem ist ein zentrales Thema im 16./17. Jahrhundert und führt zu heftigen Streitigkeiten zwischen Wissenschaftlern und Kirchenvertretern. Dank des unermüdlichen Forschungsdrangs genialer Wissenschaftler gelingt es schließlich, die Rätsel der damaligen Zeit zu lösen und die Menschheit vom richtigen Weltsystem zu überzeugen. Noch heute sind die Theorien von Galileo Galilei, Johannes Kepler und Isaac Newton zentraler Bestandteil des Physikunterrichts, und ihre physikalischen Gesetze liefern auch heute noch eine wichtige Grundlage für die modernen Satellitenverfahren.

Galileo Galilei, ein italienischer Philosoph, Mathematiker, Physiker und Astronom, wird 1564 in Pisa geboren. Er gilt zu Recht als einer der Begründer der modernen Wissenschaften, und nach ihm ist auch das europäische Satellitennavigationssystem Galileo benannt. Seine wegweisenden Entdeckungen entkräften eines der wichtigsten Argumente gegen das heliozentrische Weltsystem. Mit seinen Experimenten in der Mechanik, bei denen er die Eigenschaften von gleichförmigen und beschleunigten Bewegungen studiert, gelingt der entscheidende Durchbruch. Er kann nachweisen, dass wir von der enormen Geschwindigkeit infolge der Erddrehung nichts spüren, da es sich um eine nahezu gleichförmige Bewegung handelt. Ein einfaches Beispiel: Wenn wir im ICE mit einer Geschwindigkeit von 250 Kilometern pro Stunde auf gerader Strecke durch die Landschaft sausen, nehmen wir dieses Tempo überhaupt nicht wahr. Erst wenn der Zug abrupt abbremst oder in eine Kurve fährt, verspüren wir die dadurch verursachte Beschleunigung. Und noch ein Experiment: Wenn wir in einem mit konstanter Geschwindigkeit fahrenden Zug einen Gegenstand aus einer bestimmten Höhe zu Boden fallen lassen, so trifft dieser genau in Lotrichtung unter der Abwurfstelle auf und nicht in einiger Entfernung davon (genau wie beim Steinwurf vom Turm).

Galilei beschäftigt sich auch intensiv mit astronomischen Beobachtungen und nutzt dafür seine selbst entwickelten Fernrohre. Folgende Beobachtung ist im Zusammenhang mit der Frage des Weltsystems von großer Bedeutung: Die Form des Planeten Venus verändert sich abhängig von seiner jeweiligen Stellung im Sonnensystem. Die volleren Phasen erklärt er mit der Stellung der Venus jenseits der Sonne, während die Sichelform dann beobachtet wird, wenn sich der Planet zwischen Erde und Sonne befindet. Aus diesen Beobachtungen folgert er, dass die Venus das Licht durch die Sonnenstrahlen erhält, und beweist damit, dass der Planet die Sonne umkreist. Mit diesen Entdeckungen sind seine letzten Zweifel am heliozentrischen Weltsystem ausgeräumt, und es steht für ihn fest, dass auch unser Planet die Sonne umrundet.

Im Jahr 1632 wird Galileos größtes Werk veröffentlicht, der „Dialog über die beiden hauptsächlichen Weltsysteme, das ptolemäische und das kopernikanische". Darin bekennt sich Galilei eindeutig als Befürworter des heliozentrischen Weltsystems, was der Papst als schlimmste Schädigung der Kirche empfindet. Schließlich führt dies sogar zu einem Inquisitionsprozess, den Theologen, Wissenschaftler und Historiker bis heute kontrovers diskutieren. Galilei wird aufgefordert, seine Ketzerei zu widerrufen. Das Buch wird verboten und er selbst zu einer unbefristeten Haftstrafe verurteilt. Es gelingt, diese Strafe zu einem lebenslangen Hausarrest abzumildern. Seine Villa in der Toskana darf er in den verbleibenden neun Jahren bis zu seinem Tod im Jahr 1642 also nicht mehr verlassen.

Im Schlussteil seines Werkes „Dialog" ist ein weiteres Argument aufgeführt, welches sich allerdings im Nachhinein als Trugschluss erweist: Galilei erklärt die Gezeiten (Ebbe und Flut) aus seiner Bewegungstheorie heraus und will damit nachweisen, dass diese aus der täglichen Rotation der Erde um ihre Achse resultieren. Dass dies nicht so sein kann, ergibt sich schon aus der Tatsache, dass Flut oder Ebbe von Tag zu Tag um 50 Minuten verspätet auftreten. Diese zeitliche Verzögerung entspricht exakt dem Zeitpunkt der Mondaufgänge von aufeinanderfolgenden Tagen, was bereits ein klarer Hinweis auf den Einfluss des Mondes auf die Gezeiten ist.

Sieben Jahre nach der Geburt von Galilei erblickt sein größter Kontrahent und gleichzeitiger Mitbegründer des kopernikanischen Weltsystems in der Stadt Weil in Deutschland das Licht der Welt: Johannes Kepler, ein Naturphilosoph, Mathematiker, Astronom und evangelischer Theologe. Trotz ihrer ähnlichen Forschungsziele verfolgen sie teilweise recht unterschiedliche Ansätze, was immer wieder zu Spannungen und kontroversen Diskussionen führt. Der mathematisch hochbegabte Kepler nimmt unmittelbar nach seinem Theologiestudium am Evangelischen Stift in Tübingen bereits im Alter von 23 Jahren einen Lehrauftrag für Mathematik an der evangelischen Stiftsschule in Graz an. Sechs Jahre später wechselt er nach Prag, um dort am kaiserlichen Hof die Arbeiten des berühmten Astronomen Tycho Brahe zu unterstützen. Als Brahe bereits ein Jahr darauf verstirbt, übernimmt Kepler 1601 seine Stellung als kaiserlicher Hofmathematiker und nutzt die hochgenauen astronomischen Messdaten seines Vorgängers für die Ausarbeitung seiner Theorien.

Kepler beschäftigt sich intensiv mit den Bewegungen der Planeten, wobei er sich wegen des verfügbaren Datenmaterials vornehmlich auf den Mars konzentriert. Seine Berechnungen bestätigen die bereits aufgestellte These, dass die von der Erde aus beobachteten Schleifenbewegungen der Planeten verschwinden, wenn man das kopernikanische Weltsystem zugrunde legt und die Planeten um die Sonne kreisen lässt. Kopfzerbrechen bereitet ihm allerdings der folgende Sachverhalt: Die astronomischen Beobachtungen von Tycho Brahe zeigen für den Mars deutliche Abweichungen von einer Kreisbahn. Im fortwährenden Kampf mit den Daten und seinen eigenen Berechnungen kommt ihm die Erleuchtung. Die Beobachtungen stimmen mit dem Modell überein, wenn die Marsbewegung um die Sonne mit einer Ellipsenbahn beschrieben wird. Dieses Ergebnis bringt ihn in einen gewaltigen Konflikt, denn gemäß seines christlichen Glaubens ist er von der Vollkommenheit der Kreisbewegung überzeugt, was ihn an einer Ellipsenbahn zweifeln lässt. Kepler findet auch heraus, dass sich die Planeten nicht gleichmäßig bewegen, sondern auf dem Weg um die Sonne ihre Geschwindigkeit ändern. Damit sind die berühmten Kepler'schen Gesetze für die Beschreibung der Planetenbewegung auf einer Ellipsenbahn um die Sonne gefunden. Diese Gesetze gelten nicht nur für Planeten, sondern

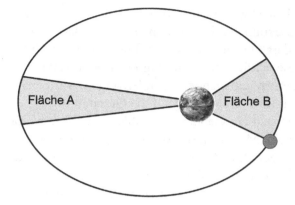

Abb. 2.5 Schematische Darstellung für die Ellipsenbewegung eines Satelliten um die Erde. Gemäß des zweiten Kepler'schen Gesetzes sind die beiden in gleichen Zeiten durchlaufenden Flächen A und B gleich groß

für alle Himmelskörper und somit auch für künstliche Erdtrabanten. In Abb. 2.5 ist die Bewegung eines Satelliten um die Erde schematisch dargestellt. Gemäß des zweiten Kepler'schen Gesetzes überstreicht ein von der Erde zum Satelliten gerichteter Strahl in gleichen Zeiten gleich große Flächen. Demzufolge bewegt sich ein Satellit umso schneller, je näher er sich zur Erde befindet. Mit diesen physikalischen Gesetzen liefert Kepler also bereits im 17. Jahrhundert eine wichtige Grundlage für die Satellitengeodäsie.

Für Galileo hingegen ist die Kreisbewegung so fest in seinem Glauben verankert, dass er die Ellipsenbahnen seines Kontrahenten kategorisch ablehnt. Dies geht damals sogar so weit, dass er Keplers Theorien als „Kindereien" abtut, was auch deutlich das angespannte Verhältnis zwischen beiden Wissenschaftlern belegt. Trotz der bestehenden Diskrepanzen ergänzen sich ihre Theorien in vielen Punkten, und sie liefern die entscheidenden Argumente, die schließlich nach einigen Jahrzehnten harter Arbeit zu einer Akzeptanz des heliozentrischen Weltsystems führen.

2.6 Die Physik des Universums – Von Newton zu Einstein

Eine wichtige Frage ist aber immer noch ungelöst: Was ist die Ursache für die Himmelsbewegungen, und welche Kräfte sind dafür verantwortlich? Im Jahr 1577 machen Astronomen eine wichtige Entdeckung: Über ganz

Europa ist die Bewegung eines Kometen mit einer sehr langgestreckten Bahn zu sehen, die erstaunlicherweise die Bahn der Planeten durchkreuzt. Damit ist die ptolemäische Vorstellung konzentrischer Kristallsphären eindeutig widerlegt. Kepler spricht zwar schon von Antriebskräften im Sonnensystem. Allerdings täuscht er sich in seiner Annahme, dass magnetische Kräfte die Planeten um die Sonne bewegen. Es vergehen noch einige Jahrzehnte bis die richtige Antwort gefunden ist.

Im Jahr 1687 veröffentlicht der britische Physiker Isaac Newton das Gravitationsgesetz in seinem Jahrhundertwerk „Mathematische Prinzipien der Naturlehre" (Originaltitel: „Philosophiae naturalis principia mathematica"). In der Herleitung seiner Theorien baut er auf den von Galilei gefundenen Trägheitssatz auf. Hiernach bleibt jeder Körper im Zustand der Ruhe oder der gleichförmigen, geradlinigen Bewegung, solange keine äußeren Kräfte auf ihn einwirken. Umgekehrt gilt, dass jeder Körper seine Bewegungsrichtung und Geschwindigkeit unter dem Einfluss von Kräften ändert. Also fragt sich Newton, welche Kraft eine Ellipsenbewegung der Planeten um die Sonne bewirken könnte. Er behauptet, es sei dieselbe Kraft, die dafür verantwortlich sei, dass Gegenstände auf den Boden fallen. Diese Kraft bezeichnet er als Gravitation oder Schwerkraft. Sein neuer Kraftbegriff erklärt auch, warum die Anziehungskraft des Mondes eine wesentliche Ursache für die Gezeiten auf der Erde ist.

In seinem fundamentalen Werk entwickelt Newton eine exakte mathematische Beschreibung, wie Gegenstände auf eine einwirkende Kraft reagieren. Mit der Lösung der daraus resultierenden Gleichungen kann er zeigen, dass sich die Erde und die übrigen Planeten unter dem Gravitationseinfluss der Sonne auf Ellipsenbahnen bewegen, genau wie es Kepler vorhergesagt hat. Aus der elliptischen Bewegung der Planeten resultiert ein Kräftegleichgewicht der nach außen gerichteten Zentrifugalkraft und der zwischen den Himmelskörpern wirkenden Anziehungs- oder Gravitationskraft. Umgekehrt gelingt es Newton auch, die ellipsenförmige Umlaufbahn eines Planeten zu bestimmen, wenn das Kraftgesetz vorgegeben ist. Nach dem Newton'schen Gravitationsgesetz ist die Anziehungskraft zwischen zwei Körpern proportional zum Produkt ihrer Masse und umgekehrt proportional zum Quadrat der Abstände ihrer Schwerpunkte. Wenn man also die Entfernung zwischen zwei Körpern verdoppelt, so ist die Anziehungskraft zwischen ihnen viermal schwächer. Dieses berühmte Gesetz liefert noch heute die Grundlage für die modernen Satellitenbeobachtungsverfahren (Kap. 3).

Newton sieht für die Herleitung seiner Theorie keine andere Möglichkeit, als einen absoluten Raum und eine absolute Zeit zu definieren. So geht er davon aus, dass der Raum stets gleich und unbeweglich sei und die Zeit überall im Universum (also unabhängig vom Standort) gleich verlaufe. Eine Vorstellung, die jedoch nicht alle Kollegen teilen, zum Beispiel nicht der bekannte deutsche Philosoph und Mathematiker Gottfried Wilhelm Leibniz. Ähnlich wie einige Jahrzehnte zuvor Galilei und Kepler sind auch Newton und Leibniz erbitterte Kontrahenten im Wettstreit um die Richtigkeit ihrer Theorien. Newtons Gravitationsgesetz gilt aber dennoch fast 250 Jahre lang als unantastbares Regelwerk der klassischen Physik, da es die Vorgänge auf der Erde und im Weltraum in Bezug auf die damaligen Messgenauigkeiten sehr gut beschreibt.

Zu Beginn des 20. Jahrhunderts erschüttert ein deutscher Physiker das Konzept des absoluten Raumes und der absoluten Zeit. Albert Einstein läutet mit seinen bahnbrechenden Entdeckungen eine neue Ära der Physik ein. Gemäß seiner Speziellen Relativitätstheorie aus dem Jahr 1905 ist die Zeit keine absolute Größe mehr, sondern sie hängt vom Betrachter ab. Seine Theorie besagt, dass zwei absolut baugleiche Uhren an verschiedenen Standorten in bewegten Systemen nicht gleich schnell laufen. So vergeht die Zeit in einer in den Weltraum sausenden Raumsonde langsamer als für einen Beobachter auf der Erde. In seinen unermüdlichen Forschungsarbeiten weitet Einstein seine Theorie auf beschleunigte Systeme aus. Im Jahr 1915 vollendet er mit der Allgemeinen Relativitätstheorie sein berühmtes Meisterwerk. Einstein beschreibt darin eine vollkommen neue und nur äußerst schwer verständliche Gravitationstheorie als eine Eigenschaft von Raum und Zeit. Nach seiner Theorie ist die Gravitation keine Kraft mehr (wie Newton angenommen hat), sondern eine Eigenschaft der gekrümmten Raumzeit (Abb. 2.6). Die Erde wird also nicht durch (unsichtbare) Kraftlinien von der Sonne angezogen, sondern es ist die Krümmung des Raumes, die für die elliptische Bewegung der Erde um die Sonne sorgt. Diese umfassende Theorie gilt für das gesamte Universum.

Doch wofür wird ein so kompliziertes Werk überhaupt benötigt? Die meisten Vorgänge auf der Erde lassen sich schließlich mit den wesentlich einfacheren Newton'schen Gesetzen hervorragend beschreiben. Hier kommt das Universum ins Spiel. Denn dort sieht die Sache allerdings ganz anders aus. Schon vier Jahre nach Veröffentlichung der Allgemeinen Relativitätstheorie beobachten britische Astronomen bei einer totalen Sonnenfinsternis, wie Sternlicht infolge der Sonnenmasse von der geraden Bahn abgelenkt wird, womit der Effekt der gekrümmten Raumzeit eindeutig nachgewiesen ist. In der Astronomie, Astrophysik und Kosmologie gelingen in der zweiten Hälfte des 20. Jahrhunderts sensationelle Entdeckungen, zum Beispiel die Urknalltheorie, Neutronensterne, Pulsare, Schwarze Löcher, Gravitations-

Abb. 2.6 Einsteins Theorie der gekrümmten Raumzeit. (© the_lightwriter/ stock. adobe.com)

linsen und -wellen, die ohne Relativitätstheorie überhaupt nicht erklärbar gewesen wären.

Auch für die modernen geodätischen Satellitenmessverfahren sowie die Nutzung extragalaktischer Signale entfernter Radioquellen für die Positionsbestimmung auf der Erde ist die Berücksichtigung relativistischer Korrekturen unverzichtbar. So ist Einsteins Theorie heutzutage nicht nur in der Wissenschaft, sondern sogar im Alltag zu berücksichtigen, beispielsweise bei der Navigation, damit der GPS-Empfänger auch die richtigen Koordinaten anzeigt.

Und wie groß wäre der Positionsfehler bei der Satellitennavigation ohne Berücksichtigung der Einstein'schen Theorie? Aufgrund der relativistischen Effekte läuft die Uhr an Bord des Satelliten pro Tag um 39 Millionstel Sekunden schneller als die Empfängeruhr. Da sich das GPS-Signal rasend schnell mit der Lichtgeschwindigkeit von rund 300.000 Kilometern pro Sekunde ausbreitet, würde unser Navi infolge eines solchen Zeitfehlers eine um zehn Kilometer falsche Position anzeigen. Und nach zehn Tagen wäre es bereits ein Positionsfehler von 100 Kilometern, man würde also statt in München möglicherweise in Innsbruck landen. Als Nutzer braucht man sich aber zum Glück keine Sorgen zu machen, denn die Systembetreiber berücksichtigen automatisch die notwendigen relativistischen Korrekturen.

2.7   Ist die Erde rund wie eine Kugel? – Der erbitterte Streit um die Figur der Erde

Im 17. Jahrhundert erlangen Frankreich und England eine wirtschaftliche Vormachtstellung in Europa. Im Zuge ihrer Expansionspolitik sowie der wirtschaftlichen und industriellen Entwicklungen entstehen in ihren Hauptstädten wissenschaftliche Zentren mit dem Schwerpunkt auf den Naturwissenschaften. Damit erhoffen sich beide Länder entscheidende Fortschritte in der Kartenherstellung und der Navigation auf See, um daraus Vorteile im Handel, der Schifffahrt und in der Kriegsführung zu erzielen. Im Jahr 1660 entsteht in der britischen Hauptstadt die „Royal Society".

In Frankreich wird 1666 die französische Akademie der Wissenschaften in Paris gegründet. Der Finanzminister Jean-Baptiste Colbert überzeugt seinen König Ludwig XIV. davon, dass ein solcher wissenschaftlicher Zusammenschluss sowie die Bereitstellung von Forschungsgeldern sehr nützlich für die weitere Entwicklung des Reiches und den Ruhm der Krone sein würden. Am 22. Dezember 1666 findet in Paris die erste Sitzung der französischen Akademie der Wissenschaften statt. Colbert erhält von seinem König die volle Unterstützung, ein internationales Forscherteam aus Astronomen, Mathematikern, Physikern und Geografen zusammenzustellen und mit ordentlichen Gehältern auszustatten. Als führendes Mitglied gewinnt er den holländischen Mathematiker Christian Huygens, der im Jahr 1657 die Pendeluhr als ersten zuverlässigen Zeitmesser erfunden hat. Mit im Team ist auch der durch das Studium der Jupitermonde bekannt gewordene italienische Astronom Giovanni Domenico Cassini. Aus Ehre zum Gastland hat er sogar seinen Vornamen in Jean-Dominique geändert.

Als erste wichtige Aufgabe widmet sich die Pariser Akademie der Neubestimmung der Größe der Erdkugel als Grundlage für die Erstellung einer genauen Karte Frankreichs und der fernen Kontinente. Die neuesten instrumentellen und methodischen Errungenschaften versprechen eine wesentlich genauere Bestimmung des Erdumfangs. Das Grundprinzip ähnelt der Methode des Eratosthenes aus dem 2. Jahrhundert v. Chr. (Abschn. 2.3). Man bestimmt also die Entfernung zwischen zwei Punkten, die auf einem Meridian (Längenkreis) liegen und misst den geografischen Breitenunterschied beider Punkte, der dem Zentriwinkel (im Erdmittelpunkt) entspricht. Aus der Meridianbogenlänge und dem dazugehörigen Zentriwinkel lässt sich dann unmittelbar der Erdumfang ableiten. Mit dem im 17. Jahrhundert entwickelten Triangulationsverfahren kann die Meridianbogenlänge jedoch wesentlich genauer bestimmt werden als damals im antiken Griechenland. Den geografischen Breitenunterschied der beiden Messpunkte bestimmen die französischen Wissenschaftler über astronomische Beobachtungen. Die Messung der Meridianbogenlänge nach dem Verfahren der Triangulation in Verbindung mit der astronomischen Breitenbestimmung wird als Gradmessung bezeichnet. Üblicherweise wird bei solchen Gradmessungen die Meridianbogenlänge für einen Grad auf der Kugel angegeben. Das Prinzip der Gradmessung zur Bestimmung des Erdumfangs ist in der nachfolgenden Box erläutert.

Gradmessung, um den Erdumfang zu bestimmen

Bei der Gradmessung wird die Meridianbogenlänge mithilfe des Triangulationsverfahrens bestimmt. Das Grundprinzip der Triangulation ist in Abbildung a dargestellt. In dem zu vermessenden Gebiet wird ein Netz von Dreiecken angelegt. Für die erforderlichen Sichtverbindungen zwischen den Messpunkten sind Berggipfel und sonstige erhöhte Punkte ideal (zum Beispiel Kirchtürme), denn ansonsten müssen Beobachtungstürme errichtet werden. Die Koordinaten der Dreieckspunkte werden durch geeignete Strecken- und Winkelmessungen bestimmt. Aus dem Geometrieunterricht wissen wir, dass ein Dreieck durch eine Seitenlänge und zwei Winkel eindeutig bestimmt ist. Die damalige Methode der Streckenmessung (meistens mittels 4 oder 5 m langer geeichter Messstangen aus Holz) ist allerdings ziemlich mühsam (Abschn. 2.8). Im Gegensatz dazu lassen sich die Dreieckswinkel viel einfacher und schneller mit einem Quadranten bestimmen. Dies ist ein Messgerät, das man sich vereinfacht als ein Fernrohr mit einem Fadenkreuz und einem Teilkreis für die Winkelablesungen vorstellen kann. Der große Vorteil dieses Triangulationsverfahrens besteht darin, dass in dem gesamten Dreiecksnetz nur eine einzige Strecke zu messen ist, die Basis. Ansonsten werden nur Winkelmessungen in den Dreiecken benötigt, um die Geometrie des Netzes eindeutig festzulegen und die Koordinaten der Eckpunkte zu berechnen. Die Orientierung des Netzes wird über astronomische Beobachtungen bestimmt. Mithilfe dieses Triangulationsverfahrens wird die Entfernung zwischen zwei Punkten auf einem Meridian, die sogenannte Meridianbogenlänge, bestimmt.

Der geografische Breitenunterschied dieser beiden Punkte wird aus astronomischen Messungen abgeleitet. Dazu wird der Höhenwinkel α zu einem Gestirn gemessen. In Abbildung b ist dies schematisch für den Polarstern dargestellt, der sich näherungsweise über dem Nordpol befindet. Der vom Beobachtungspunkt gemessene Höhenwinkel zum Polarstern entspricht seiner geografischen Breite. Auf diese Weise lässt sich der Breitenunterschied zwischen den beiden Punkten bestimmen, was genau dem Zentriwinkel entspricht.

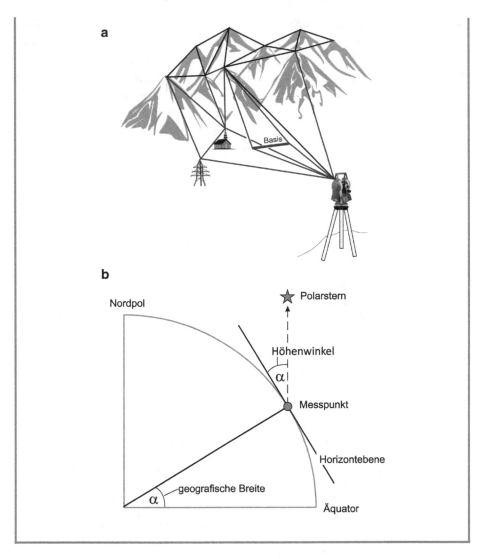

Die Leitung der französischen Gradmessung übernimmt der Astronom Jean Picard. Es wird eine in Nord-Süd-Richtung verlaufende Vermessungslinie von etwa 150 Kilometern Länge auf einem Meridian in der Nähe von Paris mit den beiden Endpunkten Malvoisine (südlich von Paris) und Amiens im Norden der Stadt festgelegt. Als Ergebnis ihrer Messungen erhalten die Franzosen eine Meridianbogenlänge von 111,21 Kilometern bezogen auf einen Grad auf der Kugel. Der daraus abgeleitete Erdumfang beträgt 40.037 Kilometer und der Erdradius entspricht 6371,9 Kilometern. Picard liefert mit dieser Messung die bis dahin genaueste Bestimmung der Dimension der Erdkugel.

Bereits zu Beginn des 17. Jahrhunderts stellen Astronomen fest, dass der Planet Jupiter an den Polen abgeplattet ist. Ausgehend von dieser Beobachtung stellt sich die Frage, ob die Erde eine ähnliche Form haben könnte. Große Rätsel bereiten den Forschern die neuesten Ergebnisse einer Expedition, die im Auftrag der Pariser Akademie unter Leitung des Franzosen Jean Richer astronomische Messungen an der Nordostküste Südamerikas durchführt. Die zugehörigen Zeitmessungen werden mit der von Huygens entwickelten Pendeluhr vorgenommen. Die Wissenschaftler sind davon überzeugt, dass das sorgfältig in Paris geeichte Sekundenpendel auch in Äquatornähe in exakt einer Sekunde von einer Seite zur anderen schlägt. Aber … ist dies tatsächlich richtig? Und was zeigen die Messungen?

Im Februar 1672 trifft das Expeditionsteam in Cayenne im französischen Guayana ein. Richer und seine Kollegen nehmen das Sekundenpendel in Betrieb. Sie führen ihre Zeitmessungen mit äußerster Sorgfalt durch – und sind fassungslos, dass die Uhr um mehr als zwei Minuten pro Tag nachgeht. Um den Sekundentakt wieder herzustellen, muss das Pendel um einige Millimeter gekürzt werden. Den Wissenschaftlern ist bewusst, dass sich die Länge eines Pendels mit der Temperatur geringfügig ändert, was natürlich einen Einfluss auf die Zeitmessung mit einer solchen Pendeluhr hat. Sie wiederholen ihre Pendelmessungen von Woche zu Woche und schauen immer wieder gespannt auf die Ergebnisse. Nach einem Jahr besteht allerdings kein Zweifel mehr, dass der beobachtete Gangunterschied der Uhr keinesfalls über die Messunsicherheiten erklärbar ist. Die Kollegen in Paris sind anderer Meinung. Sie machen für dieses rätselhafte Ergebnis die klimatischen Unterschiede zwischen Mitteleuropa und der tropischen Äquatorregion verantwortlich, oder, falls dies nicht zutreffen sollte, dann seien die Messungen schlampig ausgeführt worden.

Was passiert in dieser Zeit auf der anderen Seite des Ärmelkanals? Newton ist intensiv damit beschäftigt, sein Lebenswerk zu Ende zu bringen. Bei der Ausarbeitung seiner Gravitationstheorie findet er eine physikalische Erklärung für die Ellipsenbewegung der Planeten um die Sonne. Ihm gelingt der Nachweis, dass diese Bewegung aus einem Kräftegleichgewicht der nach außen gerichteten Zentrifugalkraft und der zwischen den Himmelskörpern wirkenden Gravitationskraft resultiert. Es zweifelt auch inzwischen niemand mehr daran, dass sich die Erde täglich um ihre eigene Achse dreht. Newton schließt daraus, dass die Zentrifugalkraft am Äquator stärker wirken müsse als an den Polen (aufgrund des größeren Abstandes von der Erdrotationsachse). Infolge der größeren Zentrifugalkraft am Äquator müsse dies zu einer „Ausbauchung" der Erde führen. Newton begründet damit auch, dass die Pendeluhr in Cayenne langsamer als in Paris laufen müsse. Denn am Äquator ist die Schwerkraft geringer als an den Polen (Abschn. 3.7), und nach dem Pendelgesetz verlängert sich dadurch die Periode einer Schwingung.

In Frankreich werden die Ergebnisse aus London nur am Rande verfolgt. Gegenüber Newtons Gravitationstheorie ist man ohnehin sehr skeptisch, da er die Ursache der Kräfte zwischen den weit entfernten Himmelskörpern nicht schlüssig erklären kann (Newton spricht in seiner Theorie nur von einer irgendwie wirkenden Kraft). Die französischen Erdvermesser sind jedoch von ihrer geometrischen Triangulationsmethode überzeugt. So beschließt Jean-Dominique Cassini in einer Denkschrift, die Messungen über ganz Frankreich auszudehnen, um den Erdumfang noch genauer bestimmen zu können. Dieses ehrgeizige Messprojekt wird Ende des 17. Jahrhunderts unter Cassinis Leitung begonnen, aber infolge der politischen Wirren und kriegerischen Auseinandersetzungen Frankreichs mit seinen Nachbarn ist der Zeitpunkt äußerst ungünstig gewählt. Das Großprojekt kann erst nach dem Tod von Jean-Dominique Cassini von dessen Sohn Jacques im Jahr 1718 abgeschlossen und veröffentlicht werden. Insgesamt erstreckt sich die Triangulation über acht Breitengrade, also eine Entfernung von fast 900 Kilometern. Die Ergebnisse für die beiden Teilstücke in Süd- und Nordfrankreich sind sehr überraschend. Im südlichen Teil ist ein Bogengrad mit einer Länge von 111,28 Kilometern um 270 Meter länger als in Nordfrankreich. Aus diesen Messergebnissen lässt sich unmittelbar schließen, dass die Gradabstände zum Äquator hin größer werden, und die Erde somit in Richtung zu den Polen gestreckt sein müsste. Damit steht dieses Ergebnis also im Widerspruch zu den Aussagen von Newton und den Pendelmessungen von Richer.

Wer hat nun Recht? Ist die Erde abgeplattet oder gleicht sie einem entlang der Rotationsachse verlängertem Sphäroid? Ein erbitterter Streit zwischen Frankreich und England beginnt. Für die Cassinis steht ein ganzes Lebenswerk auf dem Spiel, wenn sich Newtons Theorie als richtig erweisen sollte. Die Franzosen bringen obendrein noch die Wirbeltheorie ihres berühmten Philosophen und Mathematikers René Descartes aus dem 17. Jahrhundert ins Spiel, um ihre Gradmessungen und die daraus abgeleitete Form der Erde zu begründen. Newton wiederum greift in seinem Werk „Principia" die Wirbeltheorie von Descartes an und verweist auf Richers Pendelmessungen, die auf eine an den Polen abgeplattete Erde hindeuten. In der Streitfrage um die Figur der Erde scheint somit keine Einigung in Sicht zu sein. Wie lässt sich dieses große Rätsel lösen?

Die Mitglieder der französischen Akademie der Wissenschaften entwickeln einen äußerst ehrgeizigen Plan. Die Abplattung der Erde lässt sich am genauesten bestimmen, wenn die Meridianbogenmessungen in möglichst unterschiedlichen geografischen Breiten vorgenommen werden, weil sich dann eine Änderung der Erdkrümmung am stärksten bemerkbar macht. Es werden zwei Expeditionen geplant, um den messtechnischen Beweis für die tatsächliche Gestalt der Erde zu erbringen. Ein Expeditionsteam soll in den peruanischen Anden die Meridianbogenlänge in der Nähe des Äquators bestimmen. Ein zweites Team wird ausgewählt für die Messungen im hohen Norden in Lappland. In der nachfolgenden Box ist das Prinzip der Gradmessungen zur Bestimmung der Erdabplattung erläutert.

Gradmessungen in Peru und Lappland zur Bestimmung der Erdabplattung

Mit einer Gradmessung wird die Krümmung der Erdfigur bestimmt. Bei einer Kugel wäre die Krümmung der Oberfläche überall gleich, während sich bei einer abgeplatteten Erde die Krümmung abhängig von der geografischen Breite ändert. Die Abplattung lässt sich am zuverlässigsten bestimmen, wenn die Gradmessungen in sehr unterschiedlichen geografischen Breiten vorgenommen werden. Gemessen werden dabei die Länge eines Meridianbogens mittels Triangulation und der zugehörige Zentriwinkel mittels astronomischer Messungen. Üblicherweise wird bei solchen Gradmessungen die zu einem Breitenunterschied von einem Grad gehörende Meridianbogenlänge angegeben. Das Ergebnis der Expeditionen ist eindeutig: Die Erde ist an den Polen abgeplattet, was Newtons Theorie bestätigt. Die Erdabplattung bewirkt, dass man sich in der Nähe des Pols etwa 21 Kilometer näher am Erdmittelpunkt befindet als am Äquator.

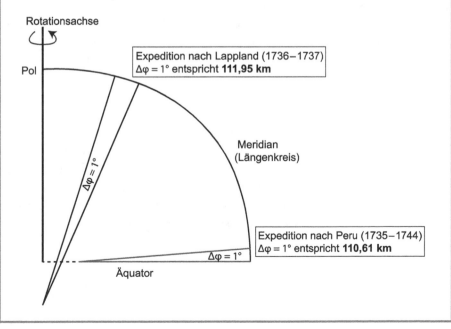

Im Jahr 1735 bricht das erste französische Expeditionsteam unter Leitung von Pierre Bouguer, Charles Marie de la Condamine und Louis Godin in das spanische Vizekönigreich Peru auf (heutiges Ecuador), um das abenteuerliche Messprojekt in Angriff zu nehmen. Die Anden werden nicht nur wegen der Nähe zum Äquator ausgewählt, sondern man verspricht sich wegen der hohen Berge auch gute Sichtverbindungen zwischen den Messpunkten. Dies erweist sich allerdings als Trugschluss, denn die Berge sind meistens in Wolken verhüllt, sodass das ständige Warten auf bessere Sicht erheblich an den Nerven der Expeditionsteilnehmer zerrt. Neben den ganzen logistischen Schwierigkeiten in einer so lebensfeindlichen Region müssen die Forscher auch noch gegen das Misstrauen der örtlichen Beamten und der einheimischen Bevölkerung kämpfen, die für ein solches Messprojekt keinerlei Verständnis haben. Die enormen logistischen und messtechnischen Probleme führen immer wieder zu emotionalen Spannungen innerhalb des Teams, sodass dieses äußerst ehrgeizige Projekt einige Male kurz vor dem Scheitern steht.

Ein moralischer Tiefpunkt der Abenteurer ist erreicht, als 1737 eine Nachricht aus Frankreich ankommt: Das Expeditionsteam in Lappland unter der Leitung von Pierre Louis Moreau de Maupertius hat dort die Messungen bereits erfolgreich abgeschlossen. Aus den dortigen Messungen ergibt sich, dass die Meridianbogenlänge in Richtung zum Pol deutlich zunimmt, womit eine Abplattung der Erde an den Polen nachgewiesen wäre. Allerdings wird dieses Ergebnis in Paris mit äußerster Skepsis betrachtet, da Maupertius bekanntermaßen ein überzeugter Anhänger Newtons ist. So werden die Erdvermesser in Peru zum Weitermachen gedrängt, denn die Franzosen hoffen immer noch, dass die Messungen in der Nähe des Äquators die Richtigkeit ihrer Theorie bestätigen werden. Dem unermüdlichen Einsatz und eisernen Willen des Messteams ist es zu verdanken, dass diese abenteuerliche Expedition nach fast zehn Jahren zu einem erfolgreichen Abschluss gebracht werden kann. Die Franzosen sind fassungslos über das Ergebnis: In Peru ist die Meridianbogenlänge (für einen Grad Breitenunterschied) gut einen Kilometer kürzer als in Lappland, womit der eindeutige Nachweis für die Erdabplattung an den Polen erbracht ist. Newtons Theorie ist damit eindeutig bestätigt. Für die französischen Wissenschaftler und für ihre Nation hingegen ist dieses Resultat ein wahres Desaster: Sie besiegeln mit ihren Messungen ihr eigenes Schicksal!

2.8   Maß für Maß mit Dreiecken – Die erste landesweite Vermessung Deutschlands

In der zweiten Hälfte des 18. Jahrhunderts beginnt in weiten Teilen Mitteleuropas ein politischer und gesellschaftlicher Umbruch, der durch eine sich allmählich entwickelnde Industrialisierung geprägt ist. Auch der aufblühende Handel, die Seefahrt sowie militärische Interessen geben wichtige Impulse für die Weiterentwicklung der geodätischen Methoden und der Kartenerstellung. Eine weitere Motivation für die Landesvermessung ergibt sich aus dem Anspruch, die Eigentumsverhältnisse an Grund und Boden eindeutig dokumentieren zu wollen. Der Staat verspricht sich aus einer flächendeckenden Grundstücksvermessung eine ergiebige Einnahmequelle durch die von den Eigentümern zu entrichtende Grund- und Bodensteuer.

In Deutschland sind die Anfänge der Landesvermessung im frühen 19. Jahrhundert stark durch den französischen Einfluss geprägt. Besonders deutlich ist dies in Bayern, das seit dem Frühjahr 1800 während des zweiten Koalitionskrieges zwischen Frankreich und Österreich von französischen Truppen besetzt ist. Napoleon ist allerdings mit dem verfügbaren bayerischen Kartenmaterial, den Abkömmlingen der Apian'schen Karte aus dem 16. Jahrhundert, nicht zufrieden und erteilt den Befehl, eine genaue topografische Karte von Bayern zu schaffen. Als die französischen Truppen nach dem Frieden von Lunéville am 9. Februar 1801 aus Bayern abziehen, bleibt die Idee von einer Karte für ganz Bayern erhalten. So wird 1801 in München das Topographische Bureau gegründet, die Keimzelle des heutigen Landesamtes für Digitalisierung, Breitband und Vermessung. Das Topographische Bureau setzt die von den Franzosen begonnenen Vermessungsarbeiten fort. Der französische Ingenieurgeograf Oberst Charles Rigobert Bonne wird mit der messtechnischen Leitung dieses Projektes beauftragt. Die erste flächenmäßige Vermessung Bayerns erfolgt zu Beginn des 19. Jahrhunderts nach dem Verfahren der Triangulation. Dieses Verfahren hatte sich bei den Gradmessungen in Frankreich und bei den Expeditionen in Peru und Lappland bereits bestens bewährt (Abschn. 2.7).

Im Erdinger Moos im Norden von München wird eine rund 21 Kilometer lange Basislinie zwischen Oberföhring und Aufkirchen als Grundlinie für das Bayerische Vermessungsnetz ausgewählt. Dieses Gebiet ist wegen der geringen Höhenunterschiede und der abgeschiedenen Lage für ein solches Projekt bestens geeignet. Die Basislinienmessung erfolgt mit geeichten, fünf Meter langen Messstangen aus trockenem Tannenholz. Jeweils fünf

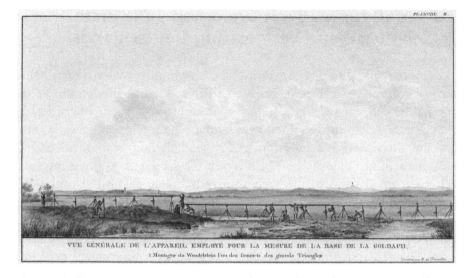

Abb. 2.7 Aquarell von F. de Daumiller, Detail, Messung der Basislinie zwischen Oberföhring und Aufkirchen. (© Bayerische Vermessungsverwaltung)

solcher Stangen werden auf transportablen und höhenverstellbaren Messstegen aneinander gelegt. Wie in Abb. 2.7 ersichtlich, müssen diese Messstege zuvor horizontal ausgerichtet und an die topografischen Gegebenheiten angepasst werden. Beim Überwinden von Höhenunterschieden im Gelände wird die Lage der oberen Messstange mit einem Bleilot auf die nächste Messstange übertragen. Die Messungen werden dann auf dem niedrigeren Höhenniveau fortgesetzt. Man kann sich leicht vorstellen, dass so eine Vermessung einer mehr als 20 Kilometer langen Strecke mit einem erheblichen Aufwand verbunden ist. Der aus 26 Soldaten bestehende Messtrupp benötigt damals 42 Tage für diese Basislinienmessung. Ende 1801 liegt das Ergebnis vor: Die Basislinie ist genau 21.653,8 Meter lang.

Heutige GPS-Messungen liefern die Streckenlänge per Knopfdruck in Sekundenschnelle. Ein Vergleich der damaligen Basislinienvermessung mit GPS-Ergebnissen ergibt eine Abweichung von 70 cm. Dies entspricht einem Messfehler von etwa drei Zentimetern auf einen Kilometer, eine beeindruckende Genauigkeit in Anbetracht der damaligen Möglichkeiten.

Schaut man sich den Aufwand für die damalige Streckenmessung an, liegen die messtechnischen Vorteile der Triangulation sofort auf der Hand. Denn mit dieser einen Basislinienmessung kann das gesamte bayerische Hauptdreiecksnetz (Abb. 2.8) nach dem Verfahren der Triangulation durch Winkelmessungen in den Dreiecken koordinatenmäßig bestimmt werden. Die Winkelmessungen erfolgen mit einem sogenannten Bordakreis, ein Messgerät mit zwei drehbaren Fernrohren auf einem Teilkreis, um den Winkel zwischen beiden Visuren zu bestimmen. Die räumliche Orientierung des Vermessungsnetzes erfolgt durch astronomische Beobachtungen.

Im frühen 19. Jahrhundert folgen weitere Landesvermessungen in verschiedenen Teilen Deutschlands, die wie in Bayern auf der Grundlage von Dreiecksnetzen nach dem Verfahren der Triangulation durchgeführt werden. Erwähnenswert ist ein berühmter deutscher Wissenschaftler, der bereits als neunjähriger Schüler mit seinen mathematischen Fähigkeiten seinen Lehrer verblüfft. Sein Name ist Carl Friedrich Gauß.

Die nachfolgende Box verrät mehr über diesen anerkannten Wissenschaftler, der mit seinen herausragenden Arbeiten wichtige Impulse für die Geodäsie gibt und sie zu einer mathematisch abgesicherten Wissenschaft ausbaut. An seine wissenschaftlichen Leistungen erinnerte unter anderem der alte Zehnmarkschein (Abb. 2.9).

Carl Friedrich Gauß – Mathematiker, Astronom und Geodät

Gauß wird 1777 in Braunschweig geboren. Seine mathematische Begabung wird entdeckt, als er gerade neun Jahre alt ist.

Im Matheunterricht der Drittklässler geht es einmal wieder heiß her. Der Lehrer Büttner ärgert sich über den unerträglichen Geräuschpegel in seiner Schulklasse. Damit endlich Ruhe einkehrt, stellt er den Kindern eine besonders aufwändige Rechenaufgabe. Sie sollen die Zahlen von eins bis 100 zusammenzählen. Um sich Respekt zu verschaffen, droht er noch Schläge an, wenn das Ergebnis falsch sein sollte. Eingeschüchtert versenken die Schüler ihre Köpfe und rechnen wild drauflos. Es dauert nur wenige Augenblicke, da meldet sich der kleine Gauß und zeigt sein Ergebnis: Fünftausendfünfzig. Herr Büttner ist fassungslos. Wie war das nur so schnell möglich? Und wo sind die Berechnungen? Gauß erklärt seine Methode: Die beiden Zahlen 1 und 100 ergeben zusammen 101, ebenso 2 und 99 sowie auch 3 und 98 und so weiter. Insgesamt gibt es also 50 solcher Zahlenpaare, die alle jeweils 101 ergeben. Und so erhält man das richtige Ergebnis, indem man einfach 50 mal 101 ausrechnet. Schon im frühen Kindesalter wird seine mathematische Begabung erkannt und weiter gefördert. Nach seinem Mathematikstudium wird Gauß 1807 bereits mit 30 Jahren Professor für Astronomie an der Universität Göttingen und Direktor der dortigen Sternwarte. Zu seinen Errungenschaften zählen seine astronomischen Beobachtungen, die Ausgleichung der Messungswidersprüche nach der „Methode der kleinsten Quadrate", die ellipsoidische Berechnung der Dreiecksnetze, die konforme (winkeltreue) Abbildung der Geländeoberfläche in die Ebene, die nach ihm benannte „Gauß-Krüger-Abbildung", sowie seine Forschungsarbeiten zur geometrischen Gestalt der Erde.

Gauß verknüpft seine theoretischen Erkenntnisse immer wieder mit praktischen Arbeiten. So kann er als Leiter der Vermessung des damaligen Königreichs Hannover beweisen, dass er nicht nur mit Zahlen umgehen kann, sondern auch praktische Fähigkeiten besitzt. Damals ist die Vermessung der Dreiecksnetze nach dem Verfahren der Triangulation mit einem enormen messtechnischen und logistischen Aufwand verbunden. Für die Winkelmessung in den Dreiecksnetzen sind Sichtverbindungen zwischen den Messpunkten erforderlich. Infolge der Geländebeschaffenheit, Bebauungen und Vegetation müssen oft aufwändige und kostspielige Signaltürme errichtet werden, um die vorhandenen Sichthindernisse zu überwinden. Gauß ist stolz auf seine sogenannten „Durchhaue", in die Wälder geschlagene Schneisen, um freie Sichten zwischen den Messpunkten herzustellen. Er erfindet auch das Heliotrop, ein Spiegelgerät, das die Zielmarken mit reflektiertem Sonnenlicht ausleuchtet, wodurch die Entfernungen zwischen den Messpunkten deutlich vergrößert werden können. So ist sein Name auch heute noch fest in der Wissenschaft verankert.

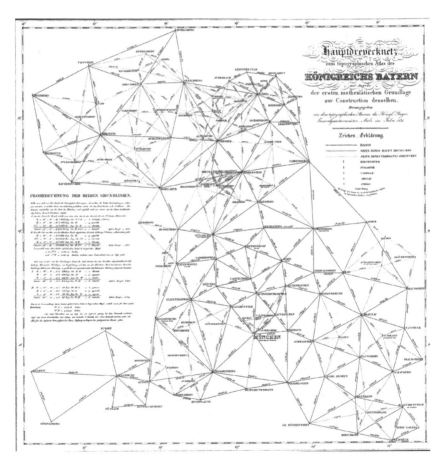

Abb. 2.8 Hauptdreiecksnetz von Bayern (© Bayerische Vermessungsverwaltung)

a   b

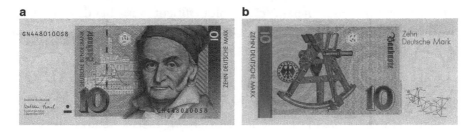

Abb. 2.9 10-DM Schein zum Gedenken an Carl Friedrich Gauß: **a** Porträt Carl Friedrich Gauß, **b** Sextant und ostfriesisches Triangulationsnetz (© Deutsche Bundesbank, gemeinfrei)

2.9   Die Geodäsie auf dem Weg zu einer internationalen Wissenschaft

Die Vermessung der Erde ist naturgemäß eine globale Aufgabe, die nicht einzelne Nationen bewältigen können, sondern die vielmehr eine internationale Kooperation erfordert. Beleuchten wir also wichtige Entwicklungsschritte der Geodäsie zu einer internationalen Wissenschaft im Kontext der jeweiligen wirtschaftlichen und politischen Gegebenheiten.

Im 19. Jahrhundert wird die weitere Entwicklung der Geodäsie sehr begünstigt durch die industrielle Revolution mit ihren technischen und ökonomischen Errungenschaften, die ihre Ursprünge in England und Frankreich haben und allmählich auch Deutschland ergreifen. Im Zuge der voranschreitenden Industrialisierung geht es zunehmend darum, neue Rohstoffgebiete und Absatzmärkte für die Fertigwaren zu erobern, was unweigerlich zu Konflikten führt und verlässliches Kartenmaterial erfordert. Im besonderen Maße sind die Militärs an einer exakten Vermessung ihrer Länder interessiert, um sich Vorteile für die Kriegsführung zu verschaffen. Insofern sind die Vermessungsarbeiten in dieser Zeit vornehmlich in militärischer Hand. Für die praktisch orientierten vermessungstechnischen Aufgaben werden neben Soldaten auch häufig Feldmesser eingesetzt. Die wissenschaftlichen Problemstellungen bearbeiten weitgehend Astronomen, Mathematiker und Physiker. Eine wissenschaftliche Ausbildung in der Geodäsie entsteht erst allmählich in der zweiten Hälfte des 19. Jahrhunderts im Zuge der Gründung polytechnischer Schulen und Technischer Hochschulen.

Ein Universalforscher, der 1769 in Berlin geboren wird, beflügelt das Aufblühen der Naturwissenschaften: Alexander von Humboldt. Besonders charakteristisch für seine Arbeiten ist sein ganzheitlicher Ansatz für die

Erforschung unseres Planeten. Humboldt spricht ausgehend von seinen Beobachtungen in Südamerika als Erster von den Eingriffen des Menschen auf unsere Naturräume und warnt vor den Folgen des Klimawandels.

Der Naturforscher Alexander von Humboldt

Humboldt erblickt 1769 in Berlin das Licht der Welt. Seine robuste Gesundheit beschert ihm ein fast 90-jähriges Leben voller Entdeckungsdrang und Abenteuerlust. Sein Lebensziel besteht darin, die Welt in ihrer Komplexität verstehen zu wollen, und so sind seine Interessen enorm weit gefächert. Sie umfassen neben naturwissenschaftlichen Gebieten wie der Astronomie, Physik, Geologie, Zoologie, Botanik, Klimatologie auch Wirtschaft, Demografie, Ethnologie, Kunst und Musik.

Während seiner fünfjährigen Forschungsreise durch Lateinamerika und bei seinen sonstigen Entdeckungsreisen sammelt er nicht nur zahlreiche Erkenntnisse über die Flora und Fauna in den unterschiedlichen Regionen, sondern er leistet auch wichtige Beiträge für die Vermessung und Kartierung der Erde. Mit seinem Instrumentarium – unter anderem Sextant, Theodolit, Barometer, Thermometer, Messkette, Kompass – nimmt er an vielen Orten astronomische Ortsbestimmungen und Höhenmessungen vor.

Bei seinen Reisen sucht Humboldt den Kontakt zu internationalen Wissenschaftlern und zählt somit zu den Pionieren einer global denkenden Wissenschaft.

Was Humboldt besonders auszeichnet, ist seine interdisziplinäre Denkweise und sein Bestreben, unseren Heimatplaneten und das Universum in globalen Zusammenhängen als Ganzes zu betrachten. Zu seinen großartigen Leistungen zählt auch, dass er die Naturwissenschaften mit seinen zahlreichen Vorträgen und Veröffentlichungen populär gemacht hat. In der Berliner Sing-Akademie fesselt er Tausende von Zuhörern mit seinen spannenden Natur- und Reiseberichten. Seine Werke wie die „Ansichten der Natur" und der „Kosmos" verleihen ihm eine außerordentliche Popularität. Der erste Band des „Kosmos" bringt es in den ersten vier Monaten bereits auf eine spektakuläre Auflagenhöhe von 20.000 Exemplaren. Die englische Ausgabe schafft es sogar auf die doppelte Zahl, was auch heute noch als sensationeller Erfolg für ein naturwissenschaftliches Buch gelten würde. In seinem vierten Band beschreibt Humboldt unter der Überschrift „Größe, Figur (Abplattung) und Dichtigkeit der Erde" die Methoden der Erdmessung und stellt die Geodäsie als naturwissenschaftliche Disziplin vor.

Bei seinen Forschungsarbeiten im Amazonasgebiet erkennt Humboldt den Zusammenhang zwischen der zerstörerischen Abholzung des Regenwaldes und den Folgen für den Wasserhaushalt, die Bodenbeschaffenheit und das Klima. Damit beschreibt er als Erster, wie der Mensch durch seine Eingriffe auf die Naturräume auch das Klima beeinflusst und warnt vor den Folgen des durch den Menschen verursachten Klimawandels.

Allerdings rückt Humboldts ganzheitlicher Forschungsansatz in den nachfolgenden Jahrzehnten immer stärker in den Hintergrund, denn die Industrialisierung erfordert eine zunehmende Spezialisierung und eine kontinuierliche Erweiterung der wissenschaftlichen Disziplinen, um die wachsenden technischen Herausforderungen meistern zu können. Erst in der heutigen Zeit ist der globale Naturgedanke von Humboldt wieder zu einer neuen Blüte erwacht. Die Auswirkungen des Klimawandels, verheerende Naturkatastrophen und gravierende Umweltprobleme machen heute eine interdisziplinäre Forschung wichtiger als je zuvor, um unser komplexes Erdsystem und die Wechselwirkungen zwischen den verschiedenen Komponenten besser zu verstehen und wirksame Maßnahmen für den Schutz unseres Planeten ergreifen zu können (Kap. 4 und 5).

Wie hat sich die Geodäsie in der Folgezeit zu einer globalen Wissenschaft entwickelt? Ausgehend von den Landesvermessungen nach dem Verfahren der Triangulation in verschiedenen Ländern und Regionen der Erde (ähnlich wie in Bayern, Abschn. 2.8), entsteht der Gedanke, diese getrennten Dreiecksnetze miteinander zu verknüpfen. Bereits Carl Friedrich Gauß hat seine Gradmessung in Hannover als Teil einer großräumigen Vermessung gesehen und die Vision geäußert, dass einst alle Sternwarten Europas untereinander verbunden sein werden.

Wichtige Impulse für die weiteren geodätischen Entwicklungen sowie die Verbindung der vorhandenen Dreiecksnetze gehen von dem Astronomen Friedrich Wilhelm Bessel, dem Leiter der Sternwarte in Königsberg, und dem preußischen Generalleutnant Johann Jacob Baeyer aus. Im Jahr 1861 legt Baeyer dem preußischen Kriegsministerium eine Denkschrift zur Gründung einer „mitteleuropäischen Gradmessung" vor. Begründet wird dieses Unterfangen mit einer genauen Bestimmung der Figur der Erde sowie der Verbindung der etwa 30 mitteleuropäischen Sternwarten durch qualitativ hochwertige Triangulationen in einem Gebiet, das sich von Brüssel bis Warschau und von Oslo bis Palermo erstreckt. Baeyer wird als Bevollmächtigter Preußens ermächtigt, die für die mitteleuropäische Gradmessung in Betracht kommenden Länder zu kontaktieren. Dabei wird die Vision vermittelt, dass mit einer Vereinigung der Länder Mitteleuropas ein bedeutungsvolles, großartiges Werk entstehen kann. Nach gut einem Jahr sind bereits 16 Staaten diesem Projekt beigetreten: die sieben deutschen Länder Baden, Bayern, Hannover, Mecklenburg, Preußen, Sachsen und Sachsen-Coburg-Gotha sowie Belgien, Dänemark, Frankreich, die Niederlande, Österreich, Polen, Schweden, Norwegen und die Schweiz.

Im Jahr 1864 findet unter Baeyers Leitung die erste „Allgemeine Konferenz der Bevollmächtigten" in Berlin statt, in der die Organisation der „Mitteleuropäischen Gradmessung" festgelegt wird. Es werden drei Sektionen sowie ein Zentralbüro in Berlin eingerichtet. Neben den klassischen Gradmessungsarbeiten umfasst die Aufgabe auch die Höhenbestimmung sowie die Vermessung des Erdschwerefeldes und die Bearbeitung der damit verbundenen physikalischen Fragestellungen. Mit dem Beitritt von Portugal, Spanien und Russland wird die Organisation 1867 in „Europäische Gradmessung" umbenannt.

Unter der autoritären Führung des Ministerpräsidenten Otto von Bismarck ist Preußen bestrebt, die Vorherrschaft in Deutschland und bald auch in Europa zu erlangen. So verwundert es nicht, dass das 1870 in Berlin gegründete Preußische Geodätische Institut auch Sitz des Zentralbüros für die „Europäische Gradmessung" wird. Baeyer übernimmt die Präsidentschaft für beide Einrichtungen und bekleidet diese Funktion bis zu seinem Tod im Jahr 1885.

Sein Nachfolger wird Friedrich Robert Helmert, der mit seinen wegweisenden Arbeiten die internationale Erdvermessung maßgeblich voranbringt und die Geodäsie als eigenständige wissenschaftliche Disziplin etabliert. Seine Definition der Geodäsie als die Wissenschaft von der Ausmessung und Abbildung der Erdoberfläche gilt immer noch, wobei die heutigen Aufgaben zudem die Messung von Veränderungen unseres Planeten einbeziehen, um die Auswirkungen geodynamischer Prozesse und die Folgen des Klimawandels zu erfassen. Die nachfolgende Box gibt einen Überblick über einige der wichtigsten Errungenschaften Helmerts.

Friedrich Robert Helmert – Der Begründer der Geodäsie als Wissenschaft

Der deutsche Geodät und Mathematiker Friedrich Robert Helmert wird 1843 in Freiberg geboren. Mit seinem Werk „Die mathematischen und physikalischen Theorien der höheren Geodäsie (1880/1884)" begründet er die Geodäsie als eigenständige wissenschaftliche Disziplin. Helmert definiert die Geodäsie als die „Wissenschaft von der Ausmessung und Abbildung der Erdoberfläche" und schließt darin auch die Bestimmung des äußeren Schwerefeldes der Erde ein.

Als Nachfolger von Johann Jacob Baeyer übernimmt Helmert 1886 die Leitung des Preußischen Geodätischen Instituts und des Zentralbüros für die „Europäische Gradmessung". Gleichzeitig wird er auf eine Professur für höhere Geodäsie an der Universität Berlin berufen. Unter Helmerts Leitung wird das wissenschaftliche Programm der „Europäischen Gradmessung" gestrafft und vor allem im Hinblick auf die physikalische Geodäsie und die Geophysik erweitert. Die Organisation wächst durch den Beitritt außereuropäischer Staaten (darunter USA, Mexiko und Japan) weiter an, was im Jahr 1886 mit der Namensänderung in „Internationale Erdmessung" (Association Géodésique Internationale) zum Ausdruck gebracht wird.

Auf Helmert geht auch der Bau des Hauptgebäudes für das Geodätische Institut auf dem Telegrafenberg bei Potsdam im Jahr 1892 zurück. Mit seinen wegweisenden wissenschaftlichen Arbeiten wird das Potsdamer Institut zum Zentrum der globalen Geodäsie, wodurch auch die Arbeiten des Zentralbüros als ausführendes Organ der „Internationalen Erdmessung" geprägt werden.

Die Einrichtung einer solchen internationalen Wissenschaftsorganisation stellt einen Wendepunkt in der Erdvermessung dar. In seiner Funktion als Leiter des Zentralbüros der „Internationalen Erdmessung" gibt Helmert wichtige Impulse für die internationale Koordination der geodätischen Arbeiten, die zentrale Sammlung der Daten und Ergebnisse sowie die Förderung spezieller geodätischer Studien und Forschungen im internationalen Rahmen. Dazu gehören die kontinentalen Gradmessungen in Europa, Asien, Afrika und Nord- und Südamerika sowie Schwerefeldmessungen und theoretische Untersuchungen zur Figur der Erde.

Schließlich geht gut 100 Jahre nach der Gründung des Geodätischen Instituts durch Helmert der Wissenschaftspark „Albert Einstein" auf dem Potsdamer Telegrafenberg hervor, bestehend aus dem Helmholtz-Zentrum Potsdam – Deutsches GeoForschungsZentrum GFZ, dem Alfred-Wegener-Institut für Polar- und Meeresforschung (AWI-Forschungsstelle Potsdam) und dem Potsdam-Institut für Klimafolgenforschung (PIK). Potsdam gilt somit als einer der traditionsreichsten Wissenschaftsstandorte Deutschland.

Auf Empfehlung der internationalen Wissenschaftsorganisation werden zwei wichtige Beschlüsse von hoher gesellschaftlicher Relevanz gefasst: Im Hinblick auf eine weltweite Vereinheitlichung der einzelnen Gradmessungen wird das Meter als Längenstandard empfohlen. Auf dieser Basis wird 1875 in Paris die internationale Meterkonvention verabschiedet – ein echtes Highlight im Hinblick auf eine Standardisierung der Messungen über den Globus. Die zweite Empfehlung der Gradmessungsorganisation zielt darauf ab, einen einheitlichen Bezugsmeridian in der geografischen Längenzählung festzulegen und eine darauf bezogene Weltzeit einzuführen. Die Delegierten der Generalversammlung 1883 in Rom empfehlen ihren Regierungen als Bezugsmeridian den Meridian von Greenwich, der sich auf dem Gelände der dortigen Sternwarte zehn Kilometer entfernt vom Zentrum Londons befindet. Dieser Beschluss wird bei der internationalen Meridiankonferenz 1884 in Washington D.C. (USA) verabschiedet. Damit gibt es eine offizielle Festlegung für den Nullmeridian und für die darauf bezogene Weltzeit, was auch für viele gesellschaftliche Bedürfnisse und Entwicklungen (wie Schifffahrt, Eisenbahnverkehr, Telegrafie, Kartografie) von großer Bedeutung ist.

Im 19. Jahrhundert entstehen im Zuge der technologischen Entwicklungen und wissenschaftlichen Fortschritte auch die ersten polytechnischen Schulen und technischen Hochschulen. 1868 wird beispielsweise die Polytechnische Schule in München gegründet, die zehn

Jahre später in die Technische Hochschule, den Vorläufer der heutigen Technischen Universität München, umgewandelt wird. Geodäsie wird dort seit 1879 als Studienfach angeboten.

Herbe Einbrüche löst der erste Weltkrieg aus: Mit dem Auslaufen der Vereinbarung über die „Internationale Erdmessung" und mit dem Tode Helmerts im Jahr 1917 bricht die internationale Zusammenarbeit weitgehend zusammen. Nach dem ersten Weltkrieg wird auf Beschluss der alliierten Staaten der „Internationale Forschungsrat" gegründet. Im Jahr 1919 resultiert daraus die Gründung der „Internationalen Union für Geodäsie und Geophysik (IUGG)". In dieser übergeordneten Organisation werden die geodätischen Arbeiten von der „Internationalen Assoziation für Geodäsie (IAG)" fortgeführt. Die Kernaufgaben umfassen die Koordination der weltweiten Beobachtungskampagnen und der internationalen geodätischen Forschung. Infolge der technologischen und methodischen Entwicklungen erzielt die Erdvermessung große Fortschritte. Dies gilt nicht nur für die geometrische Bestimmung der Erdgestalt, sondern auch für die Schweremessungen sowie die geophysikalische Interpretation der Messergebnisse. Ein Schwerpunkt der Arbeiten ist weiterhin die Vermessung der Kontinente mittels Triangulation, um die Grundlagen für die Landesvermessung und die Kartenherstellung zu schaffen. Die Dreiecksnetze können mit der Triangulation immer genauer vermessen werden, wobei die Verbindung unterschiedlicher Kontinente noch ein großes Problem darstellt. Denn die astronomischen Beobachtungen sind dafür nicht genau genug und terrestrische Messungen scheiden wegen der fehlenden Sichtverbindung aus.

Ein einheitliches globales Referenzsystem für unseren Planeten ist somit noch in weiter Ferne. Stattdessen hat jedes Land sein eigenes Koordinatensystem, bezogen auf einen lokalen Referenzpunkt. So ist beispielsweise der Nordturm der Münchner Frauenkirche der Bezugspunkt für die Koordinaten des bayerischen Netzes, und das norddeutsche Netz bezieht sich auf den Helmert-Turm auf dem Potsdamer Telegraphenberg als Koordinatenursprung. Dadurch treten zwangsläufig Diskrepanzen zwischen verschiedenen Landesnetzen auf, was bei grenzüberschreitenden Vermessungsprojekten zu erheblichen Problemen führen kann.

Erneut erleiden die internationalen Entwicklungen der Geodäsie mit dem Ausbruch des zweiten Weltkrieges einen herben Einbruch. Allerdings erholen sich die Menschen erstaunlich schnell von den Schrecken des Krieges und ein rascher Neuaufbau beginnt. Wichtige Impulse gehen von dem Ausbau des Verkehrswesens und der sich rasch entwickelnden Luftfahrt aus. Ein weiterer Auslöser ist der Beginn des „Kalten Krieges" zwischen den USA und der Sowjetunion. In Anbetracht der damit verbundenen Gefahr einer globalen Kriegsführung kommt der Erdvermessung nunmehr eine besondere Bedeutung zu. Und beide Weltmächte ringen um die Vormachtstellung in der Eroberung des Weltraumes.

2.10 Erster Satellitenstart 1957 – Der Beginn einer neuen Ära

Im Jahr 1955 gibt der damalige US-Präsident Dwight D. Eisenhower die Entwicklung eines amerikanischen Erdsatelliten in Auftrag, worauf die UdSSR bereits vier Tage später Ähnliches ankündigt. Der Wettlauf zwischen den beiden Weltmächten beginnt. Ein besonderes Ereignis am 4. Oktober 1957 löst eine Schockstarre in Amerika aus: Der Sowjetunion gelingt der erste erfolgreiche Start eines künstlichen Erdsatelliten vom kasachischen Baikonur, und mit Sputnik 1 wird das Raumzeitalter eingeleitet. Allerdings unterschätzen die Sowjets den Widerstand der Atmosphäre, weshalb der Satellit schnell an Höhe verliert und bereits nach drei Monaten in der Atmosphäre verglüht.

Amerikas Antwort auf den Sputnik-Schock lässt nicht lange auf sich warten: Am 1. Februar 1958 schicken die USA von ihrem Raketenstartgelände Cape Canaveral in Florida mit Explorer 1 ihren ersten Satelliten in den Orbit. Zwei Jahre später bringt die nordamerikanische Raumfahrtorganisation NASA den ersten geodätisch nutzbaren künstlichen Satellit ins All. Es handelt sich dabei um den kugelförmigen Ballonsatelliten Echo 1, der sich mit einer Gasfüllung auf 30 Meter Durchmesser aufbläht und die Erde in einer anfänglichen Höhe von 1600 Kilometern umrundet. Neun Jahre lang ist er als leuchtendes Hochziel am Himmel sichtbar, bevor er in der Atmosphäre verglüht. Sein großer Bruder, der Ballonsatellit Echo 2, (Abb. 2.10a) mit einem Durchmesser von 41 Metern folgt 1964, er umrundet die Erde in einer Höhe von 1200 Kilometern.

Wie werden diese Satelliten für die Vermessung der Erde genutzt? Als hoch über der Erde fliegende Objekte werden die riesigen Ballonsatelliten auch noch von der Sonne hell angestrahlt, wenn diese bereits unter dem Horizont verschwunden ist. Damit sind die Satelliten schon vor Sonnenaufgang und nach der Abenddämmerung als leuchtende Punkte am Sternenhimmel sichtbar. Wegen der großen Höhe von über 1000 Kilometern stehen damit Hochziele zur Verfügung, die von weit voneinander entfernten Bodenpunkten aus gleichzeitig gesehen werden können. Geometrisch kann man sich das Messprinzip folgendermaßen vorstellen: Gleichzeitige

Richtungsmessungen zu denselben Satelliten ergeben Informationen über die relative Lage der Bodenpunkte zueinander. Analog zum bereits vorgestellten Triangulationsverfahren (Abschn. 2.7 und 2.8) spricht man hier von einer Satellitentriangulation. Die Richtungsmessungen zu den Satelliten werden mittels fotografischer Aufnahmen vor dem nächtlichen Sternenhimmel bestimmt. Für die Satellitenfotografie werden spezielle Kameras mit hoher Lichtstärke und einem Spezialverschluss benötigt. Ein Beispiel für eine solche Satellitenmesskammer ist die von der NASA entwickelte Baker-Nunn-Kamera (Abb. 2.10b).

Wie kann man sich das Mess- und Auswertekonzept vorstellen? Die Spezialkamera nimmt während eines Satellitendurchgangs zahlreiche Bilder in kurzen Zeitabständen auf, wobei eine hochgenaue Quarzuhr die Belichtungszeitpunkte steuert. Auf der belichteten Fotoplatte sehen wir die quer über das Bild verlaufende Spur des Satelliten als Folge kurzer Striche gemeinsam mit der Spur der Sterne auf konzentrischen Kreisbögen. Infolge der Erdrotation beschreibt jeder Stern einen Kreis um einen gemeinsamen Mittelpunkt, der die Richtung der Erdrotationsachse anzeigt (Abschn. 4.7). Die Richtungen zu den Satelliten werden durch Ausmessen der Bildpunkte der Satellitenspur relativ zu den aus Sternkatalogen bekannten Richtungen der Sterne bestimmt. Dafür wird ein spezieller Komparator verwendet, der ursprünglich für die fotogrammetrische Auswertung von Luftbildern entwickelt wurde.

a   b

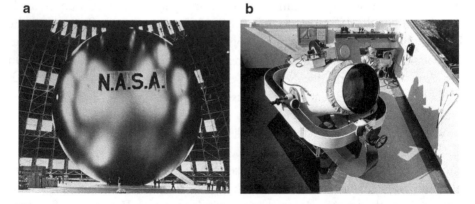

Abb. 2.10   a Echo 2 Satellit der NASA wird 1964 in eine 1200 Kilometer hohe Erdumlaufbahn geschossen, **b** Baker-Nunn-Messkammer der NASA zur fotografischen Aufnahme von Ballonsatelliten. (© NASA, Wikimedia Commons, public domain), (© NASA/Smithonian, Wikimedia Commons, public domain)

In der zweiten Hälfte der 1960er-Jahre ruft das amerikanische National Geodetic Survey (NGS) eine weltweite Kampagne unter Beteiligung von nahezu 20 Beobachtungsteams aus verschiedenen Ländern ins Leben. Im Rahmen dieses internationalen Messprojektes beobachten die beteiligten Messtrupps die Satellitendurchgänge an insgesamt 45 recht gleichmäßig über die Erde verteilten Stationen (Abb. 2.11). Das Ergebnis ist für die damalige Zeit sensationell: Aus den Richtungsmessungen zu den Satelliten kann ein erstes geodätisches Weltnetz berechnet werden. Die Genauigkeit der Koordinaten beträgt etwa vier Meter.

Mit dem Eintritt in das Raumzeitalter erfährt die Geodäsie einen Quantensprung. Zudem begünstigen die technologischen Fortschritte in der Mess- und Sensortechnik eine explosionsartige Entwicklung neuartiger Erdbeobachtungsverfahren. So gelingt es in nur wenigen Jahrzehnten, die Genauigkeit der geodätischen Messverfahren um drei Größenordnungen zu verbessern, also um den Faktor 1000.

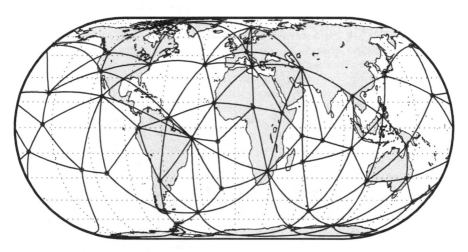

Abb. 2.11 Satellitenweltnetz 1974

Zusammenfassung zu Kapitel 2

Die Geodäsie ist eine der ältesten Erdwissenschaften, die im Laufe der Jahrtausende einen enormen Wandel erfahren hat. Einige Highlights dieser Entwicklungen seien hier noch einmal zusammengefasst:

- Die Anfänge der Vermessung liegen um etwa 8000 v. Chr., als die Menschen sesshaft werden und beginnen, Siedlungsbau zu betreiben und landwirtschaftliche Flächen zu bewirtschaften.
- Im 4. Jahrtausend v. Chr., mit der Entstehung der frühen Hochkulturen in Ägypten und Mesopotamien, werden die vermessungstechnischen Fertigkeiten verfeinert, um Bewässerungssysteme anzulegen, Felder aufzuteilen, Siedlungen zu errichten sowie Pyramiden und Tempelanlagen zu erbauen.
- Die griechischen Naturphilosophen beschäftigen sich seit dem 6. Jahrhundert v. Chr. mit astronomischen Himmelsbeobachtungen, dem Weltsystem und mit der Gestalt der Erde. Eratosthenes gelingt im 2. Jahrhundert v. Chr. die erste Bestimmung des Erdumfangs mithilfe von Sonnenstandbeobachtungen.
- Die Römer perfektionieren die überlieferte Feldmesskunst der Etrusker. Sie entwickeln sich zu wahren Meistern bei der Vermessung von Straßentrassen, der Landvermessung sowie der Ingenieurvermessung bei Bauprojekten wie Brücken, Tunneln und Wasserleitungen. Als Messgeräte verwenden sie die Groma für das Abstecken rechter Winkel und den Chorobates in Verbindung mit der Methode des Austafelns für die Höhenmessungen.
- Das geozentrische Weltsystem mit der Erde im Zentrum des Sonnensystems gilt bis in die frühe Neuzeit als das richtige Weltbild. Kopernikus entdeckt im 16. Jahrhundert das heliozentrische Weltsystem, das zunächst vehement abgelehnt wird. Erst einige Jahrzehnte später gelingt es berühmten Forschern wie Galilei, Kepler und Newton mit ihren Theorien, die Menschheit davon zu überzeugen, dass die Sonne unser zentrales Himmelsgestirn ist. Ihre physikalischen Gesetze spielen noch heute eine wichtige Rolle in der Satellitengeodäsie.
- Das Newton'sche Gravitationsgesetz aus dem 17. Jahrhundert gilt lange Zeit als unantastbares Regelwerk der klassischen Physik. Im frühen 20. Jahrhundert jedoch erschüttert Einstein mit seiner Relativitätstheorie das Konzept des absoluten Raumes und der absoluten Zeit. Seine Theorie ist angesichts der heutigen Genauigkeit der geodätischen Beobachtungsverfahren unverzichtbar. Auch bei der Satellitennavigation würde man ohne relativistische Korrekturen eine um mehrere Kilometer falsche Position erhalten.
- Im 18. Jahrhundert streiten sich Franzosen und Engländer um die Figur der Erde. Abenteuerliche Messungen in Peru und in Lappland liefern den Beweis, dass die Erde an den Polen abgeplattet ist. Die Erdabplattung bewirkt, dass man sich in der Nähe der Pole etwa 21 Kilometer näher am Erdmittelpunkt befindet als am Äquator.
- Die erste landesweite Vermessung Bayerns und der übrigen deutschen Länder erfolgt im frühen 19. Jahrhundert nach dem Triangulationsverfahren. Der berühmte Geodät und Mathematiker Gauß entwickelt mathematische Methoden und Theorien, die noch heute eine wichtige Rolle in der Geodäsie spielen.

- Mit seinem ganzheitlichen Forschungsansatz und im Rahmen seiner Expeditionsreisen gibt Alexander von Humboldt wichtige Impulse für ein Aufblühen der Naturwissenschaften und der Erdvermessung. Die Einrichtung wissenschaftlicher Organisationen beflügelt die internationale Zusammenarbeit bei der Vermessung unseres Planeten. Ende des 19. Jahrhunderts begründet Helmert die Geodäsie als eigenständige wissenschaftliche Disziplin.
- Durch den ersten Satellitenstart im Jahr 1957 wird die Geodäsie revolutioniert. Die künstlichen Messobjekte am Himmel ermöglichen eine hochgenaue globale Vermessung unseres Planeten. Mit terrestrischen (erdgebundenen) Messungen war es zuvor unmöglich, die weiten Ozeane zu überwinden und somit Kontinente vermessungstechnisch zu verbinden.

3

Die Geodäsie im 21. Jahrhundert – Globale Referenzsysteme und moderne geodätische Beobachtungsverfahren

3.1 Einführung

Im zweiten Kapitel haben Sie einen Einblick bekommen, wie sich die Vermessung unseres Planeten im Laufe der Jahrtausende gewandelt hat. Bei dieser Zeitreise waren Sie Augenzeuge, wie berühmte Entdeckungen und technologische Fortschritte die geodätischen Methoden und Messverfahren geradezu revolutioniert haben. Nun sind wir endlich im 21. Jahrhundert angekommen: In diesem Kapitel erfahren Sie, wie unser Planet heutzutage millimetergenau aus dem Weltraum vermessen wird.

Eine fundamentale Grundlage für alle Beobachtungsverfahren ist die präzise Zeitmessung, denn das grundlegende Messprinzip basiert auf der genauen Messung von Laufzeiten oder Laufzeitunterschieden von Signalen. Ein Durchbruch ist mit den seit Mitte des 20. Jahrhunderts verfügbaren Atomuhren und Frequenznormalen gelungen, mit denen heute eine relative Genauigkeit von 10^{-15} erreicht werden kann.

Wie können wir uns eine so winzige Zahl – mit fünfzehn Nullen vor der Eins! – überhaupt vorstellen? Eine solche Uhr ist so unfassbar genau, dass sie erst in 60 Millionen Jahren um eine Sekunde falsch geht. Im alltäglichen Leben benötigt man diese Genauigkeit normalerweise nicht, aber für die hochgenaue Bestimmung von Positionen auf der Erde mittels Satellitenmethoden sowie für die Navigation ist eine äußerst präzise Zeitmessung unverzichtbar. Aber nicht nur die Zeitmessung, sondern auch die Fortschritte in der Sensor- und Computertechnologie haben die Entwicklung der geodätischen Raumbeobachtungsverfahren maßgeblich geprägt.

© Springer-Verlag GmbH Deutschland, ein Teil von Springer Nature 2021
D. Angermann et al., *Mission Erde,* https://doi.org/10.1007/978-3-662-62338-1_3

Die hohen Messgenauigkeiten der heutigen Satellitenverfahren erlauben eine globale Positionsbestimmung von Punkten auf der Erde mit einer fast unvorstellbaren Genauigkeit im Bereich von wenigen Millimetern. Damit ist die Geodäsie in der Lage, auch kleinste Veränderungen unseres Planeten zuverlässig zu erfassen. Als Grundlage dafür benötigen wir einen globalen und langzeitstabilen Bezug, ein sogenanntes geodätisches Referenzsystem (Abschn. 3.2).

3.2   Wir brauchen einen globalen Bezug – Die zentrale Bedeutung hochgenauer Referenzsysteme

Wo bin ich? Die Antwort hierauf braucht heute in der Regel nicht mehr als ein paar Sekunden. Das Smartphone gezückt und die App gestartet – schon erscheint die eigene Position auf einer Karte samt den dazugehörigen Koordinaten, dreidimensional und für jeden beliebigen Punkt auf der Erde. Doch woher weiß mein Smartphone so genau, wo es sich befindet? Und worauf beziehen sich die Koordinatenwerte?

Diese Fragen berühren die ureigensten Aufgaben der Geodäsie: Die Definition von globalen und regionalen Koordinatensystemen, deren Realisierung und die Bestimmung von horizontalen und vertikalen Positionen in Bezug auf solche Systeme. Genau hierum geht es in diesem Abschnitt.

Ein Koordinatensystem der Erde – in der Geodäsie sprechen wir von einem geodätischen Referenzsystem – ist ein mathematisches Konstrukt, in dem sich jeder Punkt auf der Oberfläche, im Inneren oder im Außenraum der Erde, mit eindeutigen Koordinaten beschreiben lässt. Das Koordinatensystem ist fest definiert und zeitlich nicht veränderlich. Verändern kann sich aber natürlich die Position eines Punktes in Bezug auf das Koordinatensystem, wodurch sich seine Koordinatenwerte ändern. Für die dreidimensionale Kartendarstellung werden üblicherweise geografische Koordinaten (geografische Länge und Breite) in Verbindung mit einer Höhenangabe genutzt. In der Geodäsie, insbesondere im Fall von globalen Referenzsystemen, finden häufig rechtwinklige Koordinaten Anwendung, wobei die Position eines Punktes mit drei metrischen Werten (X, Y, Z) in Bezug auf drei aufeinander senkrecht stehende Koordinatenachsen angegeben wird (Abb. 3.1). Zwischen unterschiedlichen Koordinaten-

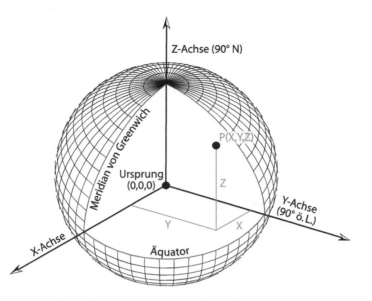

Abb. 3.1 Rechtwinkliges Koordinatensystem der Erde

systemen und unterschiedlichen Darstellungsarten der Koordinaten (zum Beispiel Winkelangaben, metrische Werte) bestehen dabei immer eindeutige Zusammenhänge, sodass die Koordinaten eines jeden Punktes immer eindeutig von einem System in ein anderes transformiert werden können.

Damit die eingangs erwähnte Positionierung mit dem Smartphone weltweit funktioniert, wird als Grundlage ein einheitliches globales Koordinatensystem benötigt. In diesem System kann der eigene Standort, also die Koordinaten des Geräts, für jede Position auf der Erde eindeutig angegeben werden. Die Information über den Standort erhält das Smartphone über einen eingebauten Empfänger, der die Signale von mehreren Satelliten eines Satellitennavigationssystems (GNSS – *Global Navigation Satellite System*) empfängt. Das bekannteste Beispiel für ein solches GNSS-System ist sicherlich das *Global Positioning System* (GPS) (Abschn. 3.3). Um den Zusammenhang zwischen der Satellitenkonstellation und der Position des Empfängers herstellen zu können, ist es erforderlich, dass auch die Positionen aller GNSS-Satelliten jederzeit extrem genau in einem einheitlichen globalen Koordinatensystem vorliegen.

Die Verfügbarkeit eines globalen Koordinatensystems ist demnach eine Grundvoraussetzung für die weltweite Positionierung und Navigation – also die echtzeitnahe Positionierung von bewegten Objekten. Darüber hinaus ist es Grundlage für die Bestimmung von Satellitenbahnen, für die Astronomie (zur Herstellung eines Zusammenhangs zwischen Positionen auf der Erde und von Himmelsobjekten) sowie für die Erforschung des Systems Erde und die Referenzierung seiner zeitlichen Veränderungen.

Wie sich später noch zeigen wird, stellt insbesondere der letztgenannte Aspekt höchste Genauigkeitsanforderungen an die Realisierung des globalen Koordinatensystems. Seit vielen Jahren kommt der Erdsystemforschung eine ständig wachsende Bedeutung zu. Im Zusammenhang mit dem globalen Wandel zeigen großräumige Veränderungsprozesse im Erdsystem Auswirkungen auf Umwelt und Lebensbedingungen, und die katastrophalen Folgen extremer Naturereignisse häufen sich. Ein besseres Verständnis der Prozesse im System Erde setzt vor allem verlässliche Beobachtungsdaten auf unterschiedlichen räumlichen und zeitlichen Skalen voraus. Aufgrund ihrer hochgenauen und globalen Erdbeobachtungssysteme kommt der Geodäsie in der Erdsystemforschung eine entscheidende Bedeutung zu. Zahlreiche Messverfahren liefern heute eine große Menge an unterschiedlichen Informationen über Abläufe und Veränderungen in den verschiedenen Komponenten des Erdsystems. Räumlich betrachtet können Effekte mit globaler, regionaler oder lokaler Auswirkung in Millimetergenauigkeit erfasst werden. In Bezug auf die Zeit liefern die Messreihen, die teilweise mehrere Jahrzehnte überspannen, Informationen über Langzeittrends, nicht-lineare (zum Beispiel beschleunigte) Veränderungen, periodische, episodische oder singuläre Ereignisse mit einer vom jeweiligen Beobachtungssystem abhängigen zeitlichen Auflösung zwischen mehreren Monaten und Sekunden.

Um die Messdaten unterschiedlicher Beobachtungssysteme miteinander in Beziehung setzen und gemeinsam analysieren zu können, müssen diese konsistent referenziert werden. Das elementare Rückgrat hierfür ist ein einheitliches globales Koordinatensystem. Für eine aussagekräftige Interpretation von Veränderungen ist es erforderlich, dass dieses System hochgenau und hochstabil ist: In einem Koordinatensystem, das sich selbst über die Zeit verändert, können Veränderungen nicht verlässlich gemessen werden.

Das heute gebräuchliche fundamentale globale geodätische Koordinatensystem ist das Internationale Terrestrische Referenzsystem (ITRS). Im Jahr 2007 wurde es durch eine Resolution der Internationalen Union für Geodäsie und Geophysik (IUGG) als vorrangiges globales geodätisches Referenzsystem festgelegt. Das ITRS ist ein fest mit der rotierenden Erde verbundenes Koordinatensystem, das nach folgenden Gesichtspunkten theoretisch definiert und damit eindeutig festgelegt ist:

- Der Ursprung (also der Schnittpunkt der Koordinatenachsen) des ITRS ist das Massenzentrum der Erde, einschließlich der Atmosphäre und der Ozeane.
- Der Maßstab (die Längeneinheit) des ITRS ist das Meter.
- Die Orientierung der drei Koordinatenachsen ist über Konventionen des Internationalen Erdrotations- und Referenzsystemdienstes (IERS) festgelegt.

Die durch die Konventionen vorgegebene Orientierung des ITRS entspricht der Orientierung von Vorgängersystemen. Die Achsrichtungen beziehen sich dabei auf eine historische Festlegung des Meridians von Greenwich (x-Achse), eine historische Richtung der mittleren Erdrotationsachse (z-Achse) und die auf dieser Achse senkrecht stehende konventionelle Äquatorebene. Da sich unser dynamischer Planet in ständiger Veränderung befindet, entsprechen diese Festlegungen heute nicht mehr den tatsächlichen Gegebenheiten. Beispielsweise bewegt sich der Nordpol, vor allem verursacht durch die postglaziale Landhebung, im Mittel mit etwa acht Zentimetern pro Jahr in Richtung Kanada (Abschn. 4.7). Von der konventionellen z-Achse des ITRS weicht er inzwischen um mehr als zehn Meter ab. Da die Äquatorebene senkrecht zur Rotationsachse der Erde liegt, verändert sich auch die tatsächliche Äquatorebene gegenüber der konventionellen Festlegung. Ebenso stimmt die Richtung der x-Achse heute nicht mehr mit dem tatsächlichen Meridian von Greenwich überein.

Diese Abweichungen sind jedoch unkritisch. Entscheidend ist vielmehr, dass sich das Koordinatensystem zeitlich nicht verändert. Nur dann ist es als eindeutige Referenz für Positionsangaben und für die Ermittlung von Langzeitveränderungen brauchbar.

Für praktische Anwendungen muss das theoretisch definierte Referenzsystem realisiert werden. Dies geschieht über die Bestimmung der 3D-Koordinaten von fest vermarkten Punkten an der Erdoberfläche. Bei diesen Punkten handelt es sich um mehr als 1700 weltweit verteilte geodätische Beobachtungsstationen, deren Koordinaten die Definition des Referenzsystems bestmöglich erfüllen sollen. Über sie wird das Referenzsystem materialisiert und zugänglich gemacht. Die Realisierung des Referenzsystems, also die 3D-Koordinaten der Stationen, wird in der Geodäsie „Referenzrahmen" genannt *(reference frame)*. Entsprechend heißt die ITRS-Realisierung *International Terrestrial Reference Frame* (ITRF).

Die Realisierung eines globalen Koordinatensystems in Millimetergenauigkeit ist eine gewaltige internationale Aufgabe und mit einem enormen Aufwand verbunden. An die Beobachtungsstationen des ITRF werden hohe Anforderungen gestellt. Zum einen muss gewährleistet sein, dass sie technische Qualitätsstandards erfüllen und kontinuierlich betrieben werden. Zum anderen müssen sie über solide Monumente fest in einen geologisch stabilen Untergrund gegründet sein, um lokale Bewegungen möglichst auszuschließen, zum Beispiel Setzungen. Außerdem müssen die Standorte neben der nötigen Infrastruktur auch geografisch möglichst gut über den Globus verteilt sein. Bei den meisten dieser Beobachtungsstationen handelt es sich um moderne GNSS-Stationen, die in der Regel die Signale von mehreren Satellitennavigationssystemen empfangen können (zum Beispiel GPS, GLONASS oder Galileo) (Abb. 3.2).

Über GNSS allein lässt sich ein globaler Referenzrahmen jedoch nicht mit der erforderlichen Genauigkeit realisieren, da die Bahnen der Satelliten keinen ausreichend stabilen Bezug darstellen, um zum Beispiel die Lage des Massenzentrums der Erde genau genug zu bestimmen. Dessen Lage ist jedoch von entscheidender Bedeutung, da es den Ursprung des Referenzsystems festlegt. Daher werden noch weitere Beobachtungsverfahren für die Realisierung des Referenzsystems verwendet: Radiointerferometrie auf langen Basislinien (*Very Long Baseline Interferometry; VLBI*), Satellitenlaserentfernungsmessungen *(Satellite Laser Ranging;* SLR) und das Doppler-

Abb. 3.2 GNSS-Beobachtungsstation in den Bayerischen Alpen. Die Antenne befindet sich auf einem zwei Meter hohen Pfeiler, um einen störungsfreien Signalempfang zu gewährleisten. Der Pfeiler ist über ein Betonfundament fest in anstehendes Gestein gegründet

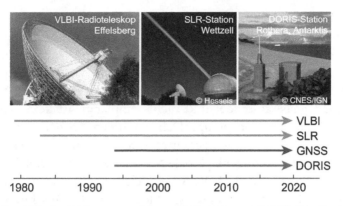

Abb. 3.3   Geodätische Weltraumverfahren VLBI, SLR und DORIS. Die Beobachtungs-daten dieser Verfahren, die für die Realisierung geodätischer Referenzsysteme verwendet werden, überdecken inzwischen mehrere Jahrzehnte

messsystem *Doppler Orbitography and Radiopositioning Integrated by Satellite* (DORIS) (Abb. 3.3). Weltweit sind zahlreiche Institutionen in den Betrieb der Stationen und in die Datenanalyse eingebunden, worauf wir später noch eingehen werden.

Die vier Beobachtungsverfahren liefern folgende Beiträge zum Referenz-rahmen:

GNSS: GNSS-Beobachtungsstationen können vergleichsweise kosten-günstig eingerichtet werden. Das Verfahren liefert eine hohe Genauigkeit der Stationspositionen, die Empfänger laufen weitgehend automatisch und sind einfach in der Handhabung. GNSS wird daher zur Verdichtung des Stationsnetzes verwendet (Abschn. 3.3).

VLBI: Die Radiointerferometrie auf langen Basislinien liefert durch die Beobachtung von extragalaktischen Objekten (Quasaren) den Bezug zum Fixsternhimmel und damit die Information über die absolute Orientierung des ITRF im Weltraum. Die VLBI-Beobachtungen geben Auskunft über die Rotation der Erde, also die Lage der Erdrotationsachse und die Rotations-geschwindigkeit. Da bei VLBI satellitentypische Fehlerquellen entfallen (etwa Fehler bei der Berechnung der Satellitenbahn, des Massenzentrums des Satelliten oder des Phasenzentrums eines Sensors), liefert VLBI auch einen wichtigen Beitrag zur Bestimmung des ITRF-Maßstabs (Abschn. 3.4).

SLR: Laserentfernungsmessungen zu kugelförmigen Satelliten dienen der präzisen Bahnbestimmung für Satelliten auf erdnahen Umlaufbahnen. Die Kugelgestalt der verwendeten SLR-Satelliten ermöglicht eine zuverlässige Beschreibung ihrer Bewegung. Da die Satelliten um das Massenzentrum der Erde kreisen, liefert die Analyse der Satellitenbahnen die Information über die Lage des ITRF-Ursprungs. SLR-Beobachtungen werden gemeinsam mit VLBI zur Realisierung des ITRF-Maßstabs herangezogen (Abschn. 3.5).

DORIS: Die Stationen des Doppler-Positionierungs- und Bahnbestimmungssystems senden Mikrowellensignale aus, die von Satelliten während des Überflugs registriert und gespeichert werden. Da eine DORIS-Station nur Signale aussendet und nichts empfängt, ist kein Datentransfer (Internetverbindung) notwendig. Daher können DORIS-Stationen auch an entlegenen Standorten eingerichtet werden, zum Beispiel auf Inseln, wodurch eine sehr homogene globale Stationsverteilung erreicht wird. Aufgrund dieses Vorteils wird DORIS bei vielen Satellitenmissionen zur Erderkundung und zur Vermessung des Meeresspiegels (Abschn. 3.6) für die Bahnbestimmung genutzt.

Die vier Beobachtungsverfahren liefern inzwischen Messdaten über einen Zeitraum von 25 bis 40 Jahren (Abb. 3.3). Für die Realisierung des Referenzsystems werden all diese Daten gemeinsam ausgewertet. Die Anforderungen, die dabei an den ITRF gestellt werden, sind höchste Genauigkeit, Langzeitstabilität und Aktualität.

Besondere Erfordernisse in Hinblick auf Genauigkeit und Langzeitstabilität des Referenzrahmens ergeben sich, da auch kleinste und langsam verlaufende Veränderungsprozesse im Erdsystem verlässlich quantifiziert werden sollen. Ein Beispiel hierfür ist die Veränderung des Meeresspiegels, der gegenwärtig im globalen Mittel um etwa drei Millimeter pro Jahr steigt. Je nach Region bewirken auch tektonische Prozesse eine Veränderung der Erdoberfläche in einer Größenordnung von wenigen Millimetern pro Jahr. Über kurze Zeiträume betrachtet mögen solche Veränderungen nicht gravierend sein. Gleichwohl ist deren verlässliche Bestimmung sehr wichtig, weil damit längerfristig konkrete Gefährdungssituationen verbunden sein können. Beispiele sind Überflutungen, Erdrutsche oder Erdbeben. Wenn aber Veränderungen im Millimeterbereich verlässlich festgestellt werden sollen, muss der Referenzrahmen eine um mindestens eine Größenordnung bessere Langzeitstabilität aufweisen. Entsprechend dieser Anforderungen wird nach der Zielvorgabe der Internationalen Assoziation für Geodäsie (IAG) für den ITRF eine Positionsgenauigkeit von einem Millimeter angestrebt, die Langzeitstabilität soll einen Zehntelmillimeter pro Jahr betragen.

Doch wie bestimmt man ein so stabiles Koordinatensystem auf einer sich ständig verändernden Erde? Plattentektonik, Erdbeben und Klimawandel – die Erdoberfläche, auf der sich die Beobachtungstationen befinden, verändert sich aufgrund von dynamischen Prozessen im Erdsystem ständig. Auf der ganzen Erde gibt es keinen einzigen Punkt, der unveränderlich ist. Daher sind alle Stationskoordinaten zeitabhängig.

Hier scheint sich die Katze in den Schwanz zu beißen. Um die Veränderungen unseres Planeten verlässlich bestimmen zu können, brauchen wir einerseits einen eindeutigen und langzeitstabilen Bezug. Doch andererseits sind die ITRF-Stationen, die für die Realisierung des Referenzsystems verwendet werden, in ständiger Bewegung. Dieses „Henne-Ei-Problem" ist in der Tat nicht einfach zu lösen, und angesichts der Dynamik des Erdsystems und der komplexen Messinfrastruktur sind die Genauigkeitsanforderungen zudem extrem ambitioniert. Damit die ITRF-Stationen als eindeutige Referenzpunkte dienen können, muss die zeitliche Änderung der Koordinaten jeder dieser Punkte aus den mehrjährigen Beobachtungen möglichst genau berechnet und durch geeignete Funktionen beschrieben werden.

Beispielsweise bewegt sich eine Station in Mitteleuropa auf der Eurasischen Platte recht gleichmäßig mit einer Geschwindigkeit von etwa 2,5 Zentimetern pro Jahr in Richtung Nordosten (Abb. 4.4). Eine solche Stationsbewegung kann mit einer linearen Funktion gut beschrieben werden, also mit einer Geraden. So lässt sich die 3D-Position dieser Station für beliebige Zeitpunkte sehr genau abschätzen. Dies funktioniert allerdings nur, solange sich eine Station in der Realität entsprechend der Funktion bewegt. In geodynamisch aktiven Gebieten und an Plattengrenzen treten häufig Spannungen in der Erdkruste auf, die zu Krustendeformationen führen und abrupte Stationsverschiebungen auslösen können. Wie in Abschn. 4.2 gezeigt wird, hat das starke Chile-Beben im Jahr 2010 die nahegelegene Station Concepción in Sekundenbruchteilen um mehr als drei Meter versetzt. Häufig lösen solche Ereignisse auch großräumige postseismische Ausgleichsbewegungen aus, sodass sich Stationen nach einem Beben oft ganz anders bewegen, als dies vorher der Fall war. Derartige Ereignisse können die Realisierung des Referenzsystems in einem großen Gebiet vollkommen unbrauchbar machen. Die über Funktionen beschriebenen Stationsbewegungen entsprechen nicht mehr der Realität, und die wahre Stationsposition kann nicht mehr mit ausreichender Genauigkeit approximiert werden. Der Referenzrahmen muss folglich immer wieder neu berechnet werden.

Neben tektonischen Prozessen führen viele weitere geodynamische Effekte zu zeitlichen Veränderungen der Stationspositionen. So bewirken beispielsweise die Anziehungskräfte von Mond und Sonne nicht nur Ebbe und Flut, sondern auch die feste Erde hebt und senkt sich mit den Gezeiten ständig um mehrere Dezimeter. Da diese Bewegung allerdings äußerst gleichmäßig erfolgt, können die dadurch hervorgerufenen Stationsbewegungen sehr genau über entsprechende Modelle beschrieben werden. Auch durch Auflasten wird die Erdkruste deformiert. Schwankungen des Luftdrucks, eine großräumige Schneeauflage oder zeitlich veränderliche Wasserstände verursachen Stationsbewegungen im Bereich von einigen Zentimetern (Abschn. 4.6). In der nachfolgenden Box ist veranschaulicht, wie zeitliche Änderungen von Stationspositionen bei der ITRF-Berechnung berücksichtigt werden.

Berücksichtigung zeitlicher Änderungen von Stationspositionen

Die ITRF-Koordinate einer Beobachtungsstation $X_p(t_0)$ ist zu einem bestimmten Zeitpunkt, dem sogenannten Referenzzeitpunkt, t_0 (zum Beispiel 1. Januar 2000) definiert. Über eine aus den Beobachtungen ermittelte lineare Koordinatenänderung (Bewegungsrate) kann eine genäherte Position $X_p(t_i)$ für beliebige Zeitpunkte vor oder nach dem Referenzzeitpunkt abgeschätzt werden (blau). Noch besser kann die wahre Stationsposition (rot) zum Zeitpunkt t_i approximiert werden, wenn zusätzlich zur linearen Koordinatenänderung noch eine Information über nichtlineare Bewegungen (zum Beispiel jahreszeitlich bedingte Koordinatenänderungen) ermittelt werden kann (schwarz). Nach einem Erdbeben kann die Stationsposition durch die vor dem Beben ermittelten Parameter nicht mehr adäquat approximiert werden. Der Sachverhalt ist in der nachfolgenden Grafik schematisch dargestellt.

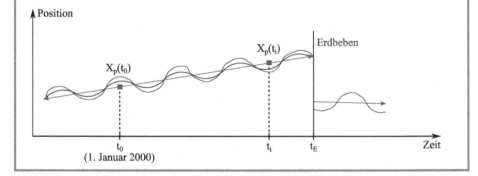

Einflüsse auf die aus den Messungen berechneten Stationskoordinaten ergeben sich auch aufgrund instrumentell bedingter Faktoren und aufgrund von Variationen in der Ausbreitung der Messsignale. Beispielsweise hat ein VLBI-Radioteleskop üblicherweise einen Durchmesser zwischen zehn und 100 Metern (Abb. 3.3a). Allein die Deformation des Teleskops aufgrund von Sonneneinstrahlung und Wind beträgt ein Vielfaches der geforderten Genauigkeit. Außerdem stellen die Laufzeitverzögerung der Messsignale abhängig vom Atmosphärenzustand (Ionisierung der Hochatmosphäre, Wasserdampfgehalt der Troposphäre), die teilweise nicht genau bekannte Lage von Antennenphasenzentren und die Signalverzögerung in Kabeln und Empfängern mögliche Fehlerquellen dar. All diese Effekte wirken sich negativ auf die Genauigkeit der Positionen aus, sofern sie nicht mit ausreichender Genauigkeit modelliert und korrigiert werden können.

Wie ein ungenauer Referenzrahmen beispielsweise zu einer fehlerhaften Bestimmung des Meeresspiegels führen kann, zeigt Abb. 3.4. Aus den Beobachtungen an der dargestellten Station wird die Bahn eines Altimetersatelliten berechnet, der den Meeresspiegel vermisst (Abschn. 3.6). Bewegt sich die Station, ohne dass dies durch die Parameter des Referenzrahmens korrekt beschrieben wird, ergibt sich aus denselben Beobachtungen eine andere Satellitenbahn. Wie in Abb. 3.4 dargestellt, führt dies zu einem scheinbaren Anstieg des Meeresspiegels, obwohl sich in Wirklichkeit die Beobachtungsstation verändert hat.

Eine der größten Herausforderungen bei der Berechnung des ITRF besteht darin, die vier genannten Beobachtungsverfahren optimal mit-

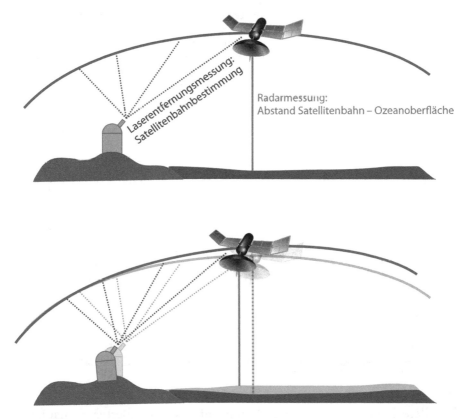

Abb. 3.4 Beispiel für die Auswirkung eines ungenauen Referenzrahmens auf die Bestimmung des Meeresspiegels: Wird die Bewegung einer Beobachtungsstation durch die Parameter des Referenzrahmens nicht korrekt beschrieben, erhält man aus den auf dieser Station durchgeführten Beobachtungen eine fehlerhafte Satellitenbahn und damit eine scheinbare Veränderung des Meeresspiegels

einander zu verknüpfen. Dies ist in der nachfolgenden Box näher erläutert. Eine wichtige Rolle dabei spielen geodätische Observatorien, wo mehrere Beobachtungsverfahren parallel betrieben werden (Abschn. 3.9).

Verknüpfung der verschiedenen Beobachtungsverfahren

Durch eine Verknüpfung (Kombination) der Verfahren lässt sich deren unterschiedliche Sensitivität für verschiedene Parameter des Referenzrahmens ausnutzen (zum Beispiel Realisierung des Koordinatenursprungs im Geozentrum, Orientierung der Koordinatenachsen, Festlegung des Netzmaßstabs, Anbindung an das himmelsfeste Referenzsystem und Bestimmung der Erdorientierungsparameter) und die höchstmögliche Genauigkeit für alle Parameter des Referenzrahmens sowie die bestmögliche globale Stationsverteilung erreichen. Für die Kombination spielen Beobachtungsstationen eine fundamentale Rolle, auf denen mehrere Beobachtungsverfahren parallel betrieben werden. Eine der wichtigsten und genauesten Stationen im ITRF ist das Geodätische Observatorium Wettzell im Bayerischen Wald (Abschn. 3.9). Daneben gibt es weltweit nur wenige Stationen, auf denen alle vier Beobachtungsverfahren betrieben werden. Wie Sie der nachfolgenden Grafik entnehmen können, zeigt die Verteilung der ITRF-Beobachtungsstationen ein deutliches Ungleichgewicht zwischen Nord- und Südhalbkugel. Neben den Ozeanbereichen sind auch weite Teile Asiens und Afrikas schlecht mit Beobachtungsstationen abgedeckt. Die ungleichmäßige Verteilung der Stationen ist einer derjenigen Faktoren, die die erreichbare Genauigkeit des ITRF am stärksten limitieren.

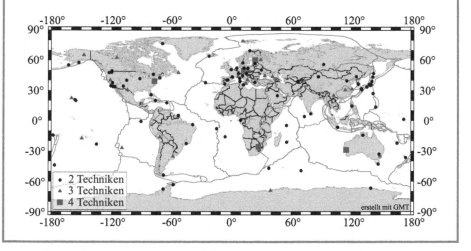

Die Berechnung von Referenzrahmen auf dem geforderten Genauigkeitsniveau bedarf der internationalen Zusammenarbeit vieler Institutionen, die einerseits für den Betrieb der Beobachtungsstationen und von Datenzentren verantwortlich sind und andererseits die Beobachtungsdaten analysieren. Diese Aktivitäten werden von der IAG unter dem Dach des Internationalen Erdrotations- und Referenzsystemdienstes (IERS) koordiniert. Dadurch wird sichergestellt, dass die Auswertung und Analyse der Beobachtungsdaten überall nach einheitlichen Standards und gemäß internationaler Vereinbarungen erfolgt. Die Datenanalyse umfasst dabei die Vorverarbeitung der Rohdaten, die Zusammenführung und Auswertung der Daten der einzelnen Beobachtungsverfahren und schließlich die Kombination aller Verfahren zur Berechnung des ITRF.

Der ITRF wird alle fünf bis sechs Jahre neu berechnet, um die Aktualität der Koordinaten und Stationsbewegungen zu gewährleisten. Dabei werden neue Beobachtungsstationen integriert und neueste Standards und Modelle implementiert. Die aktuelle Realisierung des terrestrischen Referenzsystems ist der ITRF2014 (nachfolgende Box). Die nächste Realisierung, der ITRF2020, wird 2021/2022 verfügbar sein.

Die derzeit erreichbare Positionsgenauigkeit der Stationen beträgt rund fünf Millimeter (3D-Koordinaten), und die zeitliche Veränderung der Positionen (3D-Koordinatenänderung) kann mit einer Genauigkeit von 0,5 bis 0,8 Millimetern pro Jahr bestimmt werden. Mit diesen Genauigkeiten übertrifft der ITRF2014 zwar alle Vorgängerversionen deutlich. Um jedoch die ambitionierten Zielvorgaben der IAG zu erfüllen, sind weitere Maßnahmen erforderlich. Angestrebt werden weitere Genauigkeitssteigerungen der Beobachtungsverfahren sowie die Implementierung neuer Modelle und eine Verbesserung der Auswertemethoden. In zahlreichen Simulationsstudien wurde bereits untersucht, an welchen Orten zusätzliche Stationen, insbesondere für die lückenhaften VLBI- und SLR-Netze, den größten Beitrag zur Steigerung der ITRF-Genauigkeit liefern würden, und inwiefern sich durch eine technologische Nachrüstung bestehender Stationen Verbesserungsmöglichkeiten ergäben. Die Resolution der Vereinten Nationen aus dem Jahr 2015 „*Global Geodetic Reference Frame for Sustainable Development* (GGRF)" hebt die Bedeutung eines hochgenauen und aktuellen Referenzrahmens für Gesellschaft, Wirtschaft und Wissenschaft hervor und fordert die Staatengemeinschaft auf, seine Verfügbarkeit durch die Bereitstellung der dazu nötigen Infrastruktur (Beobachtungsstationen und Auswertekapazitäten) nachhaltig sicherzustellen (Abschn. 5.1).

Aktuelle Realisierung des terrestrischen Referenzsystems (ITRF2014)

Der ITRF2014 wurde im Laufe des Jahres 2015 berechnet und 2016 vom zuständigen Produktzentrum in Paris veröffentlicht. Die Jahreszahl gibt an, bis zu welchem Jahr die Beobachtungsdaten vollständig in die Realisierung eingeflossen sind. Der ITRF2014 umfasst demnach die Beobachtungsdaten der vier Beobachtungsverfahren VLBI, SLR, GNSS und DORIS bis Ende 2014. Da für die Berechnung eines neuen ITRF auch Auswertestandards und Korrektur-modelle nach dem neuesten Stand der Wissenschaft implementiert werden, um die bestmögliche Genauigkeit zu erreichen, erfordert jede Realisierung eine konsistente Re-Prozessierung aller Beobachtungsdaten über die ver-gangenen 20 bis 35 Jahre. Die frühesten Messdaten, die in die Berechnungen einfließen, sind VLBI-Beobachtungen von 1979. SLR-Beobachtungen sind seit 1983 verfügbar, DORIS- und GNSS-Messungen seit 1994 (Abb. 3.3). Der ITRF2014 beinhaltet 3D-Stationskoordinaten und 3D-Stationsbewegungen von gut 1700 global verteilten Beobachtungsstationen, von denen die etwa 1350 GNSS-Stationen den weitaus größten Anteil ausmachen. Die nachfolgende Grafik zeigt die horizontalen Positionsveränderungen der Beobachtungs-stationen der DTRF2014-Lösung, die an der Technischen Universität München gerechnet wurde. Die Ergebnisse für die verschiedenen Beobachtungsver-fahren sind in unterschiedlichen Farben dargestellt. Deutlich erkennbar ist die Signatur der Plattentektonik (die braunen Linien in der Grafik kennzeichnen die Grenzen der Lithosphärenplatten, Abschn. 4.2): Die Stationen bewegen sich mit Geschwindigkeiten von wenigen Millimetern bis zu mehreren Zentimetern pro Jahr. Während sich Eurasien und Nordamerika um gut zwei Zentimeter pro Jahr voneinander entfernen, „rast" Australien mit einer Geschwindigkeit von fast zehn Zentimetern pro Jahr in Richtung Nordosten.

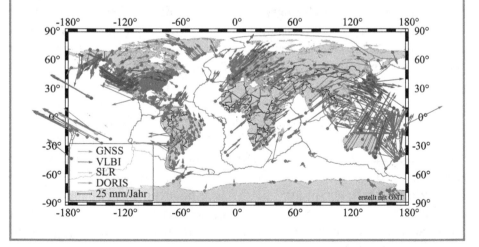

3.3 Sekundenschnelle und millimetergenaue Positionierung – Das Potenzial globaler Satellitennavigationssysteme

Mitten im kalten Krieg, am 4. Oktober 1957, bringt die Sowjetunion den ersten künstlichen Satelliten Sputnik 1 in eine Erdumlaufbahn und läutet damit das Raumfahrtzeitalter ein. Die 60 Kilogramm schwere Metall-kugel enthält lediglich ein Thermometer, einen Drucksensor sowie einen batteriebetriebenen Radiosender. Die Piepssignale des Satelliten können aber auf der ganzen Welt empfangen werden und demonstrieren die neue furchteinflößende Fähigkeit der roten Supermacht, schwere Lasten wie Atombomben auf andere Kontinente zu schießen. Unbeeindruckt von dieser Furcht gehen zwei junge Ingenieure des Applied Physics Labs der Johns Hopkins Universität nach Arbeitsschluss wieder in ihr gut ausgestattetes Labor: William Guier und George Weiffenbach steht ein Mikrowellen-spektrometer zur Verfügung. Mit diesem Gerät wollen sie die Doppler-Ver-schiebung der Frequenz des Radiosignals, von Sputnik messen, welche durch die hohe Geschwindigkeit des Satelliten von sieben Kilometern pro Sekunde verursacht wird. Mit ihrem Elektronenrechner wollen sie daraus die Bahn des Satelliten berechnen.

Die Experten sind zu jener Zeit der Meinung, dass die Bestimmung der Bahn eines Satelliten nur mittels Triangulation durch Anpeilen von mehreren Messstationen aus möglich ist. Die beiden jungen Forscher lassen sich aber nicht von ihren Experimenten abhalten – und es gelingt ihnen innerhalb weniger Tage, die Bahn anhand der Messungen einer einzelnen Radioantenne auf dem Dach ihres Labors zu bestimmen. Ihr Chef ist sehr interessiert an dieser Freizeitaktivität seiner Mitarbeiter und fragt sie, ob es möglich ist, die Aufgabe auf den Kopf zu stellen und bei bekannter Bahn des Satelliten die Position der Messstation zu bestimmen. Nach einigen Berechnungen berichten die beiden Ingenieure, dass dies funktionieren sollte: der Beginn der Satellitennavigation.

Die US Navy hat zu dieser Zeit ein ernsthaftes Problem mit ihrer Polaris Atom-U-Boot-Flotte. U-Boote der strategischen Streitkräfte durchqueren die Weltmeere und drohen ein abschreckendes Zweitschlagpotenzial an, sollte der Gegner Atomraketen abfeuern. Dieses labile „Gleichgewicht des Schreckens" funktioniert allerdings nur so lange, wie die Atom-U-

Boote nicht entdeckt werden. Die U-Boote navigieren unter Wasser mittels sogenannter Inertialnavigationssysteme, bestehend aus Kreiseln und Beschleunigungsmessern. Da sich die kleinen Messungenauigkeiten dieser Geräte über die Zeit zu großen Fehlern aufsummieren, müssen die U-Boote regelmäßig auftauchen, um mittels alternativer Navigationssysteme ihr Inertialsystem zu eichen. Dies ist ein äußerst kritischer Moment, denn genau dann kann der Feind sie entdecken. Die Navy hat noch keine einfache und effiziente Methode für diese Kalibriermessungen zur Verfügung. Und nun kommen zwei junge Ingenieure und präsentieren die Lösung des Problems.

Sogleich gibt die US Navy den Startschuss für die Entwicklung eines neuartigen, auf Satelliten beruhenden Navigationssystems. Schon 1959 wird der erste Transit-Satellit gestartet – die Rakete versagt allerdings. Doch ein Jahr später wird der erste Navigationssatellit der Transit-Serie erfolgreich in eine Umlaufbahn gebracht. Dieser sendet, wie Sputnik, Signale einer gut bekannten Frequenz aus, mit denen bewegte Empfänger wie U-Boote auf etwa 100 Meter genau positioniert werden können. Mithilfe der Transit-Satelliten wird das erste globale und geozentrische Referenzsystem realisiert, das World Geodetic Datum (WGS-60). Im Jahr 1967 wird das militärische Satellitennavigationssystem für die zivile Nutzung freigegeben. Damit wird mit relativ einfachen Geräten die globale Erdvermessung im Meterbereich möglich und sogleich von den Geodäten genutzt. Das sogenannte *Navy Navigation Satellite System* (NNSS) soll bis 1996 in Betrieb bleiben.

In den Labors sind aber Anfang der 1970er-Jahre bereits weitere Entwicklungen im Gange. Die *US Air Force* entwickelt neuartige Modulationstechniken, die sogenannte *pseudo random noise* (PRN) oder Spreiztechnologie, welche einerseits sehr robuste Signale ermöglicht, andererseits die Signale im Rauschen für ein Radiogerät fast unauffindbar macht. Am US Naval Research Lab sind nunmehr hochstabile Atomuhren verfügbar, um sie in Satelliten einzusetzen. Diese Aktivitäten werden 1973 in einem gemeinsamen Programm zusammengefasst, dem sogenannten *Joint Program Office,* um unter der Federführung von Colonel Bradford Parkinson ein neuartiges Navigationssystem zu entwickeln, das spätere *Global Positioning System* (GPS). Im Jahr 1974 fliegt auf dem *New Technology Satellite* NTS-1 die erste Rubidium-Atomuhr und sein Nachfolger NTS-2 sendet 1977 die ersten GPS-Signale testweise aus, bevor im Februar 1978 der erste GPS-Satellit in eine hohe Umlaufbahn gebracht wird. In den frühen 1980er-Jahren wird das militärische GPS teilweise für die zivile Nutzung freigegeben und das Zeitalter der Nutzung von globalen Navigationssatellitensystemen (GNSS) für hochpräzise Positionierung beginnt: 1994 ist das amerikanische GPS-Satellitensystem vollständig aufgebaut und funktionstüchtig.

Die Konstellation der GPS-Satelliten besteht heute aus 32 Satelliten, welche verteilt auf sechs Bahnebenen in einer Höhe von 20.200 Kilometern um die Erde fliegen. Der erste Satellit der modernsten Baureihe III umkreist seit Dezember 2018 unseren Planeten. Das russische GLONASS besteht aus 24 operationellen Satelliten, welche auf drei Bahnebenen verteilt sind. Das europäische Navigationssystem Galileo ist mit 24 nutzbaren Satelliten im Orbit auf drei Bahnebenen heute voll funktionsfähig (Abb. 3.5 zeigt einen Galileo-Satelliten). Das chinesische System BeiDou-3, welches das Vorgängersystem BeiDou-2 ersetzten soll, ist auch bereits mit 24 Satelliten auf mittlerer Bahnhöhe bestückt und ist 2020 voll aufgebaut. Das chinesische System beinhaltet zum globalen System auch eine regionale Komponente, bestehend aus zusätzlichen Satelliten auf geosynchronen Bahnen mit 24 Stunden Umlaufzeit, die Signale im asiatisch-pazifischen Raum bereitstellen.

Alle Satellitensysteme der verschiedenen Betreiber sind über Verträge und Vereinbarungen auf UNO-Level so aufeinander abgestimmt, dass sie von den Nutzern alle gleichzeitig gemessen werden können. Tatsächlich messen heutige Empfänger auch im Smartphone typischerweise Satelliten aller vier Navigationssysteme.

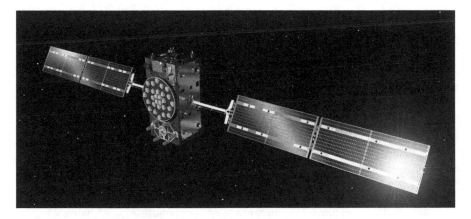

Abb. 3.5 Galileo Satellit (© ESA, P. Carril)

Globale Navigationssatellitensysteme (GNSS)

Das amerikanische Global Positioning System (GPS) ist wohl das bekannteste globale Navigationssatellitensystem. Heute sind aber auch das russische GLONASS, das europäische Galileo und das chinesische BeiDou im Einsatz. Daneben wurden auch regionale Navigationssatellitensysteme aufgebaut wie das japanische QZSS oder das indische IRNSS.

Globale Navigationssatellitensysteme bestehen aus einer Konstellation von zwei bis drei Dutzend Satelliten, welche in einer Höhe von rund 20.000 Kilometern in etwa einem halben Tag um die Erde kreisen. Die Bahnebenen, in denen jeweils mehrere Satelliten fliegen, sind alle um rund 55 Grad gegenüber der Erdäquatorebene geneigt. Diese Anordnung ermöglicht es, dass jederzeit an jedem Ort auf der Erde genügend Satelliten für eine Positionsbestimmung verfügbar sind. Die nachfolgende Grafik zeigt die Konstellation der Galileo-Satelliten. In der Tabelle unten sind die Charakteristika der verschiedenen globalen Satellitensysteme zusammengestellt.

System	GPS	GLONASS	Galileo	BeiDou-3
Betreiber	Amerika	Russland	Europa	China
Flughöhe	20.200 km	19.200 km	23.200 km	21.500 km
Bahnebenen	6	3	3	3
Bahnneigung	55°	65°	56°	55°
Nominell	24 Sat.	24 Sat.	30 Sat.	24 Sat.
Stand 2020,	heute 32	mehrere	heute 24	heute 24
Bemerkungen	Satelliten	Reservesatelliten	Satelliten	Satelliten, zusätzlich geosynchrone Bahnen

Mehr als sechs Milliarden Navigationsgeräte wurden bisher in Smartphones verbaut, und die Satellitennavigation hat unser tägliches Leben tiefgreifend durchdrungen: Das Navigationsgerät in unserem Auto oder im Smartphone sagt uns jederzeit, wo wir sind und wie wir unser Ziel finden. Dies hat unsere Weise, wie wir Karten lesen, grundlegend verändert. GNSS-Technologien haben aber nicht nur die Navigation revolutioniert, sondern ein breites Anwendungsspektrum weit über die Geodäsie hinaus eröffnet, wie Sie später noch erfahren werden. Aber der Reihe nach.

Wie funktioniert denn ein globales Satellitennavigationssystem? Das amerikanische GPS, aber auch das europäische Galileo beruhen auf der präzisen Messung der Laufzeit von Signalen der Satelliten in einer Flughöhe von rund 20.000 Kilometern zum Nutzer. Die Satelliten senden kontinuierlich Radiosignale in mehreren Frequenzen im Mikrowellenbereich des elektromagnetischen Spektrums aus. Mittels Atomuhren an Bord der Satelliten werden Zeitmarken generiert, welche zusammen mit zusätzlichen Informationen auf die ausgesendeten Radiowellen moduliert werden. Der Empfänger auf der Erde zeichnet die empfangenen Satellitensignale auf und registriert deren Ankunftszeit. Das Verfahren hierzu ist in der nachfolgenden Box skizziert. Die Differenz zwischen Ankunftszeit und Aussendezeit ergibt die Laufzeit des Signals, welche, multipliziert mit der Lichtgeschwindigkeit, der Distanz zwischen der (unbekannten) Position des Empfängers und der (bekannten) Position des Satelliten entspricht.

Für die Positionsbestimmung muss der Empfänger gleichzeitig die Signale mehrerer Satelliten empfangen. Das Empfangsgerät besteht daher aus vielen - bei geodätischen Präzisionsempfängern bis zu mehreren Hundert - parallel geschalteten Verarbeitungseinheiten, um alle Signale auf den verschiedenen Frequenzen aller Satelliten am Himmel gleichzeitig zu messen. Zudem muss die Antenne die Signale der verschiedenen Satelliten gleichzeitig empfangen. Somit fallen hochempfindliche drehbare Richtstrahlantennen aus, und es müssen sogenannte All-Sky-Antennen verwendet werden. Bei Präzisionsanwendungen von GNSS müssen daher unvermeidbare richtungsabhängige Antennenfehler aufwändig korrigiert werden. Wie der Empfänger nun die einzelnen Satelliten im Mix der Signale aller Satelliten identifiziert, erfahren Sie in der nachfolgenden Box.

Messprinzip eines GNSS-Empfängers.

Die Navigationssatelliten senden rechtshändig zirkular polarisierte Träger-wellen im Mikrowellenbereich des elektromagnetischen Spektrums aus. Auf diesen elektromagnetischen Wellen mit Frequenzen um 1,5 Gigahertz und Wellenlängen um 20 Zentimeter werden Code-Signale moduliert, in welche die für die Navigation erforderlichen Informationen binär codiert sind. Diese Code-Signale bestehen aus Sequenzen der Bits 1 und −1 (in der Hochfrequenz-Signaltechnik Chips genannt) mit einer für das Signal charakteristischen Chip-rate (Bandbreite) von ein bis 50 Megahertz. Da die Abfolge der Chips scheinbar zufällig ist, hört ein unvorbereiteter Nutzer, der sein Radiogerät auf eine GNSS-Frequenz einstellt, lediglich ein Rauschen, welches er kaum von Hintergrund-rauschen unterscheiden kann. Die pseudo-zufällige Sequenz folgt jedoch einem mathematischen Muster und wird Pseudo Random Noise (PRN) genannt. Ist diese bekannt, so kann der Empfänger wie mit einer Schablone das Signal im gemessenen Rauschen entdecken.

Bei GPS, Galileo und BeiDou sendet jeder Satellit auf derselben Frequenz einen eindeutigen PRN-Code, anhand dessen der Empfänger den Satelliten identifizieren kann. Satelliten des russischen GLONASS-Satellitensystems senden alle denselben Code, aber auf unterschiedlichen Frequenzen, was ebenfalls eine Unterscheidung der Satelliten ermöglicht. Die Code-Sequenzen der öffentlichen GNSS-Signale sind publiziert und frei verfügbar, dem Empfänger damit bekannt.

Um einen Satelliten zu finden und die Signallaufzeit zu bestimmen, geht der Empfänger folgendermaßen vor: Er generiert intern eine sogenannte Replica des bekannten Signals eines Satelliten, welchen dieser am Himmel ver-mutet. Diese Schablone vergleicht er mit dem Mix der Signale aller Satelliten, die sichtbar sind. Der Empfänger verschiebt das Replica-Signal schrittweise und korreliert es mit dem Antennensignal. Findet er eine Übereinstimmung der beiden Signale, so entspricht die angebrachte Verschiebung der Differenz von Empfangszeit T_R , gemessen mit der Empfängeruhr, und der Aussendezeit T^S des Signals, gemessen mit der Satellitenuhr. Da die PRN-Codes mathematisch so konstruiert sind, dass sie sich maximal unterscheiden, ist die Wahrschein-lich-keit einer Verwechslung mit einem anderen Satelliten minimal. Die gemessene Differenz T_R-T^S, multipliziert mit der Vakuumlichtgeschwindigkeit ist die sogenannte Pseudodistanz, welche – falls keine Uhrensynchronisationsfehler vorliegen würden – mit der Distanz zwischen Satellit S und Empfänger R übereinstimmt. Das Korrelationsprinzip zur Messung der Signallaufzeit ist in der nachfolgenden Grafik veranschaulicht.

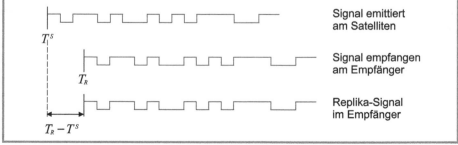

Die Positionsbestimmung mit GPS funktioniert nur, wenn der Empfänger gleichzeitig die Signale von mehreren Satelliten misst. Wie können wir uns das geometrisch vorstellen? Wir betrachten es zunächst einmal vereinfacht für den zweidimensionalen Fall (Abb. 3.6). Wenn die Positionen von zwei Satelliten bekannt und vom gesuchten Punkt die Distanzen zu beiden Satelliten gemessen sind, dann liegt die Position des Punktes in einem Schnittpunkt der beiden Kreise, deren Mittelpunkte durch die bekannte Satellitenposition gegeben sind und deren Radien den gemessenen Distanzen entsprechen. Im dreidimensionalen Fall indes gilt es jenen Punkt im Raum zu finden, dessen Abstände zu drei bekannten Satellitenpositionen genau den gemessenen Distanzen zu diesen Satelliten entsprechen. Geometrisch entspricht dies der Verschneidung von Kugeln (mit den gemessenen Distanzen als Radien), deren Mittelpunkte durch die bekannten Satellitenpositionen im Weltraum gegeben sind. Als aufmerksamer Leser wenden Sie nun aber ein, dass dies nur funktionieren kann, wenn die Uhr des Empfängers mit den Uhren der Satelliten synchronisiert ist. Würden nämlich die Uhren unterschiedlich laufen, so wäre die gemessene Laufzeit durch diese Uhrenfehler verfälscht, ähnlich, wie wenn die Laufzeit eines 100-Meter-Läufers mit je einer Uhr am Start und am Ziel gemessen wird, die aber nicht synchronisiert sind. Das ist tatsächlich eine Komplikation. Wir sehen aber gleich, wie sie sich lösen lässt.

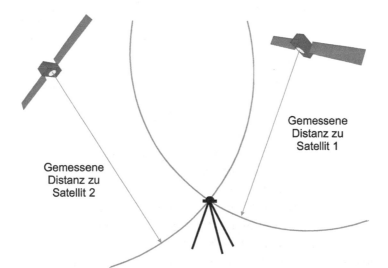

Abb. 3.6 Zweidimensionales Analogon der Positionierung mit Satellitensignalen: GNSS-Empfänger befindet sich im Schnittpunkt zweier Kreise mit gemessenem Radius um die bekannte Position zweier Satelliten

Tatsächlich laufen diese nur vom Satelliten zum Empfänger, während keine Signale vom Empfänger zum Satelliten gesendet werden. Ein solches Einweg-Messsystem hat mehrere Vorteile: Der Nutzer braucht keine schwere und energiefressende Sendeeinrichtung, um mit dem Satelliten zu kommunizieren. Er muss sich nicht beim Satelliten registrieren und das Satellitensystem kann nicht durch zu viele Nutzer überlastet werden. Zudem kann der Satellitenbetreiber nicht feststellen, wer alles das System nutzt und was er damit anstellt – Datenschutz also in Reinkultur. Doch ein Einweg-Messsystem hat einen schwerwiegenden Nachteil: Da die Signallaufzeit mit zwei Uhren gemessen wird, liefert die Messung der Laufzeit, wie bereits bemerkt, nur dann ein korrektes Resultat, wenn die Satellitenuhren und die Empfängeruhr synchronisiert sind – und das auf Milliardstel Sekunden, also Nanosekunden genau. Für Präzisionsanwendungen braucht es sogar den Genauigkeitsbereich von zehn Billionstel einer Sekunde, also von zehn Pikosekunden! Während die Atomuhren in den Satelliten vom Systembetreiber synchronisiert werden, ist die Uhr im Empfänger, beispielsweise des Smartphones, allerdings eine billige Quarzuhr, die ziemlich falsch gehen kann.

Die Entwickler des GPS-Systems haben dieses Synchronisationsproblem genial gelöst: Misst der Empfänger die Signale von mindestens vier Satelliten exakt gleichzeitig, so kann er aus den Messungen seine Uhr mit den Atomuhren der Satelliten synchronisieren und gleichzeitig seine Position (wie beschrieben) bestimmen! Als Nebeneffekt kann damit ein GNSS-Empfänger oder Ihr Smartphone auch als hochpräzise Uhr verwendet werden. So kann GNSS genutzt werden, um Rechnersysteme im Internet auf Millisekunden genau zu synchronisieren – unerlässlich im Zeitalter, wo Sekundenbruchteile bei Transaktionen an der Börse über Gewinn und Verlust entscheiden.

Noch einmal zurück zur eigentlichen Messgröße, der Signallaufzeit, also der Differenz zwischen Empfangs- und Aussendezeit. Multipliziert man diese Messgröße mit der Lichtgeschwindigkeit, so ergibt sich die sogenannte Pseudodistanz, die durch den Synchronisationsfehler zwischen Empfänger- und Satellitenuhr verfälscht ist. Aus den gemessenen Pseudodistanzen zu den Satelliten werden in der nachfolgenden Datenanalyse die Empfängerposition und Empfängeruhrkorrektur berechnet.

Die Präzision, mit welcher ein Empfänger die Pseudodistanz messen kann, hängt von der Bandbreite des Signals ab. Typische Messgenauigkeiten liegen im Meterbereich. Für sehr breitbandige Signale wie dem Galileo-E5-Signal werden zehn Zentimeter erreicht. Für geodätische Anwendungen wird aber direkt die Phase des Trägersignals gemessen. Auf diese Weise sind Messgenauigkeiten im Millimeterbereich möglich, was prinzipiell auch entsprechende Positionierungsgenauigkeiten ermöglicht. Da die Phasenmessung aufgrund der Periodizität des Signals eine unbekannte ganzzahlige

Mehrdeutigkeit aufweist, ist allerdings die Datenanalyse deutlich aufwändiger.

Die GNSS-Beobachtungen werden durch verschiedene Störeffekte beeinflusst, die für die präzise Vermessung berücksichtigt und modelliert werden müssen. Einen großen Einfluss auf die Messungen hat die Atmosphäre. Da die Lichtgeschwindigkeit in diesem Medium kleiner als im Vakuum ist, erreichen die vom Satelliten ausgesendeten Signale den Empfänger erst um einige Nanosekunden verspätet. Diese Laufzeitverzögerung bewirkt, dass die Strecke zum Satelliten zu lang gemessen wird. In den unteren zehn Kilometern der Atmosphäre, in der Troposphäre, beträgt dieser Einfluss gut zwei Meter für hochstehende und bis zu 30 Meter für tiefstehende Satelliten. Während etwa 90 Prozent dieser troposphärischen Signalverzögerung nur langsam mit dem Luftdruck variiert und gut modellierbar ist, sind die restlichen ca. zehn Prozent durch den Wasserdampf in der Atmosphäre bestimmt, der in Raum und Zeit sehr variabel und damit schwer modellierbar ist. Die einzige Lösung ist, in der Datenanalyse zusätzliche Parameter zu bestimmen, welche diese atmosphärische Signalverzögerung beschreiben. Damit wird das GNSS-Gerät zu einem Wasserdampfsensor – eine unerwartete Anwendung für ein Navigationssystem.

Noch größere Signalverzögerungen als die neutrale Atmosphäre verursachen die freien Elektronen in den hohen Atmosphärenschichten der Ionosphäre. Die freien Elektronen werden dort durch hochenergetische Sonnenstrahlung aus den Molekülen der dünnen Atmosphäre geschlagen und beeinflussen die Ausbreitung der Mikrowellensignale der GNSS-Satelliten. Die Verzögerung der Signale kann 100 bis 200 Meter erreichen. Mittels geeigneter Kombination der Messung von Signalen der Satelliten auf unterschiedlichen Frequenzen gelingt es aber, diese störenden Einflüsse der Ionosphäre fast vollständig zu kompensieren. Umgekehrt können die GNSS-Messungen auch genutzt werden, um damit die Dichte freier Elektronen in der Ionosphäre zu bestimmen.

Unangenehm sind Störungen, die durch reflektierte Signale in der Umgebung der GNSS-Antenne verursacht werden, zum Beispiel an Gebäuden, Fahrzeugen oder einfach am Boden. Die Signale der Satelliten überlagern sich mit den reflektierten Signalen, was zu fehlerhaften Pseudodistanzmessungen von einigen Metern führen kann. Phasenmessungen werden durch diese Mehrwegeeffekte lediglich um bis zu fünf Zentimeter verfälscht, was bei einer Messgenauigkeit im Millimeterbereich jedoch ein beträchtlicher Fehlereinfluss ist.

Neben den PRN-Signalen mit Zeitstempeln übertragen die Satelliten weitere Informationen zum Nutzer, aus welchen dieser die Positionen der

Satelliten sowie die Synchronisationsfehler der Satellitenuhren herauslesen kann. So werden vom Systembetreiber im Kontrollzentrum des Satellitensystems die Satellitenbahnen aus den Beobachtungen eines globalen Stationsnetzes bestimmt. Die berechneten Bahnen und Satellitenuhrkorrekturen lädt der Betreiber dann mit großen Parabolantennen zu den Satelliten hoch, welche dann von dort an die Nutzer ausgesendet werden.

Diese sogenannte Broadcast-Information hat für alle GNSS-Systeme eine Genauigkeit im Bereich eines Meters, was für Navigationsanwendungen zum Beispiel für Autos oder Flugzeuge ausreichend genau ist. Für die präzise Vermessung der Erde werden jedoch Bahnen und Uhrenkorrekturen im Zentimeterbereich benötigt. Da die Satellitenbetreiber diese hochgenaue Information jedoch nicht zur Verfügung stellen, berechnen die Geodäten diese selbst.

Dies ist allerdings nicht ganz einfach. Um genaue Satellitenbahnen zu berechnen, werden genaue Positionen der Stationen benötigt. Umgekehrt werden aber zur Bestimmung dieser genauen Stationskoordinaten präzise Satellitenbahnen gebraucht. Die Lösung ist die gleichzeitige Bestimmung von sowohl Stationskoordinaten wie auch Satellitenbahnen in einer einzigen konsistenten Berechnung. Dies gelingt, wenn beispielsweise die gerechneten Koordinaten von Referenzstationen im Mittel auf den bekannten Koordinaten der Stationen im ITRF (Abschn. 3.2) festgehalten werden, womit dann auch die berechneten Stationskoordinaten und Bahnen konsistent mit dem terrestrischen Referenzsystem sind. Auf diese Weise können mit den Satellitennavigationssystemen die GNSS-Bahnen im Zentimeter- und Positionen im Sub-Zentimeterbereich bestimmt werden, was die Vermessung revolutioniert hat.

Erste Messkampagnen werden in den 1980er-Jahren unter anderem in Kalifornien, der Karibik und in der Eifel durchgeführt. Eines der ersten großen Messprojekte folgt 1986 in Island mit 26 – zu der Zeit noch recht teuren – GPS-Empfängern, um die tektonischen Verschiebungen (Abschn. 4.2) auf der geologisch aktiven Insel zu messen. Zu Beginn der 1990er-Jahre werden die ersten internationalen Messkampagnen organisiert, bei denen nicht nur die Koordinaten der eingesetzten GPS-Antennen, sondern auch die Bahnen der GPS-Satelliten sowie die Rotation der Erde vermessen werden. Im Jahr 1994 wird der Internationale GNSS Service (IGS) gegründet, um für geodynamische Anwendungen präzise Satellitenbahnen zu berechnen. Dieser wissenschaftliche Dienst der Internationalen Assoziation für Geodäsie (IAG) wird heute von über 250 Organisationen weltweit getragen und stellt täglich, basierend auf einem globalen Netz von über 400 permanenten Messstationen (Abb. 3.7), den Nutzern hochpräzise

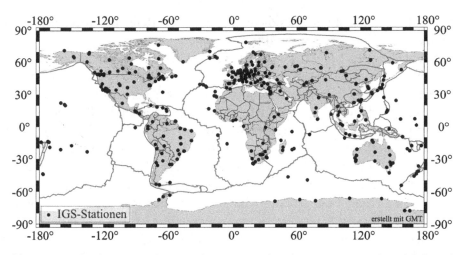

Abb. 3.7 Beobachtungsstationen des Internationalen GNSS Service (IGS). Die braunen Linien stellen die Grenzen von Lithosphärenplatten dar (Abschn. 4.2)

GNSS-Satellitenbahnen, die Messdaten sowie weitere Produkte kostenfrei über das Internet zur Verfügung.

Heute hat sich GNSS – landläufig immer noch GPS genannt – ganz in unser Leben integriert. Mit den in rund 20.000 Kilometern Höhe fliegenden Satelliten kann im Navigationsmodus die Position auf einen Meter genau bestimmt werden, sodass etwa das Gerät im Auto weiß, auf welcher Fahrspur sich dieses bewegt. In den vergangenen Jahren ist zudem das Anwendungsspektrum von GNSS geradezu explodiert: Heute ist dieses Messverfahren das Mittel der Wahl für viele Präzisionsvermessungsaufgaben auf allen Skalen. GNSS ist zum Beispiel unerlässlich in der Landesvermessung. Für das Liegenschaftskataster werden damit Grundstücksgrenzen vermessen. Beim Bau von Eisenbahntrassen, Straßen und Tunnels kommt GNSS ebenso zum Einsatz wie bei der Steuerung von Baumaschinen. Auch in der Landwirtschaft wird es genutzt, um die Saat und den Dünger zentimetergenau auszubringen und die Ernte präzise einzuholen. GNSS wird eingesetzt beim Monitoring von Hangrutschungen, bei der Messung von Deformationen an Erdplattengrenzen und bei Erdbeben zur Modellierung der im Untergrund ablaufenden geophysikalischen Prozesse, zur Tsunami-Warnung anhand der Messung von erdbebenbedingten Verschiebungen des Bodens an der Küste sowie zur Messung der Landhebung aufgrund des Abschmelzens von Eiskappen. Zentral ist GNSS bei der Realisierung des terrestrischen Referenzsystems in Kombination mit den anderen geodätischen Beobachtungsverfahren (Abschn. 3.2). Der ITRF wird insbesondere über GNSS für die Nutzer zugänglich gemacht durch die Bereitstellung eines dichten Netzes von Referenzstationen und die zugehörigen GNSS-Bahnprodukte.

Ebenfalls eine zentrale Rolle spielt GNSS bei der Realisierung der internationalen Atomzeit: Die Vergleiche der hochstabilen Atomuhren an den global verteilten nationalen Zeitlabors, mit deren Hilfe in Paris die Atomzeit berechnet wird, beruhen zu einem überwiegenden Teil auf GNSS-Messungen.

Auch für weitere, eher unerwartete Anwendungen wird GNSS eingesetzt. Die Empfindlichkeit der Signale auf Wasserdampf in der Atmosphäre wird genutzt, um anhand dichter GNSS-Empfängernetze, die für Vermessungsaufgaben aufgebaut wurden, stündliche Karten von atmosphärischem Wasserdampf zu bestimmen. Wetterdienste nutzen die Informationen für ihre Prognosen. Die GNSS-Messungen unterstützen insbesondere die präzisere Vorhersage von Starkregenereignissen. GNSS eignet sich auch besonders, um Langzeittrends im Wasserdampfgehalt abzuleiten, da die Messungen keine zeitabhängigen systematischen Veränderungen zeigen, wie sie bei anderen Wettersensoren typischerweise durch Alterung auftreten. Gegenwärtig steigt der Wasserdampfgehalt der Atmosphäre um etwa ein bis drei Prozent pro Jahrzehnt (mit zunehmender Tendenz), eine wichtige Information für die Klimaforschung.

Unter Ausnutzung der Empfindlichkeit von GNSS-Signalen auf freie Elektronen in der hohen Atmosphäre werden mittels eines globalen Stationsnetzes routinemäßig globale Karten der Elektronendichte in der Ionosphäre berechnet (Abb. 3.8). Eine wichtige Anwendung ist die Überwachung des sogenannten Weltraumwetters. Ausgelöst durch starke Stürme in der Sonnenatmosphäre können intensive Teilchenwolken hohe Elektronendichten und starke Ströme in der Ionosphäre hervorrufen, die in unserer hochtechnisierten Gesellschaft zu Störungen des Funkverkehrs, Beschädigung von Satelliten und Ausfall von Starkstrom-Überlandleitungen führen können.

Schließlich werden heute auch Signalreflektionen genutzt, um die Umgebung von GNSS-Stationen zu überwachen. So werden diese Stationen beispielsweise an der Küste als Pegel eingesetzt, indem sie aus der Laufzeitdifferenz des direkten und des an der Meeresoberfläche reflektierten GNSS-Signals die Meereshöhe relativ zur Küste messen. Mit am Boden reflektierten GNSS-Signalen können die Schneehöhe, die Bodenfeuchte und sogar der Wassergehalt der Vegetation im Umfeld der GNSS-Antenne bestimmt werden. Mit den neu entwickelten Analysemethoden kann die Bodenfeuchte auch für viele Jahre rückwirkend anhand der bei damaligen Vermessungen aufgezeichneten GNSS-Signale bestimmt werden.

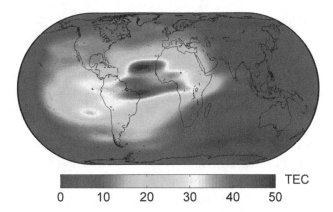

TEC

0   10   20   30   40   50

Abb. 3.8 Karte der Elektronendichte in der Ionosphäre, gemessen mit GNSS-Signalen, aufgezeichnet von einem globalen GNSS-Stationsnetz und dargestellt in sogenannten *total electron content* (TEC)-Einheiten

3.4 Botschaften vom Rande des Universums – Vermessung der Erde mittels Signalen entfernter Galaxien

Wie bewegt sich die Erde im Weltall? Um unseren Planeten besser zu verstehen, müssen wir auch dessen Orientierung im Raum und deren Veränderungen präzise kennen. Variationen der Lage der Rotationsachse im Weltraum wie auch gegenüber dem Erdkörper sowie kleine Schwankungen der Rotationsgeschwindigkeit der Erde geben Aufschluss über Massenverlagerungen auf der Erdoberfläche, in der Atmosphäre, in den Ozeanen und im Erdinnern. Auch für die Navigation mit Satelliten und für interplanetare Raumflüge ist die genaue Kenntnis der Rotation der Erde gegenüber den Sternen von zentraler Wichtigkeit. Im Abschn. 4.7 erhalten Sie einen tieferen Einblick, weshalb die Vermessung der Rotation der Erde so wichtig ist, um die Veränderungsprozesse im System Erde zu erforschen. Zuerst beleuchten wir aber, wie heute mit geodätischen Methoden die Erdrotation hochpräzise gemessen wird.

Zunächst blicken wir für einen Moment in die Vergangenheit: Über Jahrhunderte wird die Rotation der Erde von den Astronomen überwacht, indem sie mit Teleskopen die Bewegung der Sterne am Himmel vermessen. Die Bestimmung der genauen Zeit aus der Rotation der Erde ist seit Urzeiten die Aufgabe von astronomischen Observatorien. Heute werden hierzu Radioquellen genutzt, sogenannte Quasare, deren Positionen am Himmel mit großen Radioteleskopen gemessen werden. Dass es im

Universum Quellen gibt, die Radiowellen aussenden, entdeckt 1932 der amerikanische Physiker und Elektroingenieur Karl Jansky, indem er mit einfachen Radioantennen den Himmel beobachtet. Da seine Antenne allerdings eine sehr geringe Auflösung von mehreren zehn Winkelgraden hat, ist damals nicht bekannt, wie groß oder wie klein diese kosmischen Radioquellen sind und wie viele es davon gibt. Grund für die schlechte Auflösung ist die lange Wellenlänge der Radiowellen, welche im Bereich von Dezimetern bis Dekametern liegt: Es braucht riesengroße Teleskope, um Radiobilder des Himmels mit einer passablen Auflösung zu erhalten.

Die Auflösung eines Teleskops gibt an, wie nahe Quellen am Himmel zueinander stehen dürfen, damit man sie noch als einzelne Quellen unterscheiden kann. Ist der Winkelabstand der Sterne kleiner als die Auflösung des Teleskops, so scheinen sie zu einem Bild zu verschmelzen. Die Auflösung – ganz gleich ob für ein optisches Fernrohr oder für ein Radioteleskop – lässt sich aus dem Verhältnis von Wellenlänge der Strahlung zum Teleskopdurchmesser berechnen. Je kleiner die Wellenlänge oder je größer der Teleskopdurchmesser, desto besser die Auflösung. Um mit Radiowellen mit einer Wellenlänge von zehn Zentimetern eine Auflösung zu erreichen, die jener des „unbewaffneten" Auges entspricht, müsste ein Radioteleskop allerdings einen Durchmesser von rund 36 Metern haben. Wir wollen aber eine 100.000-mal bessere Auflösung und damit 100.000-mal größere Teleskope haben. Nun ist es aber mechanisch ziemlich impraktikabel, so riesige Teleskope zu bauen. Das heute größte voll bewegliche Radioteleskop hat einen Durchmesser von 110 Metern und steht in Green Bank in West Virginia in den USA. Das zweitgrößte mit einem Durchmesser von 100 Metern steht in Effelsberg bei Bonn (Abb. 3.3). Die größten Radioteleskope überhaupt stehen in Arecibo, Puerto Rico (300 Meter Durchmesser), und in Chinas Provinz Guizhou (500 Meter Durchmesser). Diese sind in Geländemulden eingebettet und sind nicht beweglich. Daher können sie nur einen kleinen Himmelsausschnitt um den Zenit beobachten.

Forscher lassen sich aber durch solche Hindernisse nicht aufhalten. Es ist klar, dass es technisch möglich sein muss, die Signale zweier entfernter Radioteleskope zusammenzuführen und miteinander zu überlagern. Aus dem dabei entstehenden Interferenzbild sollte sich dann eine Winkelauflösung ergeben, welche dem Verhältnis der Wellenlänge der Radiostrahlung zur Distanz zwischen den beiden Teleskopen entspricht. Durch das Zusammenschalten der beiden Teleskope zu einem sogenannten Interferometer kann also ein virtuelles Teleskop realisiert werden, dessen Durchmesser dem Abstand der beiden Einzelteleskope entspricht! Dies sollte die Radioastronomie revolutionieren, aber die technischen Herausforderungen sind gewaltig! Zu Hilfe kommen den Radioastronomen die im Zweiten Weltkrieg entwickelten Radarabwehrmethoden sowie die Fernseh- und Videotechnik, die sich in den 1960er-Jahren in den Haushalten etabliert. Das Messprinzip der *Very Long Baseline Interferometry* (VLBI) ist in der folgenden Box und Abb. 3.9 beschrieben.

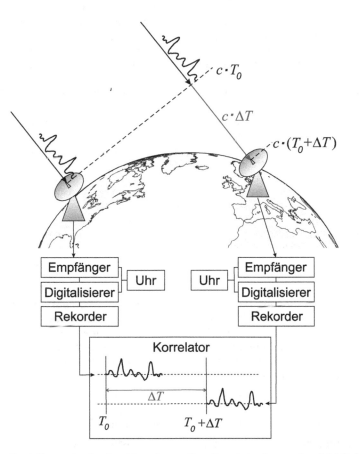

Abb. 3.9 Funktionsprinzip der *Very Long Baseline Interferometry* (VLBI) für Radioteleskope auf verschiedenen Kontinenten sowie erforderliche Komponenten (für Details siehe Box)

Funktionsweise der *Very Long Baseline Interferometry* **(VLBI)**

Wie der englische Name der Messtechnik bereits sagt, werden bei der VLBI Signale überlagert und interferiert, die von sehr weit voneinander entfernten Radioteleskopen aufgezeichnet werden (Abb. 3.9). Gemessen werden Signale von Radioquellen, sogenannter Quasare, die am Rande des sichtbaren Universums in Entfernungen von Milliarden von Lichtjahren so hell leuchten, dass sie auf der Erde noch als schwaches Radioleuchten wahrgenommen werden können. Große parabolische Radioschüsseln reflektieren das schwache Signal in den Brennpunkt im Zentrum des Radioteleskops, wo eine Antenne, das sogenannte *feed-horn*, das Mikrowellensignal in ein elektrisches Signal umwandelt. Dieses wird dann in einem auf wenige zehn Grad über dem absoluten Nullpunkt gekühlten Verstärker soweit verstärkt, dass es über Kabel in den Kontrollraum geleitet werden kann, wo es weiter verstärkt, auf eine kleinere Frequenz runtergemischt, digitalisiert und aufgezeichnet wird. Zusammen mit dem Messsignal werden auch Zeitsignale eines hochstabilen Oszillators, eines sogenannten Wasserstoffmasers, in den Vorverstärker eingespeist. Diese legen dann denselben Weg durch die Kabel und Verstärker zurück und können zur Kalibrierung der auftretenden Signalverzögerungen verwendet werden. Aufgezeichnet wurden die Messungen früher auf Magnetbändern. Heute werden die Daten mit einer Rate im Bereich von Gigabit pro Sekunde auf parallel geschalteten schnellen Computerfestplatten gespeichert.

Die Daten der an der Messung beteiligten Radioteleskope werden anschließend an eines von wenigen Korrelationszentren geschickt, zum Beispiel ans Max-Planck-Institut für Radioastronomie in Bonn. Für einzelne Experimente werden hierzu schnelle interkontinentale Glasfaserleitungen genutzt, üblicherweise werden die Daten aber buchstäblich verschickt – das heißt, die Festplatten werden per Post ans Korrelationszentrum gesandt.

Aufgabe des Korrelators am Rechenzentrum ist es, die Differenzen der Ankunftszeiten der Signale an den einzelnen Teleskopen mit einer Genauigkeit von rund zehn Pikosekunden zu bestimmen. Hierzu werden die Zeitreihen der gemessenen zufälligen Signalvariationen der Quasare solange gegeneinander auf der Zeitachse verschoben, bis sie übereinstimmen. Die dazu erforderliche Verschiebung entspricht dann genau der Ankunftszeitdifferenz an den beteiligten Teleskopen. Die hierzu erforderliche Rechenleistung ist enorm. Früher wurden speziell für diese Aufgabe gebaute Computer verwendet. Heute werden Dutzende Rechner in einem Cluster zusammengeschaltet. Aus den Resultaten dieser Rechnungen können schließlich die genauen Positionen der Radioteleskope, der Radioquellen am Himmel, sowie die Lage der Erdachse und Orientierung der Erde abgeleitet werden.

Wie verlaufen die Entwicklungen dieser neuen Technologie? Die ersten Radiointerferometer werden nach dem Zweiten Weltkrieg aufgebaut, indem Radioteleskope mit Kabeln verbunden werden. Schon 1946 wird in Cambridge, England, ein Interferometer mit zwei Radioteleskopen im Abstand von 500 Metern aufgebaut, und ein weiteres folgt in den 1950er-Jahren in Australien. Mit diesen und weiteren Instrumenten werden verfeinerte Karten der Radioquellen am Himmel erstellt. Dabei ergibt sich allerdings ein kosmologisches Problem: Die Durchmusterung des Himmels zeigt mehr sehr schwache Radioquellen, als sie bei einem homogen mit Quellen gefüllten Universum erwartet werden. Diese Diskrepanz kann einerseits auf einen Widerspruch zu dem damals populären *Steady-State*-Modell des Universums hindeuten, welches trotz Expansion eine homogene Materiedichte postuliert. Andererseits kann sie aber auch schlicht dadurch verursacht sein, dass die Winkelauflösung der Karten noch nicht ausreicht, um schwache Radioquellen einzeln aufzulösen, was deren Zählung verfälscht. Dieser Disput kann nur gelöst werden, indem die Winkelauflösung der Radiointerferometer weiter verbessert wird.

Schon in den 1960er-Jahren werden in Australien und England Radioteleskope mit Basislinien bis über 100 Kilometern aufgebaut, bei denen die Übertragung der Frequenz eines Oszillators zu den Teleskopen sowie das Zusammenführen der Radiosignale für die Korrelation nicht mehr mit Kabeln, sondern mittels Funkverbindungen erfolgt. So kann die Winkelauflösung zur Abbildung der Struktur der Radioquellen auf unter eine Bogensekunde verbessert werden. Damit werden wesentlich kleinere kompakte Quellen gefunden. Um diese spannenden Himmelsobjekte zu untersuchen, müssen also die Distanzen zwischen den Teleskopen auf Tausende von Kilometern vergrößert werden.

Schon in den 1960er-Jahren denken Wissenschaftler über Radiointerferometrie mittels Videoaufzeichnung der Daten nach, getrieben durch die rasante Entwicklung der Computerindustrie, die Entwicklung von Hochgeschwindigkeits-Digitalaufzeichnungsgeräten für die TV-Industrie und das Aufkommen von kommerziellen VHS-Video-Kassettenrecordern, aber auch durch die Entwicklung kommerziell erhältlicher hochstabiler Atomuhren. Der erste erfolgreiche Test zur Demonstration der neuen Technik gelingt 1967 auf einer Basislinie von allerdings nur 200 Metern. Die Distanz zwischen den Radioteleskopen wird jedoch noch im gleichen Jahr bis auf eine 3500 Kilometer lange Basislinie in den USA ausgedehnt, und bereits in den folgenden Jahren gelingen Messungen auf interkontinentalen Basislinien von bis zu 10.000 Kilometern zwischen Amerika, Schweden, Russland und Australien. So kann man ab 1968 mit Fug und Recht von *Very Long Baseline Interferometry* (VLBI) sprechen. Damit wird eine Winkelauflösung von besser als einem Tausendstel einer Bogensekunde erreicht.

Getrieben sind diese technischen Entwicklungen und Erfolge durch die Astrophysiker, welche die Radioquellen am Himmel verstehen wollen. Neben der Sonne und dem Planeten Jupiter strahlen auch Molekülwolken, Sternentstehungsgebiete und Überreste von Sternexplosionen Radiowellen aus. Bereits Jansky hat entdeckt, dass Radiostrahlung auch aus dem Zentrum unserer Milchstraße stammt. In den 1950er-Jahren können die hellsten Radioquellen mit optischen Quellen identifiziert werden, zwei davon mit bekannten Galaxien. Die genauer werdenden Radiointerfero-metrie-Beobachtungen zeigen eine große Zahl an kompakten Quellen. Einzelne davon können Anfang der 1960er-Jahre als sternförmige Objekte identifiziert werden. Sie werden daher quasi-stellare Objekte genannt, kurz Quasare. Die Diskussion, ob es sich dabei um Radiosterne in unserer Milchstraße oder extragalaktische Objekte handelt, wird erst 1963 ent-schieden, als die Radioquelle mit dem Namen 3 C 273 als ein sternartiges Objekt identifiziert werden kann. Dessen Lichtspektrum, gemessen mit dem Fünf-Meter-Teleskop auf Mount Palomar in Kalifornien, zeigt eine sehr große Rotverschiebung. Gemäß dem Hubble'schen Gesetz der kosmo-logischen Expansion muss sich dieses seltsame Objekt daher in einer Ent-fernung von mehreren Milliarden Lichtjahren befinden.

Heute sind mehr als 500.000 Quasare bekannt, und man weiß, dass sie alle in Kernen von Galaxien sitzen. Das Licht des entferntesten heute bekannten Quasars wurde ausgesendet, als das Universum erst 700 Millionen Jahre alt war. Er befindet sich damit in einer Entfernung von 13 Milliarden Lichtjahren fast am Rand des heute beobachtbaren Uni-versums. Abb. 3.10 zeigt den Quasar PG 0052 + 251, der sich in einer

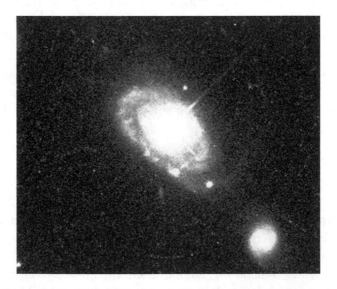

Abb. 3.10 Quasar PG 0052 + 251 (©: ESA/Hubble, John Bahcall, Institute for Advanced Study, Princeton, Mike Disney, University of Wales, and NASA/ESA)

Entfernung von 1,4 Milliarden Lichtjahren befindet, fotografiert mit dem Hubble-Weltraumteleskop. Diese exotischen Objekte müssen eine extreme Leuchtkraft besitzen, damit wir sie auf der Erde in dieser Distanz noch beobachten können. Da man aus der Veränderlichkeit der Helligkeit schließen kann, dass die Strahlungsquellen nur etwa so groß wie ein Planetensystem sein können, müssen die Quasare durch außergewöhnliche physikalische Prozesse angetrieben werden.

Heute hat sich die Erkenntnis durchgesetzt, dass die Energiequellen von Quasaren supermassive Schwarze Löcher mit Massen von Millionen bis Milliarden Sonnenmassen in den Zentren von Galaxien sind. Während aus Schwarzen Löchern zwar kein Licht dringen kann, saugen sie aber Gas aus ihrer Umgebung an, welches sich in einer Materiescheibe spiralförmig mit rasender Geschwindigkeit um das Schwarze Loch dreht, bevor es abstürzt. In den inneren Gebieten kann es sich dabei bis auf 100.000 Grad aufheizen und dadurch sehr hell leuchten. Starke Magnetfelder führen zudem dazu, dass längs der polaren Achse der Materiescheibe in beide Richtungen stark fokussierte und hell strahlende Materiejets mit relativistischen Geschwindigkeiten ausgeschleudert werden. Man nimmt an, dass mehr als zehn Prozent der Ruhemasse des ins Schwarze Loch einstürzenden Gases in Energie umgewandelt wird. Diese Monster in den Galaxienkernen sind damit die gewaltigsten bekannten, kontinuierlichen Energiequellen im Universum. Ihre Leuchtkraft kann das Trilliardenfache der Leuchtkraft der Sonne erreichen (eine Zahl mit 15 Nullen) oder das Tausendfache der Leuchtkraft aller Sterne einer großen Galaxie.

Man nimmt an, dass alle großen Galaxien solche Monster in ihren Zentren haben. Auch im Kern unserer Milchstraße befindet sich ein Schwarzes Loch mit einer Masse von etwa vier Millionen Sonnenmassen. Da allerdings ältere Galaxien wie unsere ihr Gas im Kern für Sternentstehung weitgehend aufgebraucht haben, steht nicht mehr viel Gas zur Verfügung, um das Schwarze Loch im Zentrum zu füttern. Die Kerne naher Galaxien sind daher meist nicht sehr aktiv. Galaxien im frühen Universum sind jedoch jung und enthalten noch viel Gas. Daher befinden sich die Quasare alle in kosmologischen Distanzen.

Bereits 1967 wird bei den ersten Messungen über interkontinentale Basislinien das Potenzial der VLBI für Anwendungen in der Geodäsie, Geophysik, Zeitübertragung, Erdrotation und Tests der allgemeinen Relativitätstheorie erkannt. Um die Radioquellen präzise zu messen, müssen die Positionen der Radioteleskope und die Orientierung der Erde gegenüber des Sternenhimmels sehr präzise bekannt sein. Während Ungenauigkeiten und Veränderungen der Positionen der Teleskope zu Fehlern in den

Messungen führen und damit für die Radioastronomen Störquellen sind, sind sie für die Geodäten interessante Signale, welche Aufschluss über die Bewegung der Erdoberfläche geben: Die geodätische Analyse der Messungen der VLBI-Teleskope erlaubt nicht nur die präzise Bestimmung der Himmelskoordinaten der Quellen, sondern auch der Koordinaten der Messstationen sowie von Größen, welche die Erdrotation beschreiben. Anfang der 1970er-Jahre ist die Präzision der gemessenen Basislinienkoordinaten noch im Dezimeterbereich, verbessert sich aber bis Anfang der 1980er-Jahre in den Zentimeterbereich. Seit Mitte 1979 wird VLBI nicht nur für astronomische Zwecke, sondern auch für die geodätische Erdvermessung routinemäßig genutzt.

Heute sind für geodätische Messungen mehr als 30 Radioteleskope typischerweise mit 20 bis 30 Metern Durchmesser auf allen Kontinenten verfügbar (Abb. 3.11). Sogar in der Antarktis werden zwei Radioteleskope betrieben. Weitere große astronomische Teleskope können für spezielle Aufgaben hinzugeschaltet werden. Die meisten Instrumente werden sowohl für astronomische wie für geodätische Zwecke genutzt. Nur wenige davon werden ausschließlich für geodätische Anwendungen eingesetzt, etwa die Teleskope am Geodätischen Observatorium Wettzell im Bayerischen Wald (Abschn. 3.9). An geodätischen Messsessionen nehmen typischerweise zwei bis rund ein halbes Dutzend Radioteleskope teil. An speziellen Kampagnen können aber schon mal mehr als ein Dutzend Instrumente beteiligt sein. Koordiniert werden die Messungen durch einen 1999 gegründeten wissen-

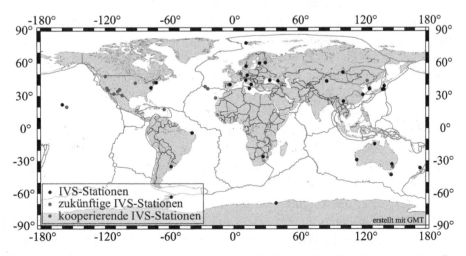

Abb. 3.11 Geografische Verteilung der aktuell für geodätische *Very Long Baseline Interferometry* (VLBI) genutzten und geplanten Radioteleskope. Die braunen Linien stellen die Grenzen von Lithosphärenplatten dar (Abschn. 4.2)

schaftlichen Dienst der IAG (*International VLBI Service for Geodesy and Astrometry*, IVS). Der Dienst erstellt die Beobachtungspläne für sämtliche Messsessionen, plant spezielle Messkampagnen, organisiert die Korrelation der Messungen, analysiert die Daten und macht diese qualitätsgeprüft verfügbar, stellt den wissenschaftlichen und technologischen Austausch zwischen den beteiligten Organisationen sicher und bietet Schulungen an. Schon alleine das auf verteilten Radioteleskopen beruhende Messprinzip erfordert eine sehr gut organisierte Zusammenarbeit der weltweit mehr als 40 beteiligten Institutionen.

VLBI liefert als einziges der geodätischen Weltraummessverfahren den Bezug zu einem himmelsfesten Referenzrahmen, gegenüber welchem die Bewegungen unseres Planeten vermessen werden können. Als Referenzrahmen dienen die mit VLBI gemessenen Quasare. Da diese aufgrund ihrer extremen Distanz auch bei großer Eigengeschwindigkeit am Himmel keine Winkeländerung zeigen, somit unveränderlich feststehen und zudem praktisch punktförmig sind, dienen sie als ideale geodätische Markierungen am Himmelszelt. Unter den vielen bekannten Quasaren werden jene als Referenzobjekte ausgewählt, welche möglichst punktförmig sind und eine möglichst kleine Variation der Helligkeit aufweisen, möglichst hell sind und zudem möglichst homogen über den Himmel verteilt sind. So ergeben sich 4536 Quasare, welche die aktuelle dritte Version des sogenannten *International Celestial Reference Frame* ICRF3 (Internationaler zälestischer Referenzrahmen) realisieren. Die Genauigkeit der Himmelskoordinaten dieser Quasare liegt zwischen 0,03 Millibogensekunden für die hellsten und 0,25 Bogensekunden für die schwächsten. Die Stabilität der durch den Referenzrahmen realisierten himmelsfesten Koordinatenachsen liegt bei zehn Millionstel einer Bogensekunde. Dies entspricht einem Winkel, welchen eine auf dem Mond liegende Zwei-Cent-Münze von der Erde aus gesehen abdecken würde. Da für den Unterhalt des ICRF-Katalogs eine astronomische Technik eingesetzt wird, ist dafür neben dem Internationalen Erdrotations- und Referenzsystemdienst (IERS) auch die Internationale Astronomische Union (IAU) zuständig.

Um die Messgenauigkeit von wenigen Millimetern zu nutzen, ist eine Reihe von Korrekturen zu berücksichtigen. So muss beispielsweise die Temperaturausdehnung der großen metallischen Strukturen der Radioteleskope sowie deren von der Blickrichtung abhängige Durchbiegung modelliert werden. Um frequenzabhängige Laufzeitverzögerungen in der Ionosphäre zu kompensieren, wird wie bei GNSS in zwei Frequenzbändern beobachtet, nämlich bei Wellenlängen von vier und zehn Zentimetern. Um die Messgenauigkeit weiter zu steigern, aber auch um durch Handynetze verursachten Störungen auszuweichen, wird in Zukunft ein viel breiteres Frequenzband genutzt werden. Wie bei GNSS müssen ebenfalls Laufzeitverzögerungen in der Troposphäre durch Modelle und zusätzlich geschätzte Parameter korrigiert werden – insbesondere die durch den Wasserdampf verursachte Störung. Schließlich sind auch relativistische Effekte wie die Lichtablenkung der Quasarstrahlung durch die Masse der Sonne sowie des Planeten Jupiter zu korrigieren. Am Sonnenrand macht die durch Raumkrümmung verursachte Laufzeitverzögerung rund 50 Meter aus, am Rand des 1000-mal weniger massiven Jupiters noch zehn Zentimeter. Werden alle diese Korrekturen angebracht, können die Referenzkoordinaten der großen Teleskope auf wenige Millimeter genau bestimmt werden. Die Lage und Schwankung der Erdachse im Weltraum lässt sich mit der VLBI mit einer Präzision von 0,2 Millibogensekunden messen, die Orientierung der Erde um die Polachse, also die Sternzeit, kann mit einer Präzision von 20 Millionstelsekunden bestimmt werden.

3.5 Messobjekte am Himmel – Laserentfernungsmessungen zu Satelliten und zum Mond

Die neuesten technologischen Errungenschaften in der Lasertechnologie in den 1960er-Jahren kommen den Pionieren des frühen Satellitenzeitalters wie gerufen für die Entwicklung eines neuen geodätischen Messverfahrens. Ihre Idee ist es, mittels Lasermessungen die Distanz zu hochfliegenden Himmelsobjekten von der Erde aus zu bestimmen. Die Entfernungsmessung geschieht hierbei durch die Registrierung von Lichtpulsen. Dieses optische Verfahren hat besondere Eigenschaften, die sich mit den beiden zuvor besprochenen Mikrowellenmessverfahren GNSS und VLBI (Abschn. 3.3 und 3.4) hervorragend ergänzen.

Am 16. Mai 1960 gelingt es dem Amerikaner Theodore Maiman am kalifornischen Forschungsinstitut Hughes, den ersten funktionsfähigen Prototypen eines Lasers herzustellen. Bereits einige Jahrzehnte zuvor legt Albert Einstein mit seinem Postulat der „stimulierten Emission" den Grundstein für diese bahnbrechende Erfindung. Denn genau dieser Effekt der stimulierten Emission wird bei einem Laser zur Lichtverstärkung genutzt. Die Bezeichnung Laser steht für *light amplification by stimulated emission of radiation:* Lichtverstärkung durch stimulierte Emission von Strahlung. Durch die Stimulation, also Anregung, eines Lasermediums wird ein monochromatischer (einfarbiger) und kohärenter (phasengleicher) scharf gebündelter Lichtstrahl hoher Energie erzeugt. Bei Maimans erstem Laser handelt es sich um einen Festkörperlaser, der einen synthetischen Rubin als laseraktives Medium nutzt und einen tiefroten Lichtimpuls mit einer Wellenlänge von 694,3 Nanometern emittiert.

Sehr schnell wird die hohe Leistungsfähigkeit dieser neuen Technologie erkannt, nicht nur für die Erdvermessung, sondern auch für viele andere Bereiche. Zahlreiche moderne Errungenschaften basieren auf der Lasertechnologie, die heutzutage nicht mehr wegzudenken ist.

Eines der wichtigsten Einsatzgebiete ist die Medizin. Kurz nach der Fertigstellung des ersten Lasers untersuchen Mediziner die Wirkung von Laserstrahlen auf lebendiges Gewebe. Bereits 1962 werden erstmals Hautkrankheiten mit Laserlicht behandelt. So kann auch Theodore Maiman, der sich wegen einer Hauterkrankung im Jahr 2000 in München einer Laseroperation unterzieht, von seiner eigenen Erfindung profitieren. Aber auch in vielen anderen Bereichen unserer modernen Gesellschaft ist das Anwendungsspektrum der Lasertechnologie geradezu explodiert. Und viele alltägliche Dinge wie das Scannen des Barcodes im Supermarkt oder das Lesen der Bildinformationen in optischen Laufwerken (CD-Player, DVD oder Blu-Ray) würden ohne Laser nicht funktionieren.

Und wie wird nun unser Planet mit diesem Beobachtungsverfahren vermessen? Kurz nach der Fertigstellung des ersten Rubinlasers beginnen die USA um 1961/1962 im Rahmen des amerikanischen Explorer-Programms die Entwicklung von gepulsten Lasern für die Bahnverfolgung von Satelliten. Im Jahr 1964 wird ein erster Satellit mit Laserreflektoren ausgestattet (BEACON-Explorer-B) und in die Erdumlaufbahn in etwa 1000 Kilometern Höhe mit einer Bahnneigung von 80 Grad gebracht. Bereits nach wenigen Wochen können Wissenschaftler der NASA das erste schwache Laserecho aufzeichnen, und Anfang 1965 gelingen die ersten Laser-Entfernungsmessungen (*Satellite Laser Ranging,* SLR) mit einer Genauigkeit von wenigen Metern.

Nur zwei Jahre später findet 1967 die erste internationale SLR-Messkampagne in einer Kooperation zwischen der NASA und der französischen Raumfahrtbehörde CNES statt. Zu jener Zeit sind sechs Satelliten im Orbit, die mit Laserretroreflektoren ausgestattet sind: vier der NASA-Explorer Serie sowie zwei französische Satelliten. Im Rahmen dieser Messkampagne werden Lasermessungen an fünf Stationen in Europa und Nordamerika durchgeführt. Die Stationspositionen werden mit einer Genauigkeit von fünf Metern bestimmt – eine Sensation für die damalige Zeit! Aber noch erstaunlicher ist die Tatsache, dass infolge technologischer und methodischer Weiterentwicklungen innerhalb von wenigen Jahrzehnten eine Genauigkeitssteigerung um den Faktor 1000 gelingt: Heute sind Genauigkeiten im Millimeterbereich Realität.

Bevor wir auf diese Entwicklungen näher eingehen, stellen wir das Messverfahren näher vor. Das Messprinzip basiert auf der Laufzeitmessung von stark gebündelten und extrem kurzen Laserpulsen zwischen der Bodenstation und einem mit Laserreflektoren ausgestatteten Satelliten. Die eigentliche Messgröße ist die Laufzeit des Signals. Daraus wird die gesuchte Entfernung zwischen der Station und dem Satelliten berechnet (nachfolgende Box).

Prinzip der Laserentfernungsmessung zu Satelliten

Bei der Laserentfernungsmessung zu Satelliten (*Satellite Laser Ranging;* SLR) wird aus der Laufzeit eines Laserimpulses die Entfernung zwischen der Bodenstation und dem Satelliten gemessen. Ein Laser auf der Bodenstation erzeugt kurze und stark gebündelte Laserpulse, die über ein Teleskop zum Satelliten gerichtet werden. Gleichzeitig wird durch den ausgesendeten Laserimpuls ein Zeitintervallzähler gestartet. Der Laserpuls wird an den Retroreflektoren des Satelliten reflektiert und zur Bodenstation zurückgeworfen. Dort wird er im Empfangsteleskop registriert, und der Detektor gibt einen Stopp-Impuls an den Zähler. Damit dies überhaupt funktionieren kann, müssen die Retroreflektoren am Satelliten so konzipiert sein, dass die Lichtpulse in der exakt gleichen Richtung zurückgestrahlt werden aus der sie gekommen sind. Die für den Hin- und Rückweg benötigte Laufzeit des Laserpulses wird mittels einer sehr genauen Uhr gemessen, zum Beispiel einer Atomuhr. Es handelt sich also um ein Zweiwegeverfahren. Die gemessene Laufzeit wird mit der Lichtgeschwindigkeit multipliziert und durch zwei geteilt, um die Entfernung zwischen der Bodenstation und dem Satelliten zu erhalten. Zusätzlich müssen noch Korrekturen wegen atmosphärischer Einflüsse (Laufzeitverzögerung, Strahlkrümmung) und instrumenteller Effekte angebracht werden. Das Messprinzip ist in der nachfolgenden Grafik veranschaulicht.

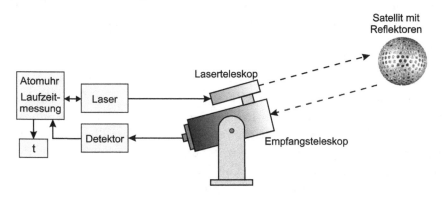

Die technische Umsetzung dieses Messverfahrens ist äußerst anspruchsvoll. Das Lasersystem muss extrem leistungsstarke Pulse liefern, denn nur ein geringer Teil der ausgesandten Lichtteilchen (Photonen) erreicht überhaupt wieder den Detektor im Empfangsteleskop. Deshalb muss der Detektor besonders empfindlich sein und auf Einzelphotonen ansprechen. Die Pulse müssen zudem sehr kurz sein, und die Zeitregistrierung und Laufzeitmessung muss auf wenige Pikosekunden (10^{-12} Sekunden) genau erfolgen. Bereits ein minimaler Zeitfehler hat infolge der Multiplikation mit der Lichtgeschwindigkeit einen großen Einfluss auf die Entfernungsmessung. Weiterhin muss das Laserteleskop mit einer präzisen Nachführung ausgestattet sein, da der Satellit in der großen Entfernung winzig erscheint und sich zudem rasend schnell bewegt. In einer Höhe von 20.000 Kilometern beträgt die Geschwindigkeit des Satelliten gut 14.000 Kilometer pro Stunde (also 15-mal schneller als ein Flugzeug). Niedriger fliegende Satelliten sind sogar noch schneller unterwegs.

Auch der Mond als unser natürlicher Erdtrabant wird seit gut 50 Jahren als entferntes Zielobjekt für die Lasermessungen genutzt. Im Juli 1969 landet die Mondfähre Eagle während der Apollo-11-Mission auf dem Mond. An Bord befindet sich ein Laserreflektor, den der Astronaut Buzz Aldrin auf dem Mond platziert. Im Rahmen weiterer Apollo- und Luna-Missionen gesellen sich in den nächsten Jahren noch vier weitere Reflektoren dazu. Ein Laserpuls benötigt für die rund 400.000 Kilometer weite Strecke zum Mond und wieder zurück nicht einmal drei Sekunden, ein eindrucksvoller Beweis, wie schnell das Licht unterwegs ist. Aufgrund der großen technischen Herausforderungen sind bis heute weltweit nur fünf Stationen technisch zu solchen Lasermessungen zum Mond in der Lage. Eine dieser Stationen ist Teil des Geodätischen Observatoriums Wettzell im Bayerischen Wald (Abschn. 3.9). Inzwischen blicken wir bereits auf eine 50-jährige Messreihe von Lasermessungen zum Mond zurück.

Was verraten uns diese Lasermessungen? Der Mond entfernt sich um knapp vier Zentimeter pro Jahr kontinuierlich von der Erde. Verursacht wird dies durch die Gezeitenreibung, welche die Rotationsgeschwindigkeit der Erde verringert, sodass sich die Länge eines Tages um rund zwei Millisekunden pro Jahrhundert verlängert (Abschn. 4.7). Für Physiker liefern die Lasermessungen zum Mond wertvolle Daten, um beispielsweise die Voraussagen der Relativitätstheorie zu testen: Das berühmte Werk Einsteins hat bisher alle Überprüfungen mit Bravour bestanden.

Wie können die Laserentfernungsmessungen nun für eine globale Vermessung der Erde genutzt werden? Die gerade besprochenen Mondbeobachtungen liefern zwar wertvolle Ergebnisse für die Erforschung des Erde-Mond-Systems und für relativistische Fragen, aber für die Erdvermessung sind die Beiträge eher gering. Dies liegt vor allem daran, dass weltweit eben nur fünf geeignete Bodenstationen zur Verfügung stehen, und zudem stellt der

Mond nur ein einziges sehr weit entferntes Hochziel dar. Um das Potenzial der Lasermessungen für eine globale Vermessung unseres Planeten besser nutzen zu können, benötigen wir eine möglichst gute geografische Verteilung der Beobachtungsstationen. Und es sollten mehrere mit Reflektoren ausgestattete Satelliten in verschiedenen Bahnebenen die Erde umkreisen, um eine optimale Messkonfiguration zu gewährleisten. In der nachfolgenden Box ist das Prinzip der Satellitenbahn- und Positionsbestimmung dargestellt.

Bestimmung von Satellitenbahnen und Stationspositionen

Die nachfolgende Grafik zeigt exemplarisch einige Bodenstationen im europäischen Raum, die kontinuierlich Lasermessungen zu einem überfliegenden Satelliten vornehmen. Diese Beobachtungskonfiguration ermöglicht es, aus den Entfernungsmessungen von den Bodenstationen zum Satelliten sowohl die Stationspositionen als auch die Satellitenbahn zu berechnen. Der Auswerteprozess ist recht kompliziert und erfordert komplexe Softwarepakete. Eine Schwierigkeit besteht darin, dass der Satellit die Erde nicht auf einer exakten Ellipse umkreist, sondern infolge verschiedener Störeinflüsse (zum Beispiel inhomogene Verteilung der Erdmassen, Anziehungskräfte von Sonne, Mond und Planeten, Widerstand der Hochatmosphäre, von der Sonne ausgehender Strahlungsdruck) einer komplizierten Bewegung folgt, die mit geeigneten physikalischen Modellen beschrieben werden muss. Die Erdatmosphäre bewirkt eine Laufzeitverzögerung der Laserpulse (gegenüber der Lichtgeschwindigkeit im Vakuum). Dieser Effekt wird über Korrekturmodelle beschrieben, welche atmosphärische Parameter wie Temperatur, Luftdruck und Wasserdampfgehalt als Eingangsdaten benötigen. Schließlich unterliegen auch die Stationspositionen zeitlichen Veränderungen, da unser dynamischer Planet in ständiger Bewegung ist. Bei der Auswertung der Laserbeobachtungen sind alle genannten Effekte zu berücksichtigen, um die Satellitenbahnen und die Positionen der Beobachtungsstationen mit der erforderlichen Genauigkeit berechnen zu können.

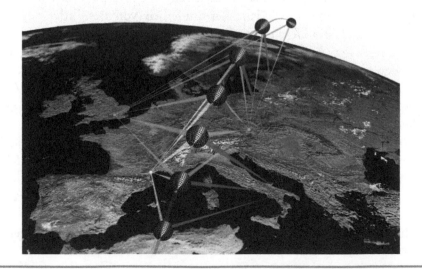

Nachdem Sie nun die Grundlagen dieses Messverfahrens kennengelernt haben, wollen wir uns die weitere Entwicklung genauer anschauen. Wir betrachten dabei die drei Hauptkomponenten eines Lasersystems: das Raumsegment, das Bodensegment und die SLR-Messungen. Außerdem wollen wir beleuchten, wie die Arbeiten international organisiert sind.

Raumsegment

Das Raumsegment besteht aus den mit Laserreflektoren ausgestatteten Satelliten sowie den fünf Laserreflektoren auf dem Mond. Der Ausbau des Raumsegments beginnt mit dem bereits erwähnten Explorer-Programm der USA um 1961/62. Ein wichtiger Meilenstein ist in den 1970er-Jahren die Entwicklung spezieller kugelförmiger Satelliten für rein geodätische Anwendungen. Im Jahr 1975 bringen die Franzosen den Satelliten STARLETTE mit einem Durchmesser von nur 24 Zentimetern und einer Masse von nahezu 50 Kilogramm in eine gut 800 Kilometer hohe Erdumlaufbahn. Nur ein Jahr später schießt die NASA den Satelliten LAGEOS in einen nahezu 6000 Kilometer hohen Orbit. Mit einem Durchmesser von 60 Zentimetern bringt er das stolze Gewicht von über 400 Kilogramm auf die Waage. Dieses günstige Oberflächen- zu Massenverhältnis ist vorteilhaft, um Störeinflüsse auf den Satelliten zu minimieren, außerdem wirken sich infolge der höheren Bahn atmosphärische Einflüsse und kurzwellige Anteile des Erdschwerefeldes wesentlich geringer aus als bei STARLETTE. LAGEOS besteht aus einem massiven Messingkern und er ist von zwei Aluminiumhalbschalen umgeben, in die insgesamt 422 Reflektoren aus Silizium eingelassen sind. Sein Name steht für *Laser Geodynamic Satellite* und deutet damit bereits auf seinen primären Anwendungsbereich hin. Mit seinem Zwillingsbruder LAGEOS-2, der seit 1992 die Erde umrundet, sind diese beiden Satelliten die wichtigsten Zielobjekte für die geodätischen Anwendungen der Lasermessungen. Ihre Lebensdauer wird auf mehrere Millionen Jahre geschätzt, da die Satelliten ohne künstlichen Antrieb, rein den physikalischen Gesetzen folgend, stetig unseren Planeten mit einer Umlaufzeit von rund 225 min umkreisen. Als Botschaft an zukünftige Generationen ist eine Stahlplakette mit der Darstellung der Plattentektonik mit eingebaut.

Im Zuge der rasanten Entwicklungen im Raumzeitalter werden zahlreiche Satellitenmissionen zur Erdbeobachtung ins Leben gerufen. Viele dieser Missionen haben die Aufgabe, Veränderungen unseres Planeten zu beobachten und über Jahre hinweg zu dokumentieren. Wie wir schon in vorhergehenden Abschnitten gesehen haben, ist die genaue Kenntnis der

Satellitenbahnen eine Voraussetzung für die präzise Feststellung der Veränderungen (Abb. 3.4). Für die Bahnbestimmung mit hoher Genauigkeit sind die Lasermessungen von besonderer Bedeutung. Auch für die Bahnbestimmung von GNSS-Satelliten, deren Zahl in den vergangenen Jahren enorm zugenommen hat, wird SLR zunehmend als zusätzliches Bahnbestimmungsverfahren genutzt. Die meisten der GNSS-Satelliten sind inzwischen mit Laserreflektoren ausgestattet und stellen den Löwenanteil der insgesamt mehr als 100 Satelliten im Orbit, deren Bahnen mit SLR vermessen werden. Auch die Zahl der übrigen Erderkundungssatelliten steigt kontinuierlich, sodass die Anforderungen an das SLR-Messsystem stetig wachsen.

Bodensegment

Das Bodensegment umfasst die auf der Erde installierten SLR-Stationen. Das Herzstück eines SLR-Messsystems bildet der Laseroszillator, in dem die elektromagnetische Strahlung angeregt wird. Die Rubinlaser der ersten Generation werden in den 1970/80er-Jahren durch wesentlich leistungsfähigere Laser ersetzt, bei denen zumeist Neodym-dotierte Yttrium-Aluminium-Granat-(YAG)-Kristalle als Lasermedium eingesetzt sind. Mit ihnen lassen sich kürzere Pulse mit höherer Energie erzeugen. Auch die übrigen Systemkomponenten wie die Montierung des Teleskops und dessen Optik zur Lichtverstärkung, der Detektor, die Zeitbasis sowie der Prozessrechner profitieren von den technischen Fortschritten und den instrumentellen Entwicklungen. Heutige Lasersysteme messen die Entfernungen zu den Satelliten auf wenige Millimeter genau.

Um diese hochgenauen Messungen optimal für die Erdvermessung nutzen zu können, ist eine möglichst gute globale Verteilung von SLR-Stationen erforderlich, damit eine zuverlässige Bestimmung der Stationspositionen und Satellitenbahnen gewährleistet ist.

Der Erfolg der ersten amerikanisch-französischen Messkampagne im Jahr 1967 mit fünf Laserstationen in Nordamerika und Europa gibt wichtige Impulse für weitere instrumentelle Entwicklungen, an denen sich immer mehr Nationen beteiligen. So werden weitere Laserstationen in verschiedenen Regionen der Erde installiert, und die geografische Verteilung verbessert sich zunehmend. In den 1980er-Jahren werden auch einige mobile Lasersysteme entwickelt, die zu jener Zeit für die Bestimmung von Krustenbewegungen in geodynamisch aktiven Gebieten eingesetzt werden. Diese mobilen Systeme verlieren aber in den 1990er-Jahren rasch an

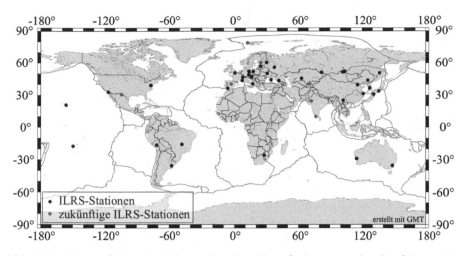

Abb. 3.12 Geografische Verteilung der aktuell verfügbaren und zukünftigen SLR-Stationen. Die braunen Linien stellen die Grenzen von Lithosphärenplatten dar (Abschn. 4.2)

Bedeutung, da sich GNSS immer stärker durchsetzt und für diese Zwecke viel kostengünstiger und flexibler einsetzbar ist.

Heute sind weltweit rund 50 fest installierte SLR-Systeme in Betrieb. Die in Abb. 3.12 dargestellte Stationsverteilung zeigt allerdings, dass die geografische Überdeckung nicht optimal ist. Insbesondere auf der Südhalbkugel sowie in Teilen Asiens und Afrikas sind größere Lücken vorhanden. Die Gründe dafür sind vielfältig und reichen von geografischen Gegebenheiten und infrastrukturellen Voraussetzungen hin zu politischen und wirtschaftlichen Rahmenbedingungen. Viele Länder sind auch finanziell nicht in der Lage, eine solche SLR-Station einzurichten und zu betreiben, denn die Investitionskosten verschlingen einige Millionen Euro, und für den Messbetrieb ist hochqualifiziertes Personal erforderlich. Infolge nationaler Beiträge und internationaler Kooperationen wird sich die globale Stationsverteilung jedoch künftig weiter verbessern. Einige neue Stationen befinden sich bereits im Aufbau, und es gibt konkrete Pläne für zukünftige Stationen (Abb. 3.12).

SLR-Messungen

Aus der originären Lasermessung, der Laufzeitmessung des Lasersignals, wird die Entfernung zwischen der Beobachtungsstation und dem Satelliten ermittelt. Vom Grundprinzip her ist dies nicht schwierig, aber die enormen Herausforderungen liegen in der technischen und methodischen Umsetzung, um aus den Laufzeitmessungen die Entfernung zum Satelliten mit der geforderten Genauigkeit von wenigen Millimetern ableiten zu können.

Ein wesentlicher Störeinfluss auf die Messungen resultiert daraus, dass sich das Lasersignal in der Atmosphäre ausbreitet und die Lichtgeschwindigkeit in diesem Medium kleiner als im Vakuum ist. In Zenitrichtung (also in der Richtung senkrecht zur Erdoberfläche) ist der Einfluss der Laufzeitverzögerung am geringsten, da der Weg durch die Atmosphäre am kürzesten ist. Aber dennoch wird die Entfernungsmessung wie bei den anderen Messverfahren immerhin um rund zwei Meter verfälscht. Bei einem flachen Elevationswinkel von nur zehn Grad (gegenüber der Horizontalen) ist der Signalweg durch die Atmosphäre deutlich länger, und der Einfluss vergrößert sich auf gute zehn Meter. Gegenüber Mikrowellenverfahren hat SLR allerdings den Vorteil, dass die atmosphärische Laufzeitkorrektur besser modelliert werden kann und gegenüber dem stark veränderlichen Wasserdampfgehalt sehr unempfindlich ist. Als Eingangsdaten für die erforderlichen Korrekturmodelle werden aktuelle Wetterdaten wie Luftdruck, Temperatur und Wasserdampfgehalt zum Messzeitpunkt benötigt. Vorteilhaft ist, dass die SLR-Messungen – im Gegensatz zu GNSS und VLBI – nicht durch die freien Elektronen in der Ionosphäre beeinflusst werden. Allerdings besteht bei SLR der Nachteil, dass nur bei wolkenfreiem Himmel gemessen werden kann.

Weiterhin sind Zentrierungskorrekturen erforderlich, um am Satelliten eine geometrische Korrektur zwischen dem optischen Zentrum des angezielten Reflektors und dem Massenzentrum des Satelliten zu berücksichtigen (Massenzentrumskorrektur). Auf der Station muss eine entsprechende Korrektur vorgenommen werden, da der geometrische Bezugspunkt im Lasersystem nicht zwingend mit dem elektrischen Nullpunkt der Messung zusammenfällt. Schließlich ist im Detektor eine sorgfältige Impulsanalyse des eingehenden Signals erforderlich, da sich eine Unsicherheit bei der Signalerkennung unmittelbar auf die Laufzeitmessung auswirkt.

Internationale Organisation der Arbeiten

Ähnlich wie bei GNSS und VLBI wird auch für die weltweite Koordinierung der Lasermessungen im Jahr 1998 eine wissenschaftliche Organisation innerhalb der IAG eingerichtet, der *International Laser Ran-*

ging Service (ILRS). Eine seiner wesentlichen Aufgaben ist, die Zusammenarbeit der beteiligten Institutionen und Wissenschaftler weltweit zu koordinieren. Dies umfasst das gesamte SLR-Aufgabenspektrum wie die Stationsplanung, die Koordinierung der Beobachtungen zu den Lasersatelliten, die Datenarchivierung und Analysearbeiten sowie die Generierung von SLR-Produkten für die präzise Erdvermessung. Die ausgezeichnete internationale Kooperation innerhalb des ILRS hat die Entwicklung dieses Messverfahrens und die hohe Genauigkeitssteigerung der daraus abgeleiteten Produkte maßgeblich geprägt. Eine zunehmende Herausforderung besteht darin, die Laserbeobachtungen weltweit so zu koordinieren, dass mit den etwa 50 verfügbaren Stationen genügend Lasermessungen stattfinden können, um die Bahnbestimmung der inzwischen mehr als 100 Satelliten zu gewährleisten. Hierzu sind geeignete Beobachtungsprogramme aufzustellen, um die vorhandenen Messkapazitäten optimal nutzen zu können.

Der ILRS wird heutzutage von über 100 Institutionen getragen, die den Betrieb des globalen Stationsnetzes, die Datenanalyse und die operationelle Generierung der SLR-Produkte sicherstellen. Zu den wichtigsten Beiträgen der Lasermessungen für die globale Erdvermessung gehören die Stationskoordinaten mit einer Genauigkeit von wenigen Millimetern sowie zentimetergenaue Satellitenbahnen, die für ein breites Anwendungsspektrum unentbehrlich sind. Zudem ist SLR das genaueste Beobachtungsverfahren, um den Koordinatenursprung des terrestrischen Referenzsystems im Geozentrum zu realisieren. Die Genauigkeit dafür beträgt wenige Millimeter. Der ITRF-Maßstab wird gemeinsam aus SLR- und VLBI-Beobachtungen abgeleitet (Abschn. 3.2).

3.6 Die Vermessung des Meeresspiegels und der Eisbedeckungen aus dem Weltraum

Wenige Begriffe aus dem Kontext des Systems Erde wecken derart starke Assoziationen mit dem fortschreitenden Klimawandel wie Meeresspiegelanstieg und Gletscherschmelze. Regelmäßig berichten die Medien über diese Phänomene und über neue Erkenntnisse. Mit Sorge blicken die Bewohner einiger Küstenabschnitte angesichts der düsteren Prognosen in die Zukunft, und mit einigem Wehmut betrachten wir alte Fotografien von mächtigen Gebirgsgletschern, die heute an manchen Stellen allenfalls noch als klägliche Überreste zu erkennen sind.

Während wir jedoch den Rückzug der Gletscher mit bloßem Auge erfassen können, stellt der Anstieg des Meeresspiegels für die meisten von uns eine eher abstrakte Auswirkung des Klimawandels dar: Der globale Mittelwert des Anstiegs beträgt doch lediglich ein paar Millimeter pro Jahr, während die Meeresoberfläche unter dem Einfluss von Gezeiten, Wellen und Strömungen ständig um mehrere Meter variiert. Tatsächlich sind die Auswirkungen aber in einigen Regionen bereits enorm, auch wenn sich die Veränderung global gesehen sehr langsam vollzieht. Wie wir in Abschn. 4.4 noch sehen werden, verläuft die Veränderung der Meeresoberfläche alles andere als gleichmäßig. Beispielsweise steigt der Meeresspiegel in weiten Teilen des Südozeans und im westlichen Pazifik doppelt bis dreimal so stark an wie im globalen Mittel. Mit dem Wasser steigt auch das Gefährdungspotenzial, und in manchen Regionen beeinflussen die Auswirkungen des Meeresspiegelanstiegs bereits die Lebensbedingungen von Millionen von Menschen.

Um möglichst frühzeitig entsprechende Schutzmaßnahmen ergreifen zu können, lohnt es sich also, den Meeresspiegel weltweit genau im Auge zu behalten und seine Veränderungen permanent zu überwachen. Aus Beobachtungsdaten von Gletschern und Eisschilden, deren Schmelzwassereintrag etwa die Hälfte des globalen Meeresspiegelanstiegs verursacht, lässt sich zudem abschätzen, welche zusätzliche Wassermenge der Ozean künftig wird aufnehmen müssen. Aktuelle Messergebnisse und Zukunftsszenarien zur Veränderung des Meeresspiegels und der Eisbedeckungen werden wir in den Abschn. 4.4 und 4.5 noch ausführlich diskutieren. Zunächst aber wollen wir uns den Beobachtungsverfahren zuwenden: Wie lassen sich derart kleine Veränderungen von wenigen Millimetern pro Jahr überhaupt global verlässlich feststellen?

Lokal wird der Meeresspiegel schon seit vielen Hundert Jahren beobachtet, indem der Wasserstand an Pegelstationen regelmäßig registriert wird. Die längsten kontinuierlichen Zeitreihen in Europa liegen für die Pegel in Amsterdam (seit 1700) und Brest (seit 1711) vor. Sie zeigen neben den regelmäßigen Wasserstandsvariationen aufgrund der Gezeiten die Signaturen von wetterbedingten Hoch- und Niedrigwasserereignissen. Daneben weisen die langen Datenreihen dieser beiden Stationen auch deutliche Trends auf und dokumentieren, wie der Meeresspiegel im Lauf der Zeit gegenüber der Position des Pegels immer schneller ansteigt. Während frühere Pegelstationen aus einfachen fest verankerten Pegellatten bestanden, an denen der Wasserstand abgelesen wurde, sind heutige Stationen mit viel modernerer Sensorik ausgestattet. Unter anderem werden Drucksensoren, Schwimm- und Radarpegel für unabhängige Registrierungen des Wasserstands eingesetzt, und die Genauigkeit der Messwerte wurde mit der technologischen Weiterentwicklung erheblich gesteigert. Entlang den weltweiten Küsten sind inzwischen Wasserstandsinformationen für mehrere Tausend Pegelstationen verfügbar.

Für die Veränderungen des globalen Meeresspiegels sind die punktuellen Beobachtungen der Wasserstände an Pegelstationen jedoch nicht repräsentativ. Eine Pegelmessung, die sich auf eine fest an Land installierte Skala bezieht, liefert lediglich eine Aussage über die Relativbewegung der Wasseroberfläche gegenüber der Pegelstation. Anhand einer Pegelmessreihe lässt sich folglich nicht feststellen, ob sich der Wasserspiegel tatsächlich verändert hat. Möglicherweise liegt die Ursache für einen beobachteten Trend auch in der Bewegung der Pegelstation aufgrund von Landhebung oder -senkung. Für die Ermittlung der in den meisten Regionen sehr kleinen absoluten Wasserstandsänderungen ist folglich eine extrem genaue Ermittlung der Stationsbewegungen erforderlich, beispielsweise über permanente GNSS-Beobachtungen. Damit alle auf diese Weise aus Pegelmessungen bestimmten Meeresspiegeländerungen weltweit miteinander in Beziehung gesetzt werden können, sind alle Stationsbewegungen konsistent auszuwerten, also in Bezug auf ein einheitliches Koordinatensystem. Doch selbst unter dieser Voraussetzung liefern die Pegeldaten nur ein unvollständiges Bild: Zum einen sind die Wasserstände an jedem Pegel durch lokale Besonderheiten beeinflusst, zum Beispiel spezielle Strömungsverhältnisse, Verlandung oder Wasserbaumaßnahmen. Zum anderen sind die Pegel naturgemäß auf Standorte an der Küste beschränkt, sodass Informationen für den offenen Ozean fehlen. Zudem sind die Pegelstationen global sehr ungleichmäßig verteilt, sodass für weite Küstenabschnitte ebenfalls keine Beobachtungen vorliegen.

Im Jahr 1985 startet die US-Marine mit Geosat die erste dedizierte Satellitenmission zur systematischen Vermessung der Ozeanoberfläche. Mit dieser Mission beginnt das Zeitalter der sogenannten Satellitenaltimetrie, das hinsichtlich der globalen Abdeckung und Datenqualität der Meeresspiegelbeobachtung einen Quantensprung bedeutet.

Das Prinzip der Satellitenaltimetrie beruht darauf, die Ozeanoberfläche mit einem aktiven Radarsystem abzutasten, dem Radaraltimeter: Senkrecht nach unten ausgesandte Radarpulse werden von der Wasserfläche zurück in Richtung des Satelliten reflektiert und dort wieder empfangen. Aus der Laufzeit der Radarpulse lässt sich der Abstand zwischen Satellit und Wasseroberfläche zentimetergenau bestimmen (Abb. 3.13). Bis heute wurden 15 weitere Altimetermissionen gestartet, und inzwischen liegt eine seit 1991 ununterbrochene Datenbasis vor.

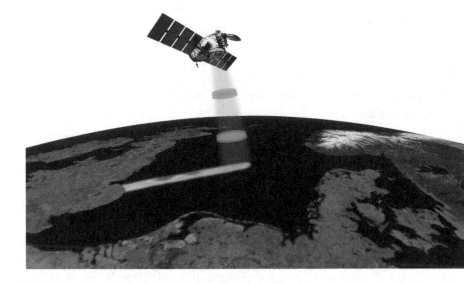

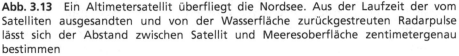

Abb. 3.13 Ein Altimetersatellit überfliegt die Nordsee. Aus der Laufzeit der vom Satelliten ausgesandten und von der Wasserfläche zurückgestreuten Radarpulse lässt sich der Abstand zwischen Satellit und Meeresoberfläche zentimetergenau bestimmen

Die meisten Altimetersatelliten überfliegen auf sich wiederholenden Satellitenbahnen in regelmäßigen Abständen die gleichen Bodenspuren, wodurch Wasserstandsänderungen an den Messpunkten entlang dieser Spuren über Jahre hinweg registriert werden können. Dabei bedeutet die Wahl der jeweiligen Satellitenbahn einen Kompromiss zwischen der räumlichen und der zeitlichen Auflösung der Messdaten: Ein dichtes Netz von Bodenspuren erfordert eine längere Zeitspanne für den Wiederholzyklus. Gibt man sich dagegen mit weniger Messpunkten zufrieden, können diese dafür umso häufiger überflogen werden.

Die beiden wichtigsten Gruppen von Altimetersatelliten umkreisen die Erde auf festen Bahnen mit einem Wiederholzyklus von zehn Tagen beziehungsweise rund einem Monat. Die erste Gruppe (rote Missionen in Abb. 3.14) umfasst Topex/Poseidon und die Satelliten der Jason-Familie, die von der NASA in Kooperation mit der französischen Weltraumorganisation CNES initiiert wurden. Um lange Zeitreihen zu erhalten, wurden jeweilige Nachfolgesatelliten im selben Orbit wie die Vorgänger platziert. Durch die alle zehn Tage wiederholten Messungen lassen sich kurzfristig Wasserstandsänderungen feststellen, was etwa bei Extremwetterereignissen bedeutend ist. Allerdings ist der räumliche Abstand benachbarter Bodenspuren mit

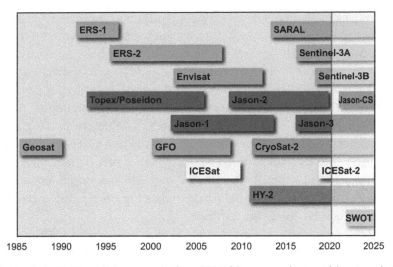

Abb. 3.14 Seit 1985 realisierte und über 2020 hinaus geplante Altimetermissionen zur Vermessung der Meeresoberfläche. Unterschiedliche Farben bezeichnen unterschiedliche Satellitenbahnen und damit unterschiedliche räumliche und zeitliche Auflösungen

mehr als 300 Kilometern sehr groß (Maximalwert in Äquatornähe). Zur zweiten Gruppe (blaue Missionen in Abb. 3.14) gehören die Altimetersatelliten der europäischen Weltraumorganisation ESA. ERS, ENVISAT und Sentinel-3 A/B überfliegen dieselben Punkte alle 27 bis 35 Tage. Dafür beträgt der räumliche Abstand zwischen zwei benachbarten Bodenspuren am Äquator nur rund 80 Kilometer, sodass kleinräumigere Strukturen untersucht werden können. Neben diesen beiden Gruppen gibt es noch zahlreiche weitere Missionen unterschiedlicher Organisationen auf anderen Bahnen. Abb. 3.15 zeigt das Muster der Bodenspuren verschiedener Altimetersatelliten im Bereich von Nord- und Ostsee.

Die optimale Information über die Veränderungen der Meeresoberfläche gewinnt man freilich, indem man die Messdaten aller Missionen miteinander kombiniert. Dies jedoch klingt einfacher, als es sich wirklich darstellt. Zum einen sind die Satelliten mit unterschiedlichen Instrumenten ausgestattet, die jeweils eine individuelle Signalcharakteristik und spezifische Fehlerquellen aufweisen. Zum anderen bedeuten verschiedene Bahnhöhen unterschiedliche Einflüsse des Atmosphärenzustands auf die Signalausbreitung. Daher müssen die Beobachtungsdaten aller Missionen aufwendig vorverarbeitet, homogenisiert und kalibriert werden, um systematische Abweichungen zwischen den einzelnen Systemen zu vermeiden.

Im Vergleich zu den relativ großen Abständen zwischen benachbarten Bodenspuren liegen die Messpunkte entlang der Satellitenbahn sehr dicht beieinander. Mehrmals pro Sekunde sendet das Radarsystem kurze Mikrowellenpulse zur Erde und registriert das von der Wasseroberfläche reflektierte Echo. Während der Satellit sich mit rund sieben Kilometern pro Sekunde gegenüber der Erdoberfläche weiterbewegt, werden Messdaten in Abständen von einigen Hundert Metern bis zu wenigen Kilometern entlang der Bahn aufgezeichnet. Auf diese Weise führen die Satelliten über die Jahre hinweg Milliarden von Messungen durch und erfassen dabei nahezu alle Regionen der Weltmeere. Da die Radarsysteme der Altimetersatelliten ständig in Betrieb sind, liefern sie obendrein beim Überflug über Land auch wertvolle Messdaten für Inlandgewässer (Abschn. 4.6).

Mithilfe spezieller Algorithmen werden die vom Altimeter aufgezeichneten Radarechos analysiert. Aus dem Signal lässt sich aber nicht nur die Zeitdauer zwischen dem Aussenden des Radarpulses bis zu seinem Auftreffen auf die Wasseroberfläche ermitteln, aus der der Abstand zwischen Satellit und Wasserfläche berechnet wird. Weil die Rauigkeit der Wasseroberfläche die Energieverteilung des Radarechos beeinflusst, können auch Aussagen über den Seegang und die Windgeschwindigkeit über dem Ozean getroffen werden. Allerdings leuchtet jeder Radarpuls eine Fläche mit einem Durchmesser von mehreren Kilometern aus (den sogenannten *footprint),* wodurch die Analyse der Radarsignale vor allem in Küstennähe, in Regionen

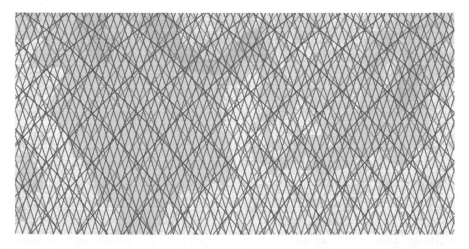

Abb. 3.15 Bodenspuren der Altimetermissionen Jason (rot), Sentinel-3 (blau) und Geosat (grün) im Bereich von Nord- und Ostsee. Ein größerer Abstand zwischen den einzelnen Bahnspuren bedeutet einen kürzeren Wiederholzyklus und damit eine höhere zeitliche Auflösung der Messdaten je Bodenpunkt

mit Eisbedeckung und auch über kleineren Inlandgewässern zu einer großen Herausforderung wird. Dort nämlich registriert die Empfangsantenne auch Echos, die nicht vom Wasser, sondern von der umgebenden Topografie oder von Meereis reflektiert wurden. Das auf diese Weise verfälschte Radarsignal muss folglich sorgfältig analysiert werden, um die Echos der Wasseroberfläche verlässlich zu identifizieren und auszuwerten. Auf der anderen Seite weisen die durch Topografie oder Eis beeinflussten Radarsignale teilweise charakteristische Verläufe auf, aus denen sich zusätzliche Informationen, etwa über die Eisbedeckung, gewinnen lassen.

Aufgrund der enormen Relevanz von Veränderungen der Eisbedeckung für das Weltklima wurden in der Vergangenheit auch mehrere Altimetermissionen mit dem primären Ziel gestartet, die Eismassen unseres Planeten umfassend zu vermessen. ICESat, seine Nachfolgemission ICESat-2 und CryoSat-2, die diese Aufgabe bereits im Namen tragen, haben dabei nicht nur das Meereis im Blick, sondern vor allem die großen Eisschilde in Grönland und der Antarktis. Eismassen, die hier abschmelzen, beeinflussen neben dem Meeresspiegel auch großräumige Ozeanströmungen. Indem die Salzkonzentration des Ozeans in niederen Breiten durch die Umverteilung des Schmelzwassers sinkt, wird die globale Ozeanzirkulation empfindlich gestört. Der Transport von warmem Oberflächenwasser in Richtung der Pole, und damit der Energietransport von niederen in höhere Breiten, wird abgeschwächt.

ICESat, ICESat-2 und CryoSat-2 unterscheiden sich durch ihre speziellen Messsysteme von den klassischen auf die Beobachtung der Meeresoberfläche ausgerichteten Missionen. Anstelle eines Radarsystems kommen auf den ICESat-Satelliten der NASA Laseraltimeter zum Einsatz, die mit je einer Messung alle 170 Meter entlang der Bahn und einem *footprint* von weit weniger als 100 Metern Durchmesser wesentlich kleinere Strukturen auflösen und lokalisieren können. Neben der Eisausbreitung ermöglicht ICESat/ICESat-2 auch die Bestimmung der Eisdicke und damit eine Abschätzung des Eisvolumens. Der Nachteil eines Lasersystems ist allerdings, dass Messungen nur bei wolkenfreiem Himmel möglich sind. Auf der ESA-Mission CryoSat-2 kommt ein sogenanntes SAR-Altimeter *(Synthetic Aperture Radar)* zum Einsatz, bei dem ein extrem hochfrequentes Radarsystem die räumliche Auflösung in Flugrichtung stark erhöht. Der Durchmesser des *footprints* beträgt in dieser Richtung nur rund 250 Meter, wodurch sich Wasser und Eis besser unterscheiden lassen. Für alle drei Eismissionen wurden Orbits gewählt, auf denen die Satelliten erst nach mehreren Monaten wieder dieselben Punkte überfliegen. Da sich die Eismassen nur vergleichsweise langsam verändern, bringt es Vorteile, die zeitliche Auflösung zugunsten eines dichteren Bodenspurmusters zu reduzieren.

Aufgrund ihrer kleinen *footprints* liefern diese Missionen auch im Inlandbereich wertvolle Messdaten, indem sie die Vermessung von kleineren Gewässern ermöglichen. Allerdings können aus diesen Beobachtungen aufgrund der langen Wiederholzyklen keine zeitlich hochaufgelösten Datenreihen für einzelne Messpunkte erstellt werden, was für zahlreiche hydrologische Fragestellungen eine große Einschränkung bedeutet. Hier bieten die beiden Sentinel-3-Satelliten des Copernicus-Programms der ESA einen echten Mehrwert. Sie sind ebenfalls mit SAR-Altimetern ausgestattet, fliegen aber auf Wiederholbahnen mit einem knapp monatlichen Zyklus. Damit ermöglichen sie ein operationelles Monitoring von Oberflächengewässern auch in abgelegenen Gebieten und unabhängig von örtlichen Pegelstationen. Durch ihre hohe räumliche Auflösung entlang der Bahnspur tragen ihre Beobachtungen auch zu einer wesentlich verbesserten Datenlage im Küstenbereich bei, da sie im Vergleich zu den klassischen Pulsaltimetern mit ihren großen *footprints* viel näher an der Küste beobachten können, ohne dass die Echos durch von Land reflektierte Signale verfälscht werden.

Wir haben uns nun ausführlich mit der Funktionsweise der Altimetersatelliten beschäftigt, aber es fehlt uns noch der entscheidende Schritt, um von der Abstandsmessung zwischen Satellit und Wasserfläche zu einer Aussage über den Meeresspiegel zu kommen. Natürlich hilft die beste Streckenmessung nichts, wenn nicht exakt – und zwar sehr exakt – bekannt ist, an welcher Position sich der Satellit zum Zeitpunkt der Messung befindet. Im Prinzip ist die Altimetrie ja eine einfache geometrische Aufgabe: Zieht man den gemessenen Abstand von der Höhe des Satelliten über einer Referenzfläche ab, erhält man die Höhe des Meeresspiegels über derselben Referenzfläche. Wie wir aber in Abschn. 3.2 bereits gesehen haben, ist die präzise Bahnbestimmung eines Satelliten eine knifflige Aufgabe, die zunächst einmal extrem hohe Genauigkeitsanforderungen an das zugrundeliegende Referenzsystem stellt, in dem die Bahn berechnet werden soll. Weil wir eine Situation wie in Abb. 3.4 vermeiden müssen, können wir uns weder mit zu wenigen Beobachtungsstationen noch mit nur einem Beobachtungsverfahren für die Bahnbestimmung zufriedengeben. Um zu jeder Zeit und an jeder Position entlang des Orbits höchste Genauigkeiten zu erreichen, benötigen wir ein globales Netz an Beobachtungsstationen, von denen aus die Bahn über geodätische Beobachtungen permanent vermessen wird. Außerdem benötigen wir mehrere voneinander unabhängige und redundante Beobachtungsverfahren, um systematische Bahnfehler von vornherein bestmöglich auszuschließen. Die Orbits der meisten Altimetersatelliten werden von der Erde aus über das

Mikrowellen-Dopplermesssystem DORIS und Laserentfernungsmessungen (SLR) bestimmt, wobei die 3D-Positionen der Beobachtungsstationen und die Veränderungen ihrer Positionen aufgrund von Geodynamik im Internationalen Terrestrischen Referenzsystem (ITRS) mit Millimetergenauigkeit bekannt sind. Außerdem werden die Bahnen der meisten Altimetersatelliten auch per GNSS-Positionierung „von oben" vermessen. Aus der Kombination der drei Bahnbestimmungsverfahren werden die Orbits schließlich unter großem internationalem Aufwand in höchstmöglicher Genauigkeit berechnet. Abb. 3.16 zeigt, wie sich die Genauigkeit der Bahnen seit den Anfängen der Satellitenaltimetrie entwickelt hat. Lag der Positionsfehler zu Zeiten von Geosat noch im Bereich von 40 Zentimetern, können die Bahnen mit den heutigen Beobachtungsverfahren mit einer Genauigkeit von etwa ein bis zwei Zentimetern bestimmt werden. Damit ist die Bahngenauigkeit inzwischen sogar besser als die Genauigkeit der Abstandsmessung.

Seit ihren Anfängen als experimentelles Verfahren in den 1980er-Jahren hat sich die Satellitenaltimetrie zu einem heute nicht mehr wegzudenkenden Beobachtungsverfahren für die operationelle Vermessung der Meeresoberfläche entwickelt. Aus ihren global verteilten Messungen, die seit nunmehr fast drei Jahrzehnten kontinuierlich und aufgrund der zunehmenden Zahl von Missionen mit immer höherer Auflösung erfolgen, wurden seitdem viele Erkenntnisse gewonnen. Die Veränderung des Meeresspiegels ist darunter sicherlich der prominenteste Aspekt. Daneben liefern die Beobachtungsdaten

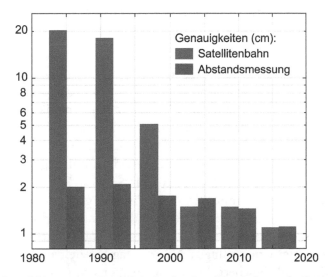

Abb. 3.16 Entwicklung der Genauigkeit der Satellitenbahnen (rot) und der Messgenauigkeit der Altimetersysteme (blau) seit den Anfängen der Satellitenaltimetrie

der Satellitenaltimetrie zahlreiche weitere Informationen über Prozesse im Ozean. Ihre Messungen ermöglichen Rückschlüsse auf Strömungen, Wind und Wellen, und sie bilden die Grundlage für die Erstellung von präzisen globalen Gezeitenmodellen. Weltweit konsistente Beobachtungen des Meeresspiegels ermöglichen zudem die länderübergreifende Vereinheitlichung von Höhensystemen, die sich bislang länderspezifisch auf unterschiedliche Pegel als Nullpunkt beziehen. Auch zur Erforschung von Prozessen und Veränderungen in der kontinentalen Hydrosphäre und der Kryosphäre leistet dieses Messverfahren wichtige Beiträge, indem es die Wasserspeicherung in Oberflächengewässern, das Fließverhalten von Flüssen und die Veränderung der Eisbedeckung ins Visier nimmt. Weil die Radarsignale auf ihrem Weg zwischen Satellit und Erdoberfläche von der Atmosphäre beeinflusst werden, lassen sich aus der Analyse der Echos außerdem Schlussfolgerungen auf den Ionisierungsgrad der Hochatmosphäre und den Wasserdampfgehalt der Troposphäre ziehen. Durch ihre vielseitigen Beiträge ist die Satellitenaltimetrie heute ein zentrales Element der geodätischen Erdbeobachtung. Ihre Ergebnisse, vor allem zur Veränderung des Meeresspiegels, haben über die vergangenen Jahrzehnte stark dazu beigetragen, die Auswirkungen des Klimawandels ins allgemeine Bewusstsein zu rücken.

3.7 Newtons Gravitationsgesetz – Welche Informationen liefern uns Satelliten über das Schwerefeld und die Massenverteilung der Erde?

Vom Kernobst zur Schwerkraft

Wir schreiben das Jahr 1666. Ein 23-jähriger Mathematikstudent verbringt bei bescheidenen englischen Witterungsverhältnissen seinen Tag im Garten seines Elternhauses in Woolsthorpe Manor in der Nähe von Grantham in Lincolnshire, England. In seiner Studienstadt Cambridge wütet die Pest, sodass er in sein Heimatdorf zurückkehren muss. Was dann passiert, ist jedem Grundschüler bekannt. Ein Apfel löst sich gemeinerweise genau über jener Stelle, an der unser verhinderter Student Isaac Newton liegt, und fällt ihm auf den Kopf. Zunächst ist er *not very amused* über dieses heimtückische Kernobst, das ihm einen ruhigen Nachmittag vereitelt und darüber hinaus eine mächtige Beule beschert. Doch nachdem er sich vom öbstlichen Impact halbwegs erholt hat, fragt er sich:

- Warum fällt der Apfel stets senkrecht nach unten?
- Warum nicht zur Seite?
- Und warum ist der Mond oben und fällt nicht auf die Erde?

An idea crossed his mind, also quasi ein genialer Forschergeistesblitz durchzuckt seinen anglikanischen Denkapparat: Dieser herabgefallene Apfel besitzt Masse. Wie viel, ließe sich durch Wiegen bestimmen. (Newton war aber wohl zu sehr Theoretiker, um es notwendig zu befinden, dazu Mamas Küchenwaage zu bemühen.) Und unter dem perfekt auf 5/8 Inch Höhe geschnittenen englischen Rasen seines Heimatgartens befindet sich ein ganzer Planet Erde, der ebenfalls Masse besitzt (den man allerdings nicht so leicht auf eine Küchenwaage legen kann). Zwischen diesen beiden Objekten, dem kleinen Apfel und der großen Erde, herrscht eine Anziehungskraft, die proportional zu den beiden Massen ist. Ansonsten hängt diese Gravitationskraft nur noch vom Abstand ab: Sie nimmt quadratisch mit dem Abstand der beiden Körper ab. Je näher sich also zwei Körper sind, umso mehr ziehen sie sich an – eine Aussage, die nur in den Naturwissenschaften, nicht aber in den Sozialwissenschaften ihre Gültigkeit hat. Aus der Sicht des Apfels stellt sich die Situation so dar: Er wird aufgrund der anziehenden Kraft der Erde, die eine unvorstellbar große Masse von ca. $6 \cdot 10^{24}$ Kilogramm (eine 6 gefolgt von 24 Nullen) besitzt, in Richtung Schwerpunkt der Erde, also *senkrecht* nach unten, mit ca. 9,81 Metern pro Sekunde im Quadrat beschleunigt. Dieser letzte Satz beinhaltet zahlreiche wichtige Informationen: Zum einen sagt er, dass Objekte durch Massen beschleunigt werden und sich, wenn wir uns die bremsende Wirkung der Luft für einen Moment wegdenken, *im freien Fall* befinden. Zum anderen sagt er aber auch etwas über die Richtung seines gewagten Manövers aus: Unser armer Apfel fällt als Spielball der Gravitation genau vertikal nach unten. Die Gravitationsbeschleunigung definiert also auch eine ausgezeichnete Richtung: *senkrecht.*

Warum fällt dann aber der Mond, der übrigens ca. 81-mal weniger Masse hat als die Erde, nicht im freien Fall auf die Erde herunter? Der Grund liegt darin, dass der Mond zusätzlich eine Geschwindigkeit hat, die ihn in ca. 28 Tagen einmal um die Erde kreisen lässt. Der Mond bewegt sich mit ca. 1000 Metern in der Sekunde beziehungsweise 3600 Kilometern pro Stunde um die Erde und ist damit zehnmal so schnell wie ein Formel-1-Wagen. Diese umkreisende Bewegung generiert eine Zentrifugalbeschleunigung, die gleich groß ist wie die Gravitationsbeschleunigung, aber in die entgegengesetzte Richtung wirkt. Der Mond ist also wie eine Kanonenkugel, die Gott vor geraumer Zeit ins All geschossen hat (oder für Atheisten: ein

Asteroid, der den Mond aus der Erde herausgeschossen hat), *im freien Fall* um die Erde unterwegs. Wir lernen daraus, dass die Bahn von Himmelsobjekten, aber auch künstlichen Satelliten, vorwiegend von der Gravitation bestimmt wird. Das Gravitationsgesetz ist damit die zentrale Voraussetzung für die sogenannte Himmelsmechanik, also die Bestimmung der Flugbahnen von Himmelsobjekten. Tatsächlich ist die Gravitationskraft, als eine der vier Grundkräfte der Physik neben der starken und schwachen Kernkraft und der elektromagnetischen Wechselwirkung, die dominierende Kraft im Universum. Sie bestimmt das Entstehen und Vergehen von Sternen und Galaxien genauso wie deren Bewegung und Wechselwirkung im All. Zwar ist die Gravitation bei Weitem die schwächste der vier Grundkräfte, etwa 10^{38}-mal (eine 1 mit 38 Nullen vor dem Komma) schwächer als die starke Kernkraft, die die Quarks und damit indirekt die Atomkerne aneinander bindet, dafür wirkt sie im Gegensatz zu dieser aber nicht nur im Mikrokosmos von atomaren Teilchen, sondern unendlich weit.

Es gibt unter Fachkollegen berechtigte Zweifel ob des Wahrheitsgehalts der Kernobst-Anekdote. Es ist überliefert, dass man die Apfel-Saga, die vom alten Newton noch zeitlebens immer wieder neu erzählt und mit zusätzlichen Details ausgeschmückt wurde, schon früh als Räuberpistole angezweifelt hat. Newtons Forschungen, die ihm im Alter von 27 Jahren bereits eine Professur für Mathematik einbringen und sich auch auf andere Gebiete der Physik, Mathematik, Astronomie und Philosophie erstrecken, gehen auf Kosten seines Privatlebens. Er ist bekennender Single und im Fachkollegenkreis als streitsüchtiger Ungustl verschrien. Dennoch stellen seine Erkenntnisse zum Gravitationsgesetz und die Auswirkungen auf Bewegungen von Himmelskörpern wohl den Startpunkt der modernen Schwerefeldforschung dar.

Schließlich sei noch erwähnt, dass Newtons Gravitationstheorie nicht allgemein gültig ist, sondern nur unter speziellen Voraussetzungen, in der Raum und Zeit als völlig getrennte Größen betrachtet werden können. Erst Albert Einstein gelingt es mehr als 200 Jahre später, Newtons Weltbild mit seiner Allgemeinen Relativitätstheorie zu überwinden: Sie verbindet Zeit, Raum und Materie zu einem unauflösbaren Ganzen (Abschn. 2.6). Für unseren Alltag sowie die weitergehenden Betrachtungen in diesem Abschnitt reicht aber die Newton'sche Physik vollkommen aus.

Das Schwerefeld der Erde

Eben haben wir diskutiert, dass Masse die Quelle der Gravitation darstellt. Jeder beliebig geformte Körper verursacht also um sich herum ein Gravitationsfeld. Die Beschleunigung, die auf ein im Außenraum dieses Körpers befindliches Objekt wirkt, ist in Richtung des anziehenden Körpers gerichtet und nimmt mit dem Abstand zum Körper quadratisch ab, wird aber erst im Unendlichen gleich Null. Wenn wir die Masse des anziehenden Körpers verändern oder auf oder im Inneren des Körpers verschieben, so verändert sich auch dessen Gravitationsfeld im Außenraum. Wenn Sie, lieber Leser, Ihren Grill in den Garten stellen und somit Masse vom Keller in Ihr kleines Hinterhofparadies schleppen, könnte also prinzipiell ein Marsmännchen dies gravitativ spüren.

Nun wollen wir uns, ausgehend von diesen eher allgemeinen Betrachtungen, konkret unserem Untersuchungsobjekt Erde zuwenden. Wie sieht die Massenverteilung dort aus? Und was bedeutet dies für das zugehörige Schwerefeld? Abb. 3.17 zeigt in vereinfachter Form den Einfluss von Massen und Massenverlagerungen auf die Gravitationsbeschleunigung, die die Erde auf ein beliebiges Objekt auf deren Oberfläche ausübt.

Wäre unsere Erde eine perfekte Kugel mit einheitlicher Massenverteilung, besäße sie also keine Gebirge, Tiefseegräben und geologische Strukturen bis tief hinein zur unregelmäßigen Oberfläche des Erdkerns, so würden wir überall auf der kugelförmigen Erdoberfläche den Wert von ca. 9,81 Metern pro Sekunde im Quadrat messen. Tatsächlich ist unsere Erde aber sehr unregelmäßig aufgebaut.

Die größte Abweichung von der Kugelgestalt wird dadurch verursacht, dass unsere Erde rotiert und uns im Zusammenspiel mit der Sonne deshalb produktive Tage und hoffentlich geruhsame Nächte beschert. Diese Drehung hat eine zweifache Auswirkung: Einerseits verformt sich dadurch

Abb. 3.17 Auswirkungen von unterschiedlichen Massenverteilungen auf die Amplitude des Schwerefeldsignals

unsere Erde, um trotz Rotation einen Gleichgewichtszustand zu erreichen. Das hat zur Folge, dass die Erde an den Polen abgeplattet ist und der Äquatorradius von ca. 6378 Kilometern um mehr als 21 Kilometer größer ist als der Polradius. Somit haben wir es nicht mehr mit einer Kugel zu tun, sondern näherungsweise mit einem sogenannten Rotationsellipsoid, einer gleichmäßig rotierenden Ellipse. Andererseits generiert die rotierende Erde – gleich einem Karussell – eine weitere Beschleunigung: die Zentrifugalbeschleunigung. Diese wirkt auf alle Objekte, die in irgendeiner Weise mit der Erde verbunden sind. (Wir sprechen im Fachjargon von Scheinbeschleunigungen in einem rotierenden Bezugssystem). Die Zentrifugalbeschleunigung ist von der Rotationsachse weg nach außen gerichtet, also der Gravitationsbeschleunigung zumindest teilweise entgegengesetzt. Da beide Beschleunigungen a) stets wie siamesische Zwillinge zusammen wirken, b) die Zentrifugalbeschleunigung so lange da sein wird, solange die Erde sich dreht, und c) die beiden Beschleunigungsanteile auch nur gemeinsam mit Beschleunigungsmessern beobachtet werden können, ist für die praktische Anwendung wenig sinnvoll, sie zu trennen. Wir sprechen dann von der *Schwere*-Beschleunigung, die sich aus einem weit größeren Massenanteil, der Gravitationsbeschleunigung, und einem kleineren Rotationsanteil, der Zentrifugalbeschleunigung, zusammensetzt.

Im Übrigen haben Sie, lieber Leser, ein zunächst wohl hochwissenschaftlich anmutendes Gerät wie einen Beschleunigungsmesser selbst in Ihrer Hosen- oder Handtasche: Ein solcher ist in jedem Handy verbaut und misst die Richtung der Schwerkraft, um festzustellen, wo unten ist. Damit kann das Bild automatisch nachorientiert werden, wenn Sie Ihre Liebste im Querformat ansehen wollen und deshalb das Handy drehen.

Aber von der mobilen Kommunikation zurück zu unserer Erde: Die Abplattung der Erde wirkt sich, wie in Abb. 3.17 dargestellt, auf die zweite Stelle nach dem Komma unseres Beschleunigungswerts aus. Am Äquator misst man nur ca. 9,78 Meter pro Sekunde im Quadrat, weil wir uns dort wegen des größeren Erdradius weiter weg vom Massenmittelpunkt (Schwerpunkt) der Erde befinden und zusätzlich den stärksten in die Gegenrichtung weisenden Beitrag der Zentrifugalbeschleunigung spüren. Am Nord- und Südpol liegt der Wert dagegen bei ca. 9,83. Hier sind wir am nächsten am Massenmittelpunkt dran, und zusätzlich sind die beiden Pole die einzigen Punkte auf der Erde, wo es keine Zentrifugalbeschleunigung gibt, weil wir dort direkt auf der Drehachse sitzen.

Würden wir Gebirge wie die Anden, den Himalaya oder die Alpen einfach abhobeln können, so würde sich die dritte Nachkommastelle der Schwerebeschleunigung ändern, und unregelmäßige Massenverteilungen im Erdinneren wirken sich erst auf die vierte Nachkommastelle aus. Aufgrund von zahlreichen dynamischen Veränderungsprozessen im System Erde (Kap. 4) kommt es auch zu Verschiebungen von Massen im Erdsystem und somit zeitlichen Änderungen des Gravitationsfeldes. An der Oberfläche sind dies vor allem Veränderungen, die in irgendeiner Weise mit dem globalen Wasserkreislauf zu tun haben. Zum Beispiel messen wir großräumige Veränderungen des Grundwasserspiegels als Veränderungen des Schwerefeldes in der fünften Nachkommastelle. Wir sind auch nicht allein im Weltall! Der Mond, die Sonne und andere Planeten sind ebenfalls sehr große Massen, die an unserem Erdkörper zerren und drücken wie ein gelangweilter Pennäler an seinem Radiergummi. Diesen Effekt kann man nicht nur als Gezeitenhub während des Strandurlaubs beobachten, sondern wir bewegen uns aufgrund der Deformation des festen Erdkörpers alle zusammen zweimal am Tag unbemerkt um bis zu 30 Zentimeter auf und ab. Der Mond hat wegen seiner Nähe zur Erde (im Mittel 380.000 Kilometer) trotz seiner vergleichsweise geringen Masse in etwa den doppelten Einfluss wie die Sonne (330.000-fache Erdmasse, aber 150 Millionen Kilometer Abstand). Der Einfluss aller Planeten ist im Vergleich dazu vernachlässigbar. Die zeitlichen Variationen des Schwerefeldes, die durch Gezeiteneffekte verursacht werden, spiegeln sich in der siebten Nachkommastelle wider, während die Errichtung oder Sprengung eines ganzen Hochhauses erst ganz weit hinten in der achten Nachkommastelle sichtbar werden würde.

Wir lernen daraus: Wenn wir das Schwerefeld der Erde und seine räumlichen wie zeitlichen Variationen für ein verbessertes Verständnis von Veränderungsprozessen im System Erde nutzen wollen, müssen wir sehr genau messen.

Betrachten wir zunächst in Abb. 3.18 das zeitunveränderliche (statische) Schwerefeld der Erde. Dargestellt sind Schwerebeschleunigungen an der Erdoberfläche, wobei die Effekte der Erde als homogene Kugel (Konstante von ca. 9,81 Metern pro Sekunde im Quadrat) und der Rotation/Abplattung der Erde (Veränderung mit der geografischen Breite, maximal 0,05 Meter pro Sekunde im Quadrat) bereits abgezogen sind. Ansonsten würden diese beiden Anteile allein das Bild dominieren und wir die in Abb. 3.18 dargestellten räumlichen Variationen gar nicht sehen können. Wir erkennen die Massen hoher Gebirge als positive sogenannte Schwereanomalien (rot), dagegen Massendefizite als negative Schwereanomalien (blau) etwa im Bereich der Tiefseegräben. Als Subduktionszonen werden Regionen bezeichnet, wo die Plattentektonik 80 bis 120 Kilometer dicke Platten tief in den Erdmantel hinein abtauchen lässt (Abschn. 4.2). Da dieser Prozess Gebirgsbildung verursacht, sind solche Zonen als negative Schwereanomalien großen Gebirgsregionen vorgelagert. Blenden wir diese

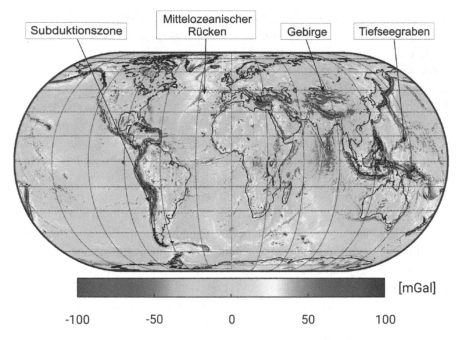

Abb. 3.18 Signale im statischen Schwerefeld (1 mGal $= 10^{-5}$ m/s^2)

markanten topografischen Merkmale für den Moment aus und sehen noch etwas genauer hin, so bemerken wir großräumige Strukturen wie etwa im Süden von Indien, die von einer starken Massenanomalie im tiefen Erdmantel verursacht werden. Aus diesen Beispielen wird schon klar, dass solche Schwerefeldkarten jedes Geophysikerherz höherschlagen lassen, weil sie eine tolle Spielwiese sind, um zerstörungsfrei ins Innere unserer Erde zu blicken.

Diese Informationen über das statische Schwerefeld werden aber auch sonst in vielfacher Weise benötigt. Wie bereits erwähnt, werden künstliche Satelliten vom Schwerefeld in ihrer Bahn um die Erde gehalten. Da sich Unregelmäßigkeiten im Schwerefeld auch auf den Verlauf der Satellitenbahn auswirken, ist eine genaue Kenntnis des Schwerefeldes erforderlich, um Satellitenbahnen und -positionen exakt berechnen zu können. Zwei weitere nicht ganz so offensichtliche Beispiele für wichtige Schwerefeldanwendungen sind die Definition von Höhensystemen und die Ableitung von Ozeanströmungen.

Schwerefeld und Höhe

Wann sind zwei Punkte gleich hoch? Und wie kann man das messen? Wenn Sie, lieber Leser, nun an ein Maßband oder einen Zollstock denken, dann sind Sie gehörig auf dem Holzweg. Fragen Sie doch besser einen Maurer von nebenan! Der verwendet nämlich, Profi wie er ist, eine Wasserwaage, um dieses Problem zu lösen beziehungsweise um nachzuprüfen, ob er nach dem dritten Bier des Tages gegen zehn Uhr vormittags immer noch gerade mauern kann.

Wie funktioniert nun eine Wasserwaage? Sie beruht auf der Eigenschaft jeder wasserähnlichen Flüssigkeit, von oben nach unten fließen zu wollen beziehungsweise in Ruhe zu bleiben, wenn es nirgends nach unten geht. Physikalisch gesprochen befindet sich eine in Ruhe befindliche Wasseroberfläche in einem Zustand minimaler Energie, das heißt, das Wasser hat keine Bestrebung, in irgendeine Richtung abzuhauen. Nun die Elfer-Frage: Warum fließt aber jetzt Wasser von oben nach unten? Richtig, weil die Schwerkraft auf die Flüssigkeit wirkt. Die Schwerkraft bestimmt also, wo oben und wo unten ist! Entsprechend definiert sie auch, wo horizontal ist, das heißt, sie definiert jene Fläche, wo alle Punkte auf gleicher Höhe liegen, zwischen denen also kein Wasser fließt. Aus der Kenntnis des Schwerefeldes lässt sich also eine Fläche konstruieren, die der Geodät *Geoid* nennt. Der folgende Kasten verrät uns nähere Informationen zu dieser Fläche konstanter Energie, die aufgrund dieser Definition eine gedachte *physikalische Erdfigur* darstellt.

Obwohl diese physikalische Bezugsfläche des Geoids aufgrund der im vorigen Abschnitt dargestellten unregelmäßigen Massenverteilung der Erde selbst auch unregelmäßig ist, ist sie dennoch über den gesamten Globus hinweg horizontal. Das heißt, dass unser eifriger Maurer seine Wasserwaage überall auf diese Fläche legen könnte, und sie würde überall die Horizontalrichtung anzeigen. Übrigens ist praktischerweise die Richtung der Schwerebeschleunigung genau senkrecht darauf orientiert, also vertikal, senkrecht oder lotrecht. Wir sprechen daher von der Lotrichtung. Die Schwerebeschleunigung definiert also die Lotrichtung (siehe nachfolgende Box: lila Pfeil in Grafik a). Und das Geoid eignet sich als ideale physikalische Bezugsfläche zur Definition eines global einheitlichen Höhensystems: Es ist jene Fläche, auf der die Höhe überall gleich Null ist.

Das Geoid: Die physikalische Figur der Erde

Die nachfolgende Grafik a stellt unterschiedliche Figuren der Erde dar. Die wahre, geometrische Erdfigur ist gegeben durch die Oberkante der Topografie. Sie kann punktweise mit GNSS-Techniken (Abschn. 3.3), flächenhaft mit SAR oder über den Ozeanen mittels Altimetrie (Abschn. 3.6) gemessen werden. Die Erdfigur kann entweder durch eine Kugel oder ein Ellipsoid angenähert werden. Aus der Erdabplattung ergibt sich in den Polbereichen ein Unterschied von gut 21 Kilometern zwischen einer Kugel und einem Ellipsoid. Das Geoid ist physikalisch definiert als Fläche konstanter Energie pro Einheitsmasse, wir sprechen dabei vom Schwerepotenzial. Dieses Potenzial kann jeden beliebigen Wert annehmen, daher gibt es theoretisch unendlich viele Flächen gleichen Potenzials. In der Praxis definieren wir aber eine ausgezeichnete dieser Flächen, indem wir deren Potenzialwert festlegen. Obwohl es sich um eine rein gedachte Fläche handelt, wollen wir den Bezug zur Realität nicht verlieren. Deshalb wählen wir den Potenzialwert für das Geoid so, dass die sich daraus ergebende Fläche möglichst gut durch den mittleren Meeresspiegel der Weltmeere repräsentiert wird. Dahinter steckt die Annahme, dass sich die Meeresoberfläche nach dieser Fläche konstanter Energie ausrichten möchte, weil sie einen Gleichgewichtszustand darstellt. Das Geoid setzt sich dann einfach als gedachte Fläche unter den Kontinenten fort.

Abbildung b stellt die Abweichung des Geoids vom Ellipsoid räumlich dar. Südlich von Indien ist der Indische Ozean um etwa 100 Meter eingedellt. In der Andenregion hingegen liegt das Geoid um gut 70 Meter über dem Ellipsoid.

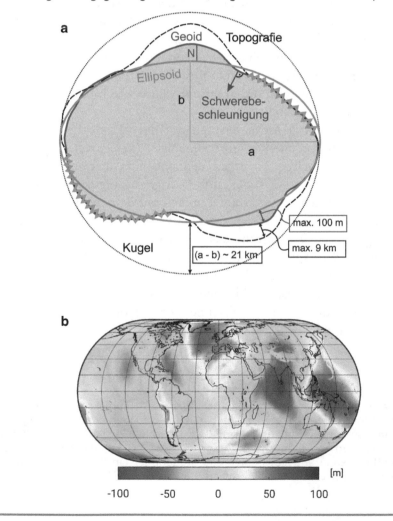

Wir haben in Abschn. 3.3 besprochen, dass wir heute mittels globaler Positionierungssysteme 3D-Koordinaten, und somit in der Vertikalrichtung auch Höhen, geometrisch mit einer Genauigkeit von wenigen Millimetern bestimmen können. Warum braucht es dann noch eine physikalische Höhendefinition über das Schwerefeld? Die Antwort liegt im täglichen Gebrauch, zum Beispiel beim Bau von Häusern, Straßen, Kanälen und sonstiger Infrastruktur. Der Kanalbauer möchte, dass die sch...lecht riechende Brühe in die richtige Richtung abfließt, braucht also genaue Kenntnis darüber, wo oben und wo unten ist. Im Falle von rein geometrisch bestimmten Höhen ist nicht mehr gewährleistet, dass Wasser von oben nach unten fließt, weil dafür, wie ausgeführt, das Schwerefeld zuständig ist. Daher bezieht sich jede Höhenangabe, ob nun im Schulatlas oder in *Google Maps*, auf eine physikalische Höhendefinition.

Im globalen Maßstab ist eine genaue physikalische Höhe zudem im Zusammenhang mit dem Ansteigen des Meeresspiegels und der Gefährdung von Küstenregionen von Interesse.

Das Geoid als Bezug für die Höhendefinition

Die nachfolgende Grafik gibt einen Überblick über unterschiedliche Höhendefinitionen. Mithilfe von GNSS-Verfahren (Abschn. 3.3) gemessene Höhen beziehen sich auf die geometrische Bezugsfläche des Referenzellipsoids (grüne Linie). Damit erhalten wir für einen eingemessenen Punkt an der Oberfläche eine rein geometrische (ellipsoidische) Höhe h über (oder unter) dem Referenzellipsoid. Wie bereits besprochen, ist diese Höhe allerdings nicht für den praktischen Gebrauch geeignet, da sie nicht gewährleistet, dass Wasser von oben nach unten fließt. Daher verwendet man für Gebrauchshöhensysteme physikalisch definierte Höhen, die sich auf das Geoid (rote Linie) beziehen. Wir sprechen in der Geodäsie von sogenannten orthometrischen Höhen H, die in analogen oder digitalen Karten verwendet werden. Wie in der vorherigen Box (siehe Grafik a) bereits dargestellt, ist der Unterschied zwischen beiden Höhen die Abweichung zwischen Geoid und Referenzellipsoid, die wir als Geoidhöhe N bezeichnen. Insofern darf man sich nicht wundern, wenn die mit GPS gemessene Höhe von der Karteninformation um einige Zehnermeter abweicht. In den Alpenregionen beispielsweise beträgt diese Abweichung N gut 40 m. Sie stellt also jene Korrektur dar, die an die mittels GPS gemessene Höhenkoordinate angebracht werden muss, um eine praktisch anwendbare Höhe zu erhalten.

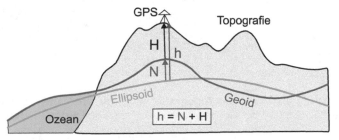

Schwerefeld und Ozean

Das Schwerefeld ist ebenfalls in einer anderen Ecke wichtig, in der man es ihm zunächst gar nicht zugetraut hätte: der Beobachtungen von Strömungen in den Ozeanen. Die Ozeane spielen aus mehrfachen Gründen eine zentrale Rolle im Klimasystem der Erde: unter anderem als Speicher von Wärme und Kohlendioxid oder als wichtiger Lebensraum. Ozeane können die Auswirkung von Klimaveränderungen abdämpfen. Wasser hat eine hohe sogenannte spezifische Wärme, das heißt, es braucht sehr viel Energie, um Wasser zu erwärmen – beachten Sie in der Früh einmal bewusst, wie lange es braucht, bis Ihr Kaffeewasser endlich kocht. Deshalb reagieren Ozeane auch nur sehr träge auf globale Erwärmung, während sich Landflächen viel schneller aufheizen. Daneben haben Ozeane eine wichtige Wärmetransportfunktion. Die wichtigste Energiequelle unserer Erde ist die Sonne. Sie versorgt uns zu 99,99 Prozent mit Energie, allerdings räumlich sehr ungleichmäßig verteilt. Während sehr viel Energie in äquatornahen Regionen eingestrahlt wird, ist der Energieeintrag nahe den Polen sehr viel geringer – bis zur polaren Nacht, wo ein halbes Jahr lang überhaupt energetische Sendepause herrscht. Das System Erde reagiert auf diese regionale Ungleichbehandlung, indem es dem Gendergedanken folgend fortwährend Wärme vom Äquator in Richtung Pole schaufelt. Heute glaubt man zu wissen, dass ca. 60 Prozent davon in der Atmosphäre stattfindet, während die restlichen 40 Prozent des Energietransports von globalen Strömungssystemen in den Ozeanen ausgeführt werden.

Das ist alles gut zu wissen, aber wo bleibt jetzt das Schwerefeld? Betrachten wir dazu Abb. 3.19. Sie zeigt den Querschnitt eines Ozeans als supergroße Badewanne. Wir lassen zuerst Wasser hinein und warten, bis das Wasser zur Ruhe gekommen ist. Wie wir schon festgestellt haben, wird sich die Wasseroberfläche nach dem Prinzip der Energieminimierung einstellen

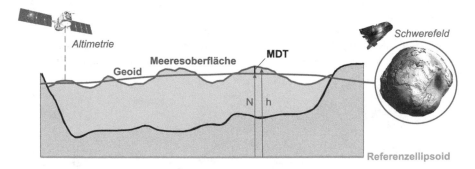

Abb. 3.19 Mittlere Dynamische Topografie (MDT) als Differenz *H* zwischen wahrer Meeresoberfläche *h* und der Geoidhöhe *N*, beide bezogen auf das Referenzellipsoid

– Gratulation zur Geburt Ihres Baby-Geoids! Übertragen auf die Erde wird sich das Ozeanwasser, wenn ausschließlich die Kräfte des Schwerefeldes wirken, gemäß dem Geoid einstellen. Nun wird Ihnen, lieber Leser, aber allmählich zu kalt in Ihrer Badewanne. Sie lassen daher warmes Wasser in die Wanne laufen. Das erzeugt zunächst einmal Druckdifferenzen aufgrund des Aufpralls des frischen Wassers auf die zuvor gut abgestandene Wasseroberfläche, und außerdem Temperaturdifferenzen, weil ja in einem Teil der Wanne plötzlich heißeres Wasser zugeführt wird. Nobel geht die Welt zugrunde! Deshalb genehmigen Sie sich auch noch Badesalz, das Sie in nicht unerheblicher Menge in die Wanne schütten. Insgesamt haben wir damit unseren idealen, schwerefeldgetriebenen Ozean in gehörige Unruhe gebracht. Wir haben neben den Kräften des Schwerefeldes Effekte von Druck-, Temperatur- und Salzgehaltsdifferenzen verursacht, die unser System Badewanne = Ozean durch das Einsetzen von Strömungen auszugleichen versucht (und wieder dieses löbliche genderfreundliche Verhalten). Diese Strömungen verändern aber die Geometrie der Wasseroberfläche.

In Abschn. 3.6 haben wir bereits die Messmethode der Satellitenaltimetrie kennengelernt. Mit dieser kann die tatsächliche Oberfläche des Ozeans h (relativ zur Bezugsfläche des Referenzellipsoids) geometrisch zentimetergenau vermessen werden. Dem gegenüber steht die physikalische Referenzfläche des Geoids, also die Oberfläche eines „idealen Ozeans", auf den keine störenden Kräfte außer jener des Schwerefelds wirken, und damit die Geoidhöhe N, welche die Abweichung des Geoids vom Referenzellipsoid darstellt. In der Differenz H zwischen der realen Ozeanoberfläche h und der Geoidhöhe N, die wir Mittlere Dynamische Topografie (MDT) nennen, steckt also die gesamte Information über nicht-schwerefeldbedingte Störeinflüsse. Aus dieser MDT kann man durch Anwendung recht einfacher Formeln die Geschwindigkeiten von Ozeanströmungen ableiten. Somit ist es heute möglich, rein aus geodätischen Satellitenbeobachtungen einen der wichtigsten Parameter zum Verständnis der Physik des Ozeans zu bestimmen.

Abb. 3.20a zeigt die räumliche Verteilung der MDT in der Region des Golfstroms. Dieser erhielt seinen Namen, weil er im Golf von Mexiko entspringt. Er transportiert als warme Meeresströmung Wärme quer über den Atlantischen Ozean bis hoch in den Norden Europas. Der Golfstrom wirkt daher als Zentralheizung Europas. Seine Heizleistung entspricht jener von ca. fünf Millionen Kraftwerken. Ohne Golfstrom wäre die Durchschnittstemperatur in Zentraleuropa um vier bis fünf Grad Celsius kühler. Sind Sie schon einmal auf einer Landkarte jenen Breitenkreis, auf dem Rom liegt, in Richtung Westen entlang gefahren? Sie werden in Südkanada landen, und ohne Golfstrom hätte Rom genau das dortige recht frostige Klima. Abb. 3.20a lässt auch eine Abschätzung zu, wie groß die MDT, also die

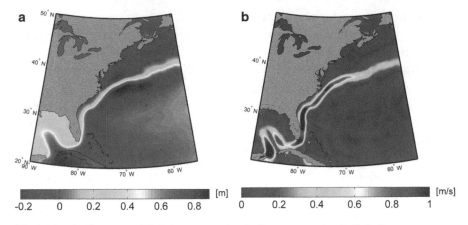

Abb. 3.20 Golfstrom: **a** MDT; **b** geostrophe Strömungsgeschwindigkeiten

Abweichung des realen Ozeans von unserem gravimetrischen Idealbild, ist: global gesehen lediglich plus ein bis minus zwei Meter. Dennoch lassen sich aus der MDT direkt Strömungsgeschwindigkeiten des Ozeanwassers ableiten. Der Golfstrom fließt offenbar mit Geschwindigkeiten von bis zu einem Meter in der Sekunde. Noch ein interessantes Detail am Rande: Das Ozeanwasser fließt dabei entlang der Isolinien der MDT.

Zeitvariationen des Erdschwerefeldes

Wie wir bereits im ersten Teil dieses Abschnitts festgestellt haben, haben zeitliche Variationen des Schwerefelds eine viel kleinere Signalstärke von ca. einem Zehn- bis Hunderttausendstel verglichen mit jener des statischen Feldes. Die Vermessung des zeitvariablen Schwerefeldes ist die einzig verfügbare Methode, um direkt klimarelevante Massentransportprozesse im Erdsystem aus dem Weltall beobachten zu können.

Abb. 3.21 zeigt die Amplitude der jährlichen Veränderungen. In vielen Regionen ist die Jahresperiode aufgrund des Jahreszeitenganges der dominante Zyklus. Wir sehen die größten Effekte in Äquatornähe, zum Beispiel in der Region des Amazonas oder in Zentralafrika. Diese sind auf die jahreszeitlichen Veränderungen des Wasserkreislaufs und die zugehörigen Schwankungen des Grundwasserspiegels zurückzuführen. Da zeitliche Schwerefeldvariationen vielfach mit Veränderung von Wasserkörpern zu tun haben, verwendet man häufig die Einheit „äquivalente Wasserhöhe" (*equivalent water height,* EWH) – die Höhe einer hypothetisch mit purem Wasser gefüllten Säule, die notwendig ist, um eine bestimmte Schwere-

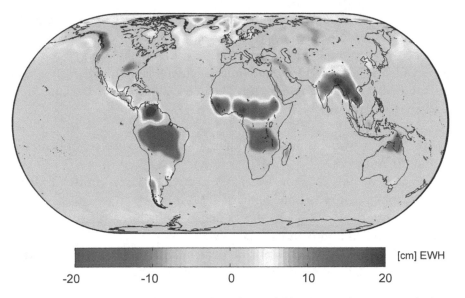

Abb. 3.21 Jährliche Veränderungen des Schwerefeldes in Zentimetern äquivalente Wasserhöhe (EWH). Gezeigt ist der Zustand im September, gemittelt aus 15 Jahren GRACE-Daten

feldveränderung zu bewirken. Auf reale Gegebenheiten umgerechnet kann man davon ausgehen, dass ein durchschnittliches Gestein ein offenes Porenvolumen von ca. zehn Prozent hat, das heißt, maximal zehn Prozent des gesamten Gesteinsvolumens können sich mit Wasser füllen. Eine äquivalente

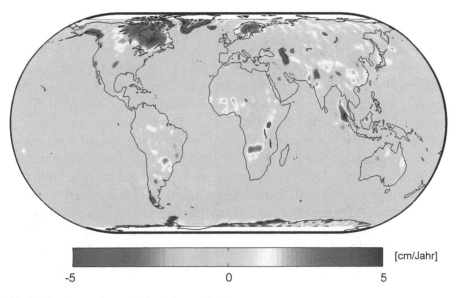

Abb. 3.22 Langzeittrends im Schwerefeld

Wasserhöhe von 20 Zentimetern bedeutet somit, Daumen mal Pi, eine Veränderung des Grundwasserspiegels von zwei Metern.

Neben (jahres-)zeitlichen Variationen kann man, wenn man über genügend Sitzfleisch verfügt und über mehrere Jahre Beobachtungsdaten gesammelt hat, auch Langzeittrends ableiten (Abb. 3.22). Markante Trends ergeben sich dabei durch:

- Abschmelzen von Eismassen (Abschn. 4.5): zum Beispiel von Grönland und der Antarktis,
- Vorgänge der festen Erde wie Massenverschiebungen großer Erdbeben (Abschn. 4.2): zum Beispiel Sumatra (2004),
- glazio-isostatische Ausgleichsbewegungen (Abschn. 4.5): zum Beispiel Fennoskandien und Nordkanada, sowie
- Langzeittrends im Wasserkreislauf (Abschn. 4.6): zum Beispiel Dürre in Kalifornien, Grundwasserentnahme in Nordindien.

3.8   Schwerefeldbeobachtung mittels Satelliten

In den vorhergehenden Abschnitten haben wir einige Beispiele für Anwendungen des statischen und zeitvariablen Schwerefeldes gesammelt. Nun wollen wir die spannende Frage beantworten, warum wir das Schwerefeld der Erde und dessen zeitliche Veränderungen unbedingt vom Weltraum aus mittels künstlicher Satelliten messen wollen.

Bis zur Jahrtausendwende hat man das Schwerefeld vorwiegend terrestrisch beobachtet, also zu Fuß oder vom Flugzeug oder Schiff aus. Terrestrische Messprinzipien sind beispielsweise ein Pendel oder die Messung der Laufzeit von frei fallenden Objekten. Statt Äpfeln vom Baum erreicht man allerdings mit kleinen Metallkugeln in evakuierten Röhren wesentlich besser kontrollierbare Messbedingungen. In den heutigen modernen Zeiten lässt man auch gerne Haufen von Atomen fallen, die sich auf Temperaturen nahe des absoluten Nullpunkts befinden. Hierbei wird die makroskopische Testmasse durch eine ultrakalte Atomwolke ersetzt und deren Fallweg anhand der Überlagerung (Interferenz) von Materiewellen der Atome unter Ausnutzung ihrer quantenphysikalischen Eigenschaften mithilfe von hochgenauen Laserpulsen bestimmt. Zur Messung von Schwereunterschieden kann alternativ auch die Dehnung einer Feder, an der eine Testmasse hängt, beobachtet werden. All diese terrestrischen Messverfahren haben den Nachteil, dass sie sehr personal- und kostenintensiv sind und man das Messgerät erst einmal in jene Gegend bringen muss, in der man messen möchte. Daher tragen terrestrische Schwerefeldbeobachtungen im Dschungel des Regenwalds oder im ewigen Eis der Antarktis nur beschränkt zum Lustgewinn bei. Aus diesen Gründen waren verfügbare Schwerefeldbeobachtungen bis zum Anbruch der Satelitenära global sehr unregelmäßig verteilt. Jene Regionen, die gut erreichbar sind und es sich zudem leisten konnten – Europa, Nordamerika und Japan – waren mit einem reichen Datenschatz beschenkt, während in anderen Gebieten Schwerefeldinformation nur sehr dünn gesät war. Es versteht sich von selbst, dass eine solche Datenverteilung einer globalen Modellierung und Interpretation nicht sonderlich zuträglich ist.

Die Vorteile von Satelliten liegen auf der Hand. Sie können in sehr schneller Zeit unterschiedliche Gebiete erreichen. Ein niedrig fliegender Erdbeobachtungssatellit braucht zur Erdumrundung mit 90 min genauso lange wie ein Tatort. (Es bleibt dem geneigten Leser zu beurteilen, was davon spannender ist.) Damit ist die Erde in wenigen Tagen bis Wochen komplett mit Beobachtungen überzogen. Dem Satelliten ist auch egal, ob er gerade über Manhattan oder unzugängliche Gebiete des südamerikanischen Regenwalds fliegt, er sammelt unentwegt Daten. Und fast am wichtigsten: überall mit derselben Datenqualität!

Diesen Jubeltönen zum Trotz sollte aber auch nicht unerwähnt bleiben, dass Satellitenbeobachtungen auch veritable Nachteile aufweisen. Wir haben schon besprochen, dass die Schwerebeschleunigung mit dem Quadrat des Abstands abnimmt. Ein Satellit muss auf seiner Bahn einen gewissen Mindestabstand zur Erde einhalten, das sind in etwa 250 bis 300 Kilometer. Das Schwerefeld ist aus dieser Distanz für ihn nur noch gedämpft sichtbar. Aufgrund spezieller Eigenschaften des Schwerefeldes geht in Flughöhe insbesondere die Information über räumliche Details des Schwerefeldes verloren. Der Satellit sieht also verglichen mit einem Beobachter am Boden unschärfer.

Warum kann aber unser künstlicher Erdtrabant nicht beliebig tief fliegen, um diese Signaldämpfung zu umgehen? Auf einen Satelliten wirken neben dem Schwerefeld der Erde als dominanter Einfluss auch noch nichtgravitative Kräfte ein, etwa der Luftwiderstand der Restatmosphäre. Dieser ist der Satellitenbewegung immer entgegen gerichtet und wirkt wie eine permanent eingelegte Handbremse. Zwar ist die Atmosphäre der Erde in Satellitenhöhe schon sehr dünn, aber ihre Bremswirkung hängt quadratisch von der Geschwindigkeit des bewegten Objekts ab. Das kennt man vom Radfahren: Je schneller man in die Pedale tritt, desto heftiger wird der

Gegenwind. So ein Satellit fliegt mit einer Geschwindigkeit von knapp acht Kilometern pro Sekunde. Da kann man sich gut vorstellen, dass trotz geringer Restatmosphäre gehörig das Lüftchen bläst. Zur Illustration: Setzt man einen Satelliten in 250 Kilometern Höhe voll dem Luftwiderstand aus, so wird er innerhalb von drei bis vier Wochen aufgrund der bremsenden Wirkung der Erdatmosphäre wieder zurück auf die Erde fallen.

Ach ja, und noch einen Nachteil haben Satelliten. Ein einziger Satellit kostet ein paar Hundert Millionen Euro.

Satellitenbeobachtungskonzepte

Wir wollen nun erkunden, wie es möglich ist, kleine räumliche und zeitliche Variationen der Massenverteilung und damit des Schwerefeldes der Erde vom Weltraum aus zu beobachten. Dazu sehen wir uns zunächst einmal den Einfluss des Schwerefeldes auf die Bahn eines Satelliten an, der in Abb. 3.23 schematisch dargestellt ist.

Wäre unsere Erde eine perfekte Kugel mit homogener Massenverteilung, dann würde der Einfluss der durch sie generierten Schwerefeldbeschleunigung auf den Satelliten immer gleich bleiben. Die Bahn wäre stabil im Weltraum und je nach Anfangsgeschwindigkeit des Satelliten ein perfekter Kreis oder eine Ellipse. (Bei zu großer Anfangsgeschwindigkeit würde sich eine nicht geschlossene Parabel- oder Hyperbelbahn ergeben,

Abb. 3.23 Schwerefeld und Satellitenbahn: **a** raumstabile Bahn im Falle einer homogenen kugelförmigen Erde; **b** Drift der Bahnebene des Satelliten aufgrund einer an den Polen abgeplatteten Erde; **c** unregelmäßige Bahn aufgrund unregelmäßiger Massenverteilungen des Erdkörpers

das heißt, wir schössen unseren lieben Freund aus dem Gravitationsfeld der Erde hinaus, was für die Zwecke der Erdbeobachtung nicht im Sinne des Erfinders wäre.) Im Falle einer geschlossenen Kreis- oder Ellipsenbahn jedoch würde der Satellit für alle Zukunft immer auf derselben Bahn fliegen (Abb. 3.23a) und mit seiner spezifischen Umlaufsperiode, die vor allem von der Bahnhöhe abhängt, wie ein treuer Hund immer wiederkehren. Zuvor hatten wir erfahren, dass die größte Abweichung der Erde von der Kugelgestalt durch deren Abplattung gegeben ist. Diese Abweichung der Massenverteilung vom Idealzustand generiert zusätzliche Störbeschleunigungen, die auf den Satelliten wirken. Diese sind aufgrund der Äquatorsymmetrie der abgeplatteten Erde bei jedem Umlauf gleich und führen zu systematischen Veränderungen bestimmter Satellitenbahnparameter. Die wichtigste Änderung besteht darin, dass sich die Bahnebene des Satelliten zu drehen beginnt. Dies ist in Abb. 3.23b angedeutet. Haben wir es aber wie in der Realität mit einer unregelmäßigen Massenverteilung des Erdkörpers zu tun, dann bewirkt diese auch unregelmäßige Störungen der Satellitenbahn (Abb. 3.23c). Man beachte, dass in diesen Betrachtungen Oberflächenkräfte, die auf den Satelliten wirken, vernachlässigt wurden. Beispiele für diese nicht-gravitativen Beschleunigungen sind neben dem schon diskutierten Luftwiderstand der Restatmosphäre auch der durch das Licht der Sonne ausgeübte Strahlungsdruck oder rückgestreute Strahlung durch die Erde (Albedo).

Aus der Realsituation in Abb. 3.23c, die zeigt, dass das unregelmäßige Schwerefeld der Erde die größten Störbeschleunigungen auf den Satelliten und damit auch seine Bahn ausüben, lassen sich die wichtigsten Messkonzepte zur Beobachtung des Schwerefeldes aus dem Weltraum ableiten (siehe nachfolgende Boxen). Diese umfassen die Schwerefeldbestimmung

- aus Bahnstörungen,
- aus Bahnstörungsdifferenzen sowie
- mittels Gradiometrie.

Schwerefeld aus Bahnstörungen

Offenbar wird die Bahn des Satelliten durch das Schwerefeld gestört, das heißt, in der Satellitenbahn steckt Schwerefeldinformation. Wenn wir also in der Lage sind, die Bahn sehr genau zu beobachten, dann können wir daraus indirekt auch auf das zugrundeliegende Schwerefeld schließen. Mit modernen GNSS-Technologien (Abschn. 3.3) ist es heute möglich, Satellitenbahnen mit einer Genauigkeit von ein bis zwei Zentimetern zu bestimmen – und das zu jeder Zeit und auch angesichts der Tatsache, dass unser künstlicher Trabant mit fast acht Kilometern pro Sekunde um die Erde rast. Die Grafik zeigt diese Situation schematisch. Das variable Schwerefeld, hier beispielhaft verursacht durch einen Berg mit großer Masse, führt zu zusätzlichen Beschleunigungen auf den Satelliten und damit einer unregelmäßigen Satellitenbahn. Für die Auswertung und Schwerefeldbestimmung ist jedoch ein entscheidender Aspekt, dass die Satellitenbahn sowohl von Beschleunigungen des Schwerefeldes als auch von nicht-gravitativen Beschleunigungen beeinflusst wird. Wenn wir nur an Ersterem interessiert sind, dann müssen wir den zweiten Effekt irgendwie bestimmen und reduzieren. Dazu machen wir uns die Tatsache zunutze, dass ein Satellit, bei Vernachlässigung der nicht-gravitativen Beschleunigungen, im freien Fall um die Erde unterwegs ist. Streng genommen gilt dies nicht für die gesamte Ausdehnung des Satelliten, sondern nur für dessen Massenschwerpunkt. Wenn wir genau dorthin einen Beschleunigungsmesser setzen, dann wird er keine Schwerebeschleunigungen messen. Wenn wir in unserem Gedankenexperiment nun die nicht-gravitativen Beschleunigungen wieder zuschalten, dann misst der Beschleunigungsmesser nur diese. Damit können wir alle nicht-gravitativen Beschleunigungen direkt beobachten und deren Einfluss aus der gestörten Satellitenbahn mathematisch herausrechnen.

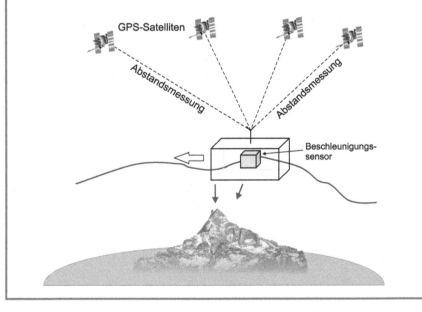

Schwerefeld aus Bahnstörungsdifferenzen

Wir hatten diskutiert, dass die Schwerefeldinformation in Bahnhöhe nur sehr gedämpft ankommt und sich somit auch nur geglättet in der Satellitenbahn widerspiegelt. Die Sensitivität kann erhöht werden, indem wir Differenzen von Bahnstörungen beobachten. Dazu lassen wir zwei Satelliten im Abstand von ca. 200 Kilometern auf derselben Bahn fliegen. Das Prinzip ist in der schematischen Darstellung erklärt, in der die beiden Satelliten – nennen wir sie Tom und Jerry

– gemeinsam über eine unregelmäßige Massenverteilung wie unseren Berg fliegen. Beide Satelliten werden von der zusätzlichen Masse angezogen, aber aus unterschiedlicher Richtung. Der erste Satellit, Jerry, wird gebremst, weil die Masse des Berges „von hinten" zieht, während der zweite Satellit, Tom, von der Masse beschleunigt wird. Deshalb verändert sich der Abstand zwischen den beiden Satelliten während des Überflugs über die Störmasse: Im konkreten Fall verringert er sich. Diesen Abstand messen wir nun mit einer Genauigkeit von einem Hunderttausendstel Millimeter (was kleiner ist als der Durchmesser eines Virus). Damit haben wir eine Messmethode gefunden, die derart sensitiv bezüglich des Schwerefelds ist, dass wir damit sogar dessen kleine zeitliche Veränderungen messen können. Neuerlich haben beide Satelliten einen Beschleunigungssensor mit an Bord, um die nicht-gravitativen Einflüsse auf die Bahndifferenz der beiden Satelliten zu messen.

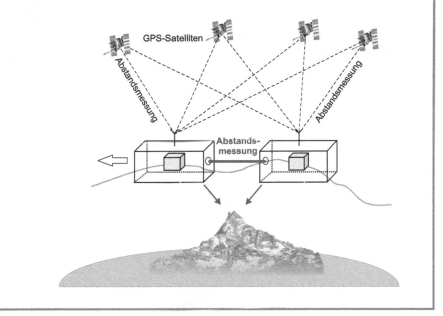

Schwerefeld aus Gradiometrie

In den zuvor beschriebenen Konzepten wird versucht, die physikalische Größe Schwerefeld respektive die zugrundeliegende Massenverteilung aus einer rein geometrischen Beobachtung abzuleiten: der Bahnpositionen eines Satelliten oder Bahnpositionsdifferenzen = Abstand zwischen zwei Satelliten. Die Schwerefeldinformation steckt aber nur indirekt in der Satellitenbahn, was gewisse Schwierigkeiten in der Auswertung verursacht. Daher haben schlaue Köpfe ein Konzept entwickelt, die Schwerefeldbeschleunigungen direkt zu beobachten. Dieses Konzept ist hier dargestellt und fußt erneut auf der Überlegung, dass ein Beschleunigungsmesser, der perfekt im Massenzentrum des Satelliten sitzt, keine Beschleunigungen durch das Schwerefeld spürt. Rückt man ihn jedoch leicht von diesem ausgezeichneten Punkt heraus, so beginnt er, das Schwerefeld zu sehen. Darum ordnet man nun sechs Beschleunigungssensoren, aus demokratischen Gründen je zwei pro Raumrichtung, symmetrisch um das Massenzentrum an, zum Beispiel in einem Abstand von einem halben Meter. Aus jeweils einem Paar von Beschleunigungsmessern, die auf einer Achse sitzen, berechnen wir nun die Beschleunigungsdifferenzen. Damit betrachten wir physikalisch die Unterschiede in der Beschleunigung, die eine mehrere Hundert Kilometer unter uns liegende Störmasse bewirkt, in zwei nur einen halben Meter voneinander entfernten Raumpunkten. Man kann sich leicht vorstellen, dass dieser Unterschied sehr, sehr, sehr klein ist. Daher ist es notwendig, Beschleunigungsmesser zu bauen, die die zwölfte Nachkommastelle der Gravitationsbeschleunigung (Abb. 3.17) messen können – eine technologische Meisterleistung. Dieses Differenzen-Messprinzip bezeichnet man auch als Gradiometrie, das zugehörige Messinstrument, das aus sechs hochsensitiven Beschleunigungsmessern und jeder Menge Elektronik besteht, als Gradiometer. Praktischerweise erlaubt uns dieses Messkonzept, die nichtgravitativen Beschleunigungen automatisch loszuwerden. Diese wirken auf zwei nur einen halben Meter voneinander entfernten Beschleunigungsmessern praktisch gleich und kürzen sich somit bei der Differenzbildung heraus.

Es lässt sich zeigen, dass dieses Messprinzip von Beschleunigungsdifferenzen auf sehr kurzen Distanzen sehr sensitiv für die Detailstrukturen des Schwerefeldes ist, also die Dämpfung durch die Bahnhöhe des Satelliten zumindest teilweise kompensiert. Immer dann, wenn es um hohe räumliche Auflösung geht, ist daher dieses Messprinzip, das als einziges direkt Gravitationsbeschleunigungen misst, klar im Vorteil.

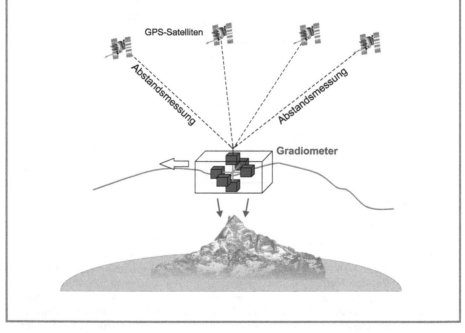

Satellitenmissionen

Die Wichtigkeit der Bestimmung des Schwerefeldes der Erde kann man auch daraus ableiten, dass bislang vier dezidierte Schwerefeldmissionen gestartet wurden, um die Massenverteilung der Erde und klimarelevante Massentransportprozesse im Erdsystem zu beobachten (Abb. 3.24).

Die deutsche Satellitenmission *CHAllanging Mini-satellite Payload* (CHAMP) war im Zeitraum von 2000 bis 2010 im Orbit. Diese kombinierte Mission zur Vermessung des Schwerefeldes und Magnetfeldes der Erde setzte erstmals das Konzept der Bahnstörungen zur Bestimmung des Schwerefeldes der Erde ein. Ebenfalls war erstmals ein Beschleunigungs- messer für diese Zwecke an Bord einer Satellitenmission.

Die Satellitenmission *Gravity Recovery And Climate Experiment* (GRACE) war ein amerikanisch-deutsches Kooperationsprojekt, das 2002 gestartet wurde und bis 2017 im Messmodus war. Es bestand aus einem Paar bau- gleicher Satelliten, die zunächst in ca. 500 Kilometern Höhe mit einem Abstand von ca. 200 Kilometern auf derselben Bahn ausgesetzt wurden und aufgrund des einwirkenden Luftwiderstandes während des 15-jährigen Messzeitraums kontinuierlich abgesunken waren. Kerninstrument war ein K-Band Mikrowellensystem zur Bestimmung des Abstands zwischen den Satelliten mit einer Genauigkeit von einem Tausendstel Millimeter. Außerdem konnte mithilfe von GNSS-Empfängern die Bahninformation beider Satelliten selbst zusätzlich zur Schwerefeldbestimmung verwendet werden. Dank des eingesetzten Messkonzepts der Schwerefeldbestimmung aus Bahnstörungsdifferenzen war die Mission besonders sensitiv für die zeitlichen Veränderungen des Schwerefeldes, die über die ganze Zeit der Mission hinweg erfolgreich bestimmt werden konnten.

Die Satellitenmission *Gravity Field and Steady-State Ocean Circulation Explorer* (GOCE) war eine Satellitenmission der europäischen Raum- fahrtagentur ESA. Sie war von 2009 bis 2013 im Einsatz und basierte

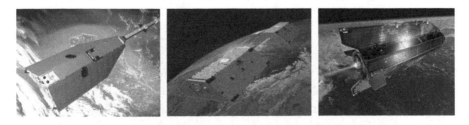

Abb. 3.24 Satelliten-Schwerefeldmissionen: **a** CHAMP, **b** GRACE, **c** GOCE

auf dem Messprinzip der Gradiometrie. Zusätzlich wurde die GNSS-Bahnbestimmung eingesetzt. Mit einer Bahnhöhe, die konstant auf ca. 250 Kilometern gehalten und im letzten Missionsjahr auf ca. 225 Kilometer reduziert wurde, war GOCE die weltweit am niedrigsten fliegende wissenschaftliche Satellitenmission. Dies war nur möglich durch ein aktives Antriebssystem, das den Luftwiderstand in Echtzeit aktiv kompensierte: Schubdüsen erzeugten in Flugrichtung dieselben Beschleunigungen, wie sie aufgrund des Luftwiderstandes in Gegenrichtung auf den Satelliten wirkten. So war diese Mission als bislang einzige tieffliegende Satellitenmission tatsächlich im freien Fall um die Erde unterwegs. Aufgrund der speziellen Eigenschaften der Gradiometrie konnte insbesondere räumlich hochauflösende Schwerefeldinformation gewonnen werden, was für die Definition von globalen Höhensystemen und die Bestimmung der MDT (Abschn. 3.7) besonders wichtig ist.

Aufgrund des großen Erfolges der GRACE-Mission zur Beobachtung von klimarelevanten Massentransporten wurde diese Nachfolgemission GRACE Follow-On aus einem Sondertopf der amerikanischen Weltraumagentur NASA, und ebenfalls wieder mit deutscher Beteiligung, finanziert. Sie wurde im Mai 2018 in die Erdumlaufbahn gebracht. GRACE Follow-On basiert auf denselben Prinzipien wie GRACE. Allerdings wurde zusätzlich zum K-Band-System auch ein Laserinterferometer installiert, mit dem die Genauigkeit der Bestimmung des Abstands zwischen den Satelliten um einen Faktor von ca. 100 weiter verbessert werden kann. Die Zukunft wird zeigen, welche neuen Schwerefeldsignale aufgrund dieser technologischen Neuerung entdeckt werden können.

Zahlreiche Anwendungen und zukünftige Herausforderungen für die nachhaltige Beobachtung von Schwerefeldvariationen und damit Massentransportprozessen aus dem Weltraum werden in Kap. 4 im Detail besprochen.

3.9 Die Weltvermesser vom Bayerischen Wald – Das Geodätische Observatorium Wettzell

Wettzell, ein kleiner Ortsteil von Bad Kötzting im Oberpfälzer Landkreis Cham ist eingebettet in eine idyllische ländliche Mittelgebirgslandschaft und zählt nur etwa 150 Seelen. Es gibt wahrscheinlich nur wenige Menschen außerhalb des Bayerischen Waldes, denen der Flecken überhaupt ein Begriff ist.

Unter den Erdvermessern ist es etwas ganz Anderes: Das Geodätische Observatorium Wettzell, gelegen auf dem Wagnerberg in einer Höhe von gut 600 Metern über dem Meeresspiegel, kennt fast jeder, egal ob Nord-

oder Südamerikaner, Afrikaner, Asiat, Australier oder Europäer. Mit seiner hervorragenden instrumentellen Ausstattung und den dort betriebenen hochgenauen Beobachtungssystemen ist dieses Observatorium eine fundamentale Komponente des weltweiten geodätischen Beobachtungssystems und genießt international einen hervorragenden Ruf.

Doch wie kommt nun ein solches Hightech-Observatorium gerade in diesen kleinen Ort? Das hat natürlich seine Gründe. Wir gehen zurück in das Jahr 1971. Die Satellitenbeobachtungsstation des damaligen Instituts für Angewandte Geodäsie (heutiges Bundesamt für Kartografie und Geodäsie in Frankfurt am Main, BKG) bei Kloppenheim im Taunus steht vor einem Problem: Sicherheitsrelevante Bedenken im Flugverkehr erlauben es nicht, diese Station mit einem Lasermesssystem auszubauen. In Abstimmung mit den zuständigen Dienststellen gelingt es schließlich, ein Gebiet im Bayerischen Wald auszuweisen, wo ein Flugsperrgebiet durchgesetzt werden kann. Die abgeschiedene Lage in der Nähe des damaligen Eisernen Vorhangs zur ehemaligen Tschechoslowakei erweist sich wegen seines dunklen Nachthimmels mit nur geringer Lichtverschmutzung als besonders günstiger Standort für solche Messungen. Westlich von Wettzell wird ein geeignetes Grundstück ausgewählt und für erste Testversuche kostengünstig erschlossen.

Die von den USA ausgehenden Entwicklungen der Laserentfernungsmessungen zu Satelliten (*Satellite Laser Ranging,* SLR; Abschn. 3.5) werden auch in Deutschland rasch aufgegriffen. Im Jahr 1972 wird in Wettzell in Zusammenarbeit mit der damaligen Deutschen Forschungs- und Versuchsanstalt für Luft- und Raumfahrt (heutiges Deutsches Zentrum für Luft- und Raumfahrt, DLR) ein erstes Lasermesssystem in Betrieb genommen, welches aus einer Flugabwehrlafette und einem Rubinlaser besteht. Ein Jahr später gelingt mit diesem Laser die erste Entfernungsmessung zu einem Satelliten. Dieses Messsystem der ersten Generation wird 1977 durch einen wesentlich leistungsfähigeren und genaueren Neodym-YAG-Laser der dritten Generation ersetzt. Dadurch kann die Messgenauigkeit um den Faktor 100 gesteigert werden: Von ursprünglich einem Meter auf nunmehr einen Zentimeter, eine Sensation für die damalige Zeit!

Auch die weltweiten Entwicklungen in der Radioastronomie (*Very Long Baseline Interferometry,* VLBI; Abschn. 3.4) werden in Wettzell in den frühen 1980er-Jahren aufgegriffen. In der Zeit von 1980 bis 1983 wird dort ein 20 Meter großes Radioteleskop eingerichtet, welches in einer aktuellen Panorama-Aufnahme der Station Wettzell am rechten Bildrand zu erkennen ist (Abb. 3.25).

Aber der Reihe nach. Wie ging es los in Wettzell, was sind die Anfänge des heute so berühmten geodätischen Observatoriums? Erlauben Sie uns

Abb. 3.25   Skyline des Geodätischen Observatoriums Wettzell (© BKG, Hessels)

einen Rückblick in die 1970er-Jahre. Unter den Erdvermessern jener Zeit gibt es einige kluge und weitsichtige Köpfe. Sie erkennen sehr frühzeitig das große Potenzial der Raumbeobachtungsverfahren für die geodätische Forschung. Es gelingt ihnen, die Deutsche Forschungsgemeinschaft (DFG) von dem Projekt „Wettzell" zu überzeugen: Von 1970 bis 1986 fördert die DFG einen Sonderforschungsbereich „Satellitengeodäsie" (SFB 78) an der Technischen Universität München (TUM). Wissenschaftler der TUM, des BKG, des Deutschen Geodätischen Forschungsinstituts und der Universität Bonn arbeiten intensiv auf dem Gebiet der geodätischen Raumverfahren und an der instrumentellen Entwicklung der Messsysteme in Wettzell. Um diese wichtigen Arbeiten langfristig finanziell abzusichern, wird der SFB 78 am 1. Juli 1983 in die Forschungsgruppe Satellitengeodäsie (FGS) als Dauereinrichtung übergeführt. Die Aufgaben und Ziele der FGS umfassen Forschungs- und Entwicklungsarbeiten auf dem Gebiet der Weltraumverfahren, um den langfristigen Betrieb und den Ausbau des Observatoriums auf höchstem Niveau zu gewährleisten. Der Beobachtungsbetrieb sowie die technologische Weiterentwicklung der Fundamentalstation Wettzell wird gemeinsam durch wissenschaftlich-technisches Personal des BKG und der TUM sichergestellt. Gegenwärtig arbeiten etwa 30 Wissenschaftler und Techniker verschiedenster Fachdisziplinen auf der Station.

Das Geodätische Observatorium Wettzell ist nunmehr seit mehr als 40 Jahren ein stabiler Fundamentalpunkt der Geodäsie, ein Ankerpunkt der deutschen Geoinfrastruktur und ein Kernelement des Globalen Geodätischen Beobachtungssystems (*Global Geodetic Observing System*, GGOS) der Internationalen Assoziation für Geodäsie (IAG). Die Messsysteme, die gegenwärtig in Wettzell betrieben werden, sind in der nachfolgenden Box zusammengestellt.

Mit den vier Raumbeobachtungsverfahren VLBI, SLR, GNSS und DORIS, die am Geodätischen Observatorium Wettzell parallel laufen, zählt diese Station zu den wichtigsten *„core sites"* des Globalen Geodätischen Beobachtungssystems. Neben Wettzell gibt es nur eine Handvoll weiterer Fundamentalstationen, auf denen alle vier genannten Raumverfahren installiert sind.

Geodätisches Observatorium Wettzell im Bayerischen Wald

Auf dem Stationsgelände sind alle modernen geodätischen Raumbeobachtungsverfahren und ergänzende Messverfahren vereint, insbesondere:

- ein Laserteleskop für Entfernungsmessungen zu hochfliegenden Satelliten
  (SLR) und zum Mond (LLR) sowie für optische Zeitübertragung (WLRS);
- ein zweites Laserteleskop für zeitlich hochaufgelöste Entfernungsmessungen zu Satelliten (SLR) in niedrigen und mittelhohen Bahnen (SOS-
  W);
- ein 20 Meter großes Radioteleskop (seit 1983 in Betrieb), das bisher die
  meisten geodätischen VLBI-Beobachtungen weltweit verzeichnet;
- die beiden 13,2 Meter großen Twin-Radioteleskope, die zwei Himmelsobjekte gleichzeitig messen können und für neue Messkonzepte eingesetzt
  werden;
- mehrere GNSS-Empfänger für vielfältige Aufgabenstellungen;
- eine Sendeantenne für das französische Dopplermesssystem DORIS;
- ein aus mehreren Atomuhren und Wasserstoffmasern bestehendes Zeit- und
  Frequenzsystem, welches die Zeitbasis für die Beobachtungssysteme liefert;
- ein 4 × 4 Meter großer Ringlaser zur Bestimmung der Erdrotation,
  erschütterungsfrei und temperaturstabil in einem unterirdischen Labor;
- zwei SAR-Reflektoren für die TerraSAR-X Erderkundungsmission des DLR;
- ein supraleitendes Gravimeter zur Erfassung örtlicher Schwereänderungen;
- ergänzende Messeinrichtungen zur Erfassung lokaler Effekte und
  atmosphärischer Parameter (zum Beispiel Neigungsmesser, Seismometer,
  hydrologische Sensoren sowie eine meteorologische Station inklusive eines
  Wasserdampfradiometers);
- ein lokales Vermessungsnetz, über das die Verbindungsvektoren zwischen
  den Referenzpunkten der Einzelsysteme bestimmt werden, sowie
- ein regionales GNSS-Netz für die Messung lokaler Veränderungen und
  Messung von Atmosphärenparametern.

Das Bild (© BKG, Hessels) zeigt die räumliche Anordnung der Messsysteme.

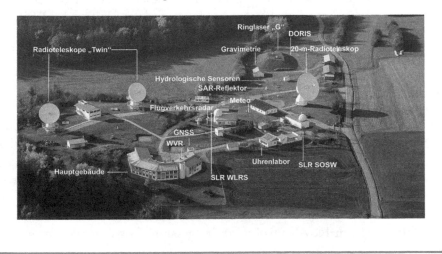

Warum sind solche Fundamentalstationen so wichtig? Wie wir in Abschn. 3.2 gelernt haben, werden diese vier Beobachtungsverfahren für die Realisierung des terrestrischen Referenzsystems benötigt. Und der ITRF wiederum liefert die Grundlage für alle Positionierungsaufgaben, die Navigation, die Vermessung von Veränderungen unseres Planeten sowie für ein breit gefächertes Spektrum weiterer Anwendungen. Eine der größten Herausforderungen bei der ITRF-Berechnung ist, die vier genannten Beobachtungsverfahren zu verknüpfen. Genau hierbei kommen die Fundamentalstationen ins Spiel, die eine Kombination der Einzelverfahren ermöglichen, sodass deren Ergebnisse zu einem konsistenten Referenzrahmen verarbeitet werden können, dem ITRF. Voraussetzung dafür ist die genaue Kenntnis der Verbindungsvektoren (3D-Koordinatenunterschiede) zwischen den Referenzpunkten der einzelnen Messsysteme, die mittels lokaler Lage- und Höhennetze auf dem Stationsgelände millimetergenau vermessen werden. Zudem sind diese Verbindungsvektoren sehr wichtig, um die Genauigkeit der verschiedenen Messsysteme abzuschätzen und eventuell vorhandene Diskrepanzen aufzudecken. Dazu werden die mittels der Raumverfahren gemessenen Koordinatendifferenzen (die sich auf die jeweiligen Referenzpunkte der Instrumente beziehen) mit den Verbindungsvektoren verglichen. In Wettzell sind diese Diskrepanzen sehr klein (im Bereich von wenigen Millimetern), was die hohe Qualität der dortigen Messungen und der terrestrischen Messungen bestätigt. Ein Manko bei der ITRF-Berechnung besteht allerdings darin, dass es nicht genügend solcher exzellenten Fundamentalstationen auf unserem Globus gibt und dass zudem deren geografische Verteilung äußerst lückenhaft und inhomogen ist, um die verschiedenen Messverfahren mit der geforderten Präzision konsistent zu verknüpfen. Die Wettzeller Weltvermesser sind aber nicht nur vor Ort aktiv, sondern sie betreiben auch Observatorien in anderen Teilen der Welt, um die bestehenden Lücken besser zu schließen.

Bereits in den 1990er-Jahren wird auf dem Wettzeller Wagnerberg mit der Entwicklung eines „Transportablen Integrierten Geodätischen Observatoriums (TIGO)" begonnen, welches schließlich im Jahr 2002 in der Nähe der chilenischen Stadt Concepción vom BKG in Kooperation mit chilenischen Partnern in Betrieb genommen wird. Die VLBI-, SLR- und GNSS-Messungen dieser Station liefern wichtige Beiträge für die globale Geodäsie, da insbesondere auf der Südhalbkugel ein Mangel an verfügbaren Beobachtungen besteht. Nach gut zehnjährigem, erfolgreichem Betrieb von TIGO in Chile werden Verhandlungen mit Argentinien geführt, und es wird ein neuer Standort bei La Plata in der Nähe von Buenos Aires ausgewählt. In einem Lkw-Konvoi wird das gesamte Instrumentarium in einer

a

b

Abb. 3.26   a Argentinisch-Deutsches Geodätisches Observatorium (AGGO) (© BKG, Hase), **b** Beobachtungsstation O'Higgins in der Antarktis (© BKG, Plötz)

abenteuerlichen Reise über die Anden von Chile nach Argentinien transportiert und 2015 in La Plata als „Argentinisch-Deutsches Geodätisches Observatorium (AGGO)" feierlich eingeweiht. Abb. 3.26a zeigt das Observatorium mit der VLBI-Antenne, dem SLR-Teleskop und mehreren GNSS-Stationen.

Weiterhin betreibt das Deutsche Zentrum für Luft- und Raumfahrt (DLR) gemeinsam mit dem BKG auf der Nordspitze der Antarktischen Halbinsel die *German Antarctic Receiving Station (GARS)* O'Higgins, bestehend aus einem neun Meter großen Radioteleskop (Abb. 3.26b) und mehreren GNSS-Empfängern. Der Satellitenbetrieb läuft ganzjährig, das Teleskop ist seit 1991 im antarktischen Frühjahr und Sommer für geodätische Messkampagnen in Betrieb. Heutzutage kann die Station in O'Higgins über eine Internetverbindung sogar von Wettzell aus ferngesteuert betrieben werden, dadurch ist sie noch stärker in internationale Beobachtungsprogramme eingebunden.

Für den Betrieb der geodätischen Raumbeobachtungsverfahren sind genaue und zuverlässige Zeitangaben sowie die Verfügbarkeit hochgenauer Bezugsfrequenzen unabdingbar, da alle auf der hochpräzisen Messung der Laufzeit von Mikrowellensignalen oder Laserpulsen beruhen. Referenzfrequenzen müssen eine hohe Kurzzeitstabilität, aber auch gute Langzeiteigenschaften aufweisen. Um den Anforderungen aller Messverfahren gerecht zu werden, ist ein komplexes Zeit- und Frequenzsystem erforderlich (Abb. 3.27). Das Zeitsystem der Station Wettzell besteht aus fünf Cäsium-Atomuhren, drei Wasserstoffmasern und GNSS-Zeitempfängern, mit denen

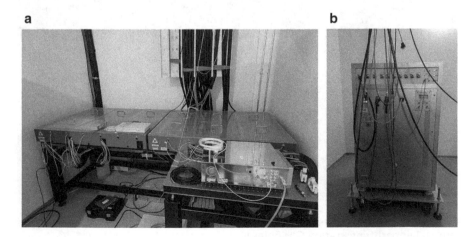

Abb. 3.27 a Zeitverteilsystem; b Wasserstoffmaser (© BKG, Hessels)

die lokale Zeitskala über GNSS-Zeitvergleiche an international verfügbare Zeitskalen wie die Koordinierte Weltzeit (*Coordinated Universal Time, UTC*) angebunden wird. Seit vielen Jahren liefert das Zeitlabor in Wettzell damit neben der Physikalisch-Technischen Bundesanstalt (PTB) in Braunschweig, dem DLR und der Deutschen Telekom einen nationalen Beitrag zur Realisierung der Internationalen Atomzeit in Paris. Ein innovatives Konzept ist die optische Zeitübertragung über Glasfasern, die eine Schlüsseltechnologie für die Beseitigung systematischer Messfehler zwischen den Messgeräten darstellt. Durch Einführung einer kohärenten Zeitbasis kann eine weitere Steigerung der Messgenauigkeit bis hin zur Nutzung der Zeit als neue geodätische Beobachtungsgröße zur Verknüpfung der Messsysteme ermöglicht werden. Mit dieser zukunftsweisenden Entwicklung ist Wettzell weltweit führend und strahlt damit auch auf andere geodätische Observatorien aus.

Neben den global verteilten geodätischen Raumverfahren (VLBI, SLR, GNSS und DORIS) wird in Wettzell seit Anfang 2001 auch ein einzigartiger Großringlaserkreisel betrieben, der hochaufgelöste Messungen der Erdrotation ermöglicht. Dieses Instrument ist in einem unterirdischen Labor untergebracht, um es gegen äußere Umgebungseinflüsse abzuschirmen und um die erforderliche hohe Temperaturkonstanz sicherzustellen. Innerhalb des sogenannten Sagnaq-Interferometers umlaufen, über Spiegel umgelenkt, zwei Laserstrahlen ein Flächenstück von vier mal vier Metern, der eine linksrum, der andere rechtsrum. Aufgrund der Drehung des Sensors infolge der Erdrotation ist allerdings der Laufweg der beiden Laserstrahlen unterschiedlich. Aus der Interferenz beider Strahlen lässt sich die Winkelgeschwindigkeit der Rotation des Sensors und damit der Erde berechnen. Somit fungiert dieses Hightech-Gerät als lokaler Erdrotationssensor. Nur wenige weitere vergleichbare Ringlaser finden sich weltweit, wie jener am Geophysikalischen Observatorium in Fürstenfeldbruck bei München, der zur Messung von Erdbebenwellen eingesetzt wird und in Kooperation der Ludwig-Maximilians-Universität München (LMU) und der TUM betrieben wird.

Eine wichtige Aufgabe für eine solche Fundamentalstation ist es, die Stabilität der Stationsumgebung zu kontrollieren. Deshalb werden regelmäßig terrestrische Lage- und Höhenmessungen in einem lokalen Vermessungsnetz ausgeführt, um die Verbindungsvektoren zwischen den Messsystemen und vermarkten Referenzpunkten zu bestimmen und um örtliche Lageveränderungen festzustellen. Das supraleitende Gravimeter wird verwendet, um Schwerevariationen zu ermitteln, welche beispielsweise durch den variierenden Grundwasserspiegel verursacht werden. Ergänzende Messeinrichtungen dienen dazu, lokale Effekte und atmosphärische Parameter zu erfassen: zum Beispiel Neigungsmesser, Seismometer, hydrologische und meteorologische Sensoren. Weiterhin wird ein regionales GNSS-Stationsnetz mit einer Ausdehnung von einigen Zehnerkilometern betrieben, um die Stationsumgebung großräumig zu vermessen und atmosphärische Parameter aus den GNSS-Messungen abzuleiten.

Mit der einzigartigen instrumentellen Ausstattung sowie der hohen Qualität und Zuverlässigkeit der operationell betrieben Messsysteme nimmt Wettzell weltweit eine Vorreiterrolle bei der Entwicklung geodätischer Observatorien ein. Durch den Betrieb der drei Observatorien in Wettzell, Argentinien und der Antarktis stellt das BKG als oberste Vermessungsbehörde Deutschlands einen fundamentalen Beitrag für die geodätische Infrastruktur bereit und trägt maßgeblich bei, die UN-Resolution (2015) *„Global Geodetic Reference Frame for Sustainable Development"* umzusetzen (Abschn. 3.2).

Zusammenfassung zu Kapitel 3

In diesem Kap. 3 haben wir Sie in die modernen geodätischen Beobachtungsverfahren eingeführt, mit denen die geometrische Figur, die Rotation und das Schwerefeld der Erde sowie deren zeitliche Veränderungen millimetergenau aus dem Weltraum vermessen werden. Hier sind die wichtigsten Fakten noch einmal zusammengefasst:

- Globale Referenzsysteme und deren Realisierungen wie der internationale terrestrische Referenzrahmen (*International Terrestrial Reference Frame,* ITRF) sind von fundamentaler Bedeutung für die Positionsbestimmung auf der Erde und für die zuverlässige Quantifizierung von Veränderungen unseres Planeten. Im Jahr 2015 haben die Vereinten Nationen die Resolution *„Global Geodetic Reference Frame for Sustainable Development"* verabschiedet, was die Wichtigkeit eines globalen geodätischen Referenzrahmens für Gesellschaft, Wirtschaft und Wissenschaft deutlich zum Ausdruck bringt.
- Globale Satellitennavigationssysteme (*Global Navigation Satellite Systems,* GNSS) wie das amerikanische GPS oder das europäische Galileo sind heutzutage aus dem täglichen Leben nicht mehr wegzudenken. Mit GNSS kann an jedem Ort auf der Erde und zu jedem Zeitpunkt die eigene Position genau bestimmt werden, wodurch in den vergangenen Jahren das Anwendungsspektrum auch weit über die Geodäsie hinaus geradezu explodiert ist.
- Bei der Radioastronomie auf langen Basislinien (*Very Long Baseline Interferometry,* VLBI) werden Radiosignale entfernter Galaxien empfangen, um aus diesen Messungen interkontinentale Entfernungen zwischen jeweils zwei Radioteleskopen auf wenige Millimeter genau zu bestimmen. VLBI liefert damit die Information über die absolute Orientierung der Erde im Weltraum und trägt wesentlich zur Bestimmung des ITRF-Maßstabs bei.

- Laserentfernungsmessungen zu Satelliten (*Satellite Laser Ranging*, SLR) bieten als optisches Messverfahren eine wichtige Ergänzung zu den Mikrowellenverfahren. SLR ist fundamental für die Bestimmung von Satellitenbahnen. Es ist das genaueste Verfahren, um den Koordinatenursprung des terrestrischen Referenzsystems im Massenzentrum der Erde festzulegen, und gemeinsam mit VLBI wird damit der ITRF-Maßstab bestimmt.
- Die Satellitenaltimetrie vermisst mit einem aktiven Radarsystem die Meeresoberfläche zentimetergenau aus dem Weltraum. Die über 25 Jahre langen Beobachtungsreihen zeigen einen mittleren Anstieg des Meeresspiegels von gut drei Millimetern pro Jahr. Auch Eisüberdeckungen und Wasserstände von Inlandgewässern sowie deren Veränderungen können – als wichtige Indikatoren für die Auswirkungen des Klimawandels – präzise mit der Altimetrie vermessen werden.
- Newtons Gravitationsgesetz aus dem 17. Jahrhundert liefert eine wichtige Grundlage für die Himmelsmechanik, also für die Bestimmung der Flugbahnen von Himmelsobjekten. Durch eine genaue Vermessung der Satellitenbahnen kann aus den Bahnstörungen infolge unterschiedlicher Gravitationswirkung die großräumige Massenverteilung im Erdsystem bestimmt werden.
- Dezidierte Satellitenmissionen zur Bestimmung des Erdschwerefeldes wie die amerikanisch-deutsche Mission GRACE oder die europäische Mission GOCE liefern wichtige Informationen, um die Massenverteilung der Erde und klimarelevante Massentransportprozesse wie das Abschmelzen der Eisschilde präzise aus dem Weltraum zu vermessen. Auch Veränderungen im globalen Wasserkreislauf wie großräumige Dürren oder Überflutungen sowie Absenkungen des Grundwasserspiegels infolge extensiver Wassernutzung lassen sich mittels der Schwerefeldmissionen detektieren.
- Das Rückgrat für die globale Vermessung unseres Planeten aus dem Weltraum bilden weltweit verteilte Messstationen der verschiedenen Raumbeobachtungsverfahren an der Erdoberfläche. Von ganz besonderer Bedeutung sind dabei geodätische Observatorien wie jenes in Wettzell im Bayerischen Wald, wo mehrere Beobachtungsverfahren parallel betrieben werden. Allerdings gibt es weltweit nicht genügend solcher Kolokationsstationen, sodass intensiv daran gearbeitet wird, die geodätische Beobachtungsinfrastruktur weiter zu verbessern.

4

Unser Planet im Fokus – Phänomene des globalen Wandels

4.1 Einführung

Sie, lieber Leser, haben sich in diesem Buch bereits über das komplexe System Erde, seine unterschiedlichen Komponenten und die engen Verknüpfungen und vielfachen Zusammenhänge zwischen diesen informiert und sich mit hoffentlich wachsender Spannung (und nicht mit wachsender Frustration) durch die historische Entwicklung der Geodäsie gekämpft. Danach haben wir Sie durch die faszinierende Welt von hochgenauen Messmethoden der modernen Geodäsie begleitet. Im Zuge dieser Panoptikumschau haben wir unter anderem festgestellt, dass uns diese Methoden auch unterschiedliche Arten von Informationen über Zustand und zeitliche Veränderung unseres Erdsystems liefern können, sodass deren Kombination und gemeinsame Interpretation einen großen Zusatznutzen generieren kann. Mehrere Augen sehen einfach mehr als nur zwei. Und sie sehen sogar noch mehr, wenn sie empfänglich sind für unterschiedliche Merkmale. Wenn das eine Augenpaar nachtblind ist, aber dafür bei gleißendem Sonnenschein noch ungeblendet sehen kann, dann ist es gut, wenn man ein anderes Paar Eulenaugen hat, das noch mit geringsten Lichtmengen auskommen kann. Und wenn dann noch ein kurzsichtiges Augenpaar mit dazu kommt, das aber im Nahbereich besonders hoch aufgelöst sehen kann und ein weiteres, das vom Weltraum aus die ganze Erde überblickt, dann kann uns nahezu nichts mehr entgehen, was unseren Heimatplaneten bewegt.

Diesem Beispiel entsprechend erkunden wir in diesem Abschnitt den Einsatz dieses Arsenals moderner geodätischer Messverfahren für die unter-

© Springer-Verlag GmbH Deutschland, ein Teil von Springer Nature 2021
D. Angermann et al., *Mission Erde,* https://doi.org/10.1007/978-3-662-62338-1_4

schiedlichen Teilkomponenten des Erdsystems. Dazu zählen der feste Erdkörper wie auch die Wasser- und Eismassen unserer Erde. Außerdem widmen wir uns der spannenden Frage, wie sich diese Veränderungen auf das Rotationsverhalten unseres Erdkörpers auswirken und warum deshalb ein Tag nicht gleich lang ist wie der nächste.

Auch dieser Abschnitt ist mit großem Mut zu noch größerer Lücke geschrieben. Ziemlich beispielhaft picken wir aus einem riesig großen Sandhaufen von interessanten Forschungsfragen ein paar besondere Sandkörner heraus, von denen wir glauben, dass für diese der Beitrag moderner satellitengeodätischer Verfahren ziemlich groß ist. Diese subjektive Auswahl erfolgte aber auch vor dem Hintergrund, möglichst viele Einzelkomponenten unseres Erdsystems abzudecken und in Summe ein gesamthaftes Bild von Veränderungsvorgängen auf unserem Heimatplaneten zu erhalten.

4.2   Und sie bewegt sich doch – Dynamische Prozesse des festen Erdkörpers

» *„Panta rhei. – Alles fließt."*
[Heraklit]

Vorgänge im Erdinneren

Die äußeren Komponenten unseres Planeten, also die Wasser- und Luftmassen unserer Erde, sind sehr schnellen Veränderungen unterworfen. Denken wir an das tägliche Wettergeschehen, das eng mit dem globalen Wasserkreislauf gekoppelt ist, aber auch längerfristige Veränderungen der Eis- und Wasserkörper. Aber auch der feste Erdkörper verändert sich auf allen zeitlichen und räumlichen Skalen.

Da sind beispielsweise Gezeiteneffekte, die durch anziehende Kräfte von Sonne und Mond hervorgerufen werden und mit einer Periode von einem halben Tag an unserem Erdkörper zerren. Dieser reagiert auf die von Sonne und Mond einwirkenden gravitativen Kräfte durch Deformation, also Formveränderung. Bezüglich dieser Art von Kräften verhält sich unsere Erde, gleich einem Radiergummi, annähernd wie ein elastischer Körper. Das bedeutet, dass er praktisch sofort auf die einwirkende Kraft reagiert und, wenn die Kraft weg ist, wieder in seinen Ausgangszustand zurückkehrt. Aus der hochgenauen Messung der Deformation und auch der resultierenden Veränderung der Gravitationsbeschleunigung können wir wichtige Rückschlüsse auf die elastischen Eigenschaften unserer Erde ziehen.

Häufig sind Deformationen des Erdkörpers auch von Veränderungsvorgängen auf dessen Oberfläche hervorgerufen. In Abschn. 4.5 sind Beispiele für Deformationen durch variable Auflasten genannt. Auf kurzfristige Änderungen von Auflasten, etwa aufgrund von atmosphärischen Hoch- und Tiefdruckgebieten, aber auch Wassereintrag aufgrund von Niederschlagsereignissen, reagiert die Erde ebenfalls elastisch und damit mit rascher Verformung. Im Gegensatz dazu rufen langfristige Oberflächenveränderungen – beispielsweise das langsame Abschmelzen eines dicken Eiskörpers – sogenanntes visko-elastisches Verhalten hervor, zum Beispiel die postglaziale Landhebung. Hier wirkt die Antwort auf die Änderung der Auflast über mehrere Tausend Jahre nach: Die Erde hat also ein Elefantengedächtnis und merkt sich, dass es vor langer Zeit einmal Eismassen in einer bestimmten Region gab.

Die feste Erde ist aber nicht nur ein Spielball von extraterrestrischen oder Oberflächenkräften, sondern sie führt auch ein Eigenleben in der Form von geodynamischen Prozessen im Inneren der Erde. Motor dieser Prozesse ist der heiße Erdkern. Seine hohe Temperatur von mehr als 4000 Grad Celsius ist als Restwärme noch ein Überbleibsel des vor ca. 4,5 Milliarden Jahren stattgefundenen Entstehungsvorgangs der Erde, und er wird neu befeuert durch radioaktive Zerfallsprozesse. Diese permanente Fernwärmelieferung von unten verursacht im Erdmantel Dynamik in der Form von großskaligen, walzenförmigen Bewegungen des Mantelmaterials. Man wäre fast versucht, diesen Vorgang mit einem Kochtopf zu vergleichen. Durch das Aufdrehen der Herdplatte wird das Wasser im Topf von unten her aufgeheizt, steigt aufgrund seiner dann geringeren Dichte nach oben, kühlt ab, wird dadurch schwerer und sinkt wieder zu Boden, sodass im Topf eine walzenförmige Bewegung entsteht, die der Physiker Konvektion nennt. Jeder Geophysiker wird aber sofort den Einspruch erheben, dass nicht alles, was hinkt, ein Vergleich ist. Der große Unterschied zwischen unserem Kochgeschirr und der Erde besteht in den Materialeigenschaften. Wasser ist flüssig, hat eine geringe Dichte und kann sich daher sehr flexibel bewegen. Wir sprechen dann auch von geringer Viskosität. Mantelmaterial dagegen ist fest, hat eine ungefähr doppelt so hohe Dichte wie Granit und eine fünffache Dichte von Wasser und kann nur im Verlauf geologischer Zeitskalen von mehreren Millionen Jahren „fließen". Es hat also eine sehr hohe Viskosität. Daher sind auch die räumlichen und zeitlichen Skalen von Konvektion im Kochtopf und im Erdinneren dramatisch unterschiedlich: Während ein Wasserteilchen in Sekundenschnelle walzenförmig durch den Kochtopf wirbelt, bewegt sich Mantelmaterial mit Geschwindigkeiten von wenigen Zentimetern pro Jahr.

Plattentektonik

Wir würden von diesen geodynamischen Vorgängen im Erdinneren gar nicht viel mitbekommen, wenn sie sich nicht bis an die Erdoberfläche durchpausen würden. Die obersten 80 bis 120 Kilometer unseres Erdkörpers, die sogenannte Lithosphäre, schwimmen auf den tieferen Schichten des Erdmantels, der Asthenosphäre, auf. Aufgrund der Konvektionsbewegungen im Erdmantel kommt es zu großen Spannungen in der Lithosphäre: Sie ist in 13 große und zahlreiche kleinere Platten zerbrochen. Abb. 4.1 stellt die Plattengrenzen zwischen diesen Lithosphärenplatten dar (blau). Das Konzept der Bewegung von Kontinenten hat erstmals Alfred Wegener als „Kontinentaldrift" propagiert (Abschn. 2.1). Es weicht aber in einigen wichtigen Aspekten vom heute akzeptierten Konzept der Plattentektonik ab und schwächelt auch hinsichtlich einiger physikalischer Grundlagen. Das ist wahrscheinlich der Grund, warum die „Kontinentaldrift" mehr als 50 Jahre lang wissenschaftlich nicht anerkannt wurde. So ist es nicht nur die Erdkruste, die in mehrere Teile zerbrochen ist, denn diese hat eine Dicke von durchschnittlich 30 Kilometern in Kontinentalregionen und

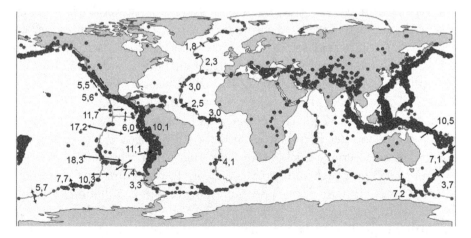

Abb. 4.1 Grenzen von Lithosphärenplatten (blau), Relativgeschwindigkeiten [cm/Jahr] von Lithosphärenplatten (schwarze Pfeile), starke Erdbeben (Magnitude > 6,0) seit 1900 (rot)

acht Kilometern unter den Ozeanen. Tatsächlich hängt ein Teil des oberen Mantels auch noch mit dran, sodass sich ganze Einheiten mit einer Dicke der erwähnten 80 bis 120 Kilometer gegeneinander bewegen.

Aufgrund der großen Kräfte, die durch die Konvektion im Erdmantel aufgebaut werden, verschieben sich an der Oberfläche die Lithosphärenplatten gegeneinander. Auch hier haben wir es mit Geschwindigkeiten von einigen Zentimetern pro Jahr zu tun (schwarze Pfeile in Abb. 4.1). Das ist in etwa jene Geschwindigkeit, mit der ein menschlicher Fingernagel wächst.

Es gibt nun unterschiedliche Bewegungsmuster, wie sich Lithosphärenplatten gegeneinander verschieben können. Diese sind in Abb. 4.2 dargestellt. Erstens können sie sich aufeinander zubewegen. Wir sprechen dann von sogenannten konvergenten Plattengrenzen. Die „schwerere" Platte wird sich unter die „leichtere" schieben, der Geophysiker nennt dies Subduktion. Im Falle eines Zusammenpralls von ozeanischer Platte und kontinentaler Platte ist immer die erstere schwerer und taucht bis tief in den Erdmantel ab. Dabei falten sich in den Randzonen der kontinentalen Platte hohe Gebirge auf. Als gutes Beispiel seien hier die Anden erwähnt, die durch das Abtauchen der sogenannten Nazca-Platte unter die Südamerikanische Platte entstanden sind. Kollidieren zwei kontinentale Platten, dann ergibt sich ein ziemlich unübersichtlicher Bruchvorgang, aber es kommt ebenfalls zur Gebirgsbildung. Beispiele sind das Himalaya-Massiv, das durch ein

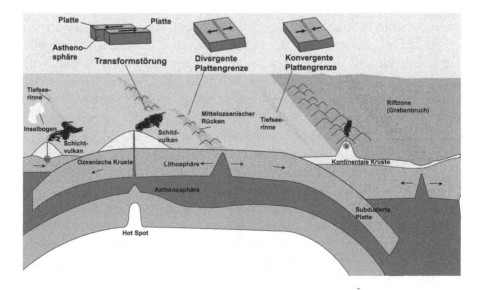

Abb. 4.2 Strukturen der Lithosphäre und Arten von Plattengrenzen

sehr schnelles Herandriften der Indischen Platte gegen die Eurasische Platte Richtung Norden entstanden ist, oder auch unsere Alpen, die wir der Nordbewegung der Afrikanischen Platte gegen die Eurasische Platte verdanken. Interessant ist die Tatsache, dass praktisch alle hohen Gebirge in der Nähe von aktiven konvergenten Plattengrenzen liegen. Denn lässt die Aktivität nach und heben sich diese nicht mehr so schnell nach oben, dann werden die Todfeinde der Gebirgsbildung das Spiel gewinnen, die Verwitterung und Abtragung des Felses (Erosion). Deshalb sind alle hohen Gebirge, die wir heute auf unserer Erde beobachten, aus geologischer Sicht sehr jung, also maximal 20 bis 30 Millionen Jahre alt. Die älteren Exemplare wie beispielsweise das Uralgebirge wurden bereits scheibchenweise von Wind und Wetter abgetragen. Der Vollständigkeit halber sei noch erwähnt, dass es auch Kollisionen von zwei ozeanischen Platten gibt. In diesem Fall entstehen Tiefseegräben, wie beispielsweise der Marianengraben, der mit mehr als elf Kilometern Tiefe den tiefsten Punkt der festen Erdoberfläche darstellt.

Andererseits können Platten auch auseinanderdriften. In diesem Fall spricht man von divergenten Plattengrenzen. Ein klassisches Beispiel dafür ist der Ostafrikanische Grabenbruch. Wir beobachten einen solchen Vorgang aber auch entlang der mittelozeanischen Rücken, die in den Tiefen der Meere die ganze Welt umspannen. Hier dringt heißes Material in Form von Magma aus dem Mantel und liefert jenes Material nach, das weit entfernt in den Subduktionszonen „verloren" geht. Je weiter der Ozeanboden vom mittelozeanischen Rücken weggeschoben wird, desto älter ist er. Das älteste ozeanische Gestein ist ca. 200 Millionen Jahre alt. Spätestens dann wird es unter eine kontinentale Platte subduziert. Dagegen finden wir in der kontinentalen Kruste Gesteine mit einem Alter von 3,5 Milliarden Jahren und mehr. Abb. 4.3 zeigt beispielsweise den mittelatlantischen Rücken. Da diese Rücken unterseeische Gebirge mit zusätzlicher Masse darstellen, zeichnen sie sich in einer Karte des Schwerefeldes als rotes Band mit erhöhten Werten der Schwerebeschleunigung ab (Abschn. 3.7).

Als dritter Mechanismus können zwei Platten aneinander entlang gleiten. Der Geophysiker spricht dann von einer Transformstörung. Das Paradebeispiel dafür ist die San-Andreas-Verwerfung im Westen der USA, wo sich die Pazifische und die Nordamerikanische Platte im Mittel fünf Zentimeter pro Jahr in Richtung Nordost-Südwest gegeneinander verschieben.

Bewegungen von einigen Zentimetern pro Jahr – die Highspeed-Ausgaben unter den Lithosphärenplatten haben auch bis zu 20 Zentimeter pro Jahr auf dem Tacho – sind gerechnet auf ein Menschenleben nicht allzu viel. Summiert man diese Plattenbewegungen allerdings über mehrere

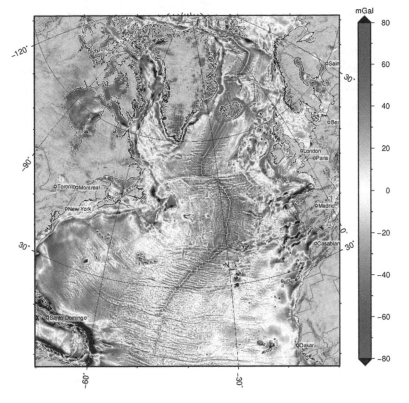

Abb. 4.3 Schwereanomalien im Bereich des Nordatlantiks, berechnet aus einem globalen kombinierten Schwerefeldmodell

Jahrmillionen auf, so wird man bemerken, dass das Antlitz unserer Erde hinsichtlich der Verteilung der Kontinente früher ganz anders ausgesehen hat als heute. Vor 150 bis 300 Millionen Jahren hatten wir eine ganz besondere Anordnung, bei der fast alle Landmassen in einem einzigen großen Kontinent Pangäa vereinigt waren. Doch auch das war nur ein spezielles Intermezzo in der permanenten Wanderung der Kontinente über den Globus. Woher weiß man das? Die historische Lage der Kontinente lässt sich vor allem durch Messungen des historischen Magnetfeldes bestimmen. Diese Information ist in den Gesteinen gespeichert. Diese Methode des Paläomagnetismus erlaubt es uns, die Wanderwege von Kontinenten sukzessive bis in die weite Vergangenheit zu rekonstruieren. Die Pfeile in Abb. 4.1 zeigen die mithilfe der Paläomagnetik ermittelten Plattengeschwindigkeiten. Was hat das alles aber mit Geodäsie und insbesondere Satellitenmethoden zu tun?

Heute sind wir in der Lage, mithilfe moderner geodätischer Verfahren die *aktuellen* Bewegungen und Geschwindigkeiten der Plattentektonik direkt zu beobachten. Geodätische Messstationen sind üblicherweise fix auf der Erdoberfläche verankert, sie sitzen somit auch auf einer der Lithosphärenplatten und sind heimliche, aber nicht blinde Passagiere, wenn sich diese bewegen. Abb. 4.4 zeigt die Veränderung der Koordinaten des Geodätischen Observatoriums Wettzell (Abschn. 3.9) über einen Zeitraum von ca. 20 Jahren, wie sie mittels GNSS-Techniken (Abschn. 3.3) bestimmt wurden. Offensichtlich beobachten wir einen Trend in Richtung Norden und Osten. Wettzell ist fest auf der Eurasischen Platte verankert, die aktuell noch immer um ca. zwei Zentimeter pro Jahr von der Afrikanischen Platte nach Nordosten gedrückt wird. In der Zeitreihe der Höhe ist kein derart signifikanter Trend sichtbar, hier spiegeln sich vor allem jahreszeitliche Auflasteffekte wider. Diese sind auch in der Nord- und Ost-Komponente vorhanden, werden aber vom starken Trendsignal zugedeckt. In ähnlicher Weise können auch andere geodätische Raumverfahren wie *Very Long Baseline Interferometry* (VLBI; Abschn. 3.4) und *Satellite Laser Ranging* (SLR; Abschn. 3.5) verwendet werden, um solche Stationsbewegungen zu messen. Beobachten wir die Koordinaten und deren zeitliche Veränderung für möglichst viele Stationen weltweit, so können wir diese Information nicht nur zur Bestimmung von globalen Referenzsystemen (Abschn. 3.2) nutzen, sondern auch, um daraus die Plattengeschwindigkeiten aller Lithosphärenplatten abzuleiten. Somit ist die Geodäsie heute in der Lage, Plattentektonik mit einer Genauigkeit von wenigen Zehntel Millimetern pro Jahr direkt zu messen.

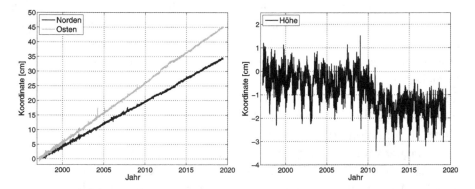

Abb. 4.4   Zeitreihen der Koordinate eines permanenten GNSS-Empfängers am Geodätischen Observatorium Wettzell

Die beschriebene Bewegung der Afrikanischen Platte Richtung Norden führt dazu, dass sich das geologisch recht junge Gebirge der Alpen weiter hebt. Diese Höhenänderung lässt sich ebenfalls durch hochgenaue GPS-Messungen bestimmen (Abb. 4.5). Im Durchschnitt hebt sich das Gebirge um 1,8 Millimeter pro Jahr, in einigen Regionen sogar um mehr als zwei Millimeter. Dieses Ergebnis basiert auf Messungen von mehr als 300 GPS-Stationen in den deutschen, österreichischen, slowenischen, italienischen, französischen und Schweizer Alpen über einen Zeitraum von 12 Jahren.

Darüber hinaus können auch Beobachtungen des Schwerefeldes dazu verwendet werden, um Aufschlüsse über unterirdische Strukturen zu erhalten, da diese Abweichungen in der Massenverteilung darstellen. Insbesondere die räumlich hochauflösenden Schwerefeldmodelle der Satellitenmission GOCE (Abschn. 3.8) haben hier wichtige Beiträge zur Bestimmung des Schwerefeldes auch in schwierig zugänglichen Gebieten geliefert. Abb. 4.6 zeigt ein geophysikalisches Modell der Lithosphäre im Bereich einer Subduktionszone in der Region Costa Rica. Eine ozeanische Platte mit größerer Dichte (im

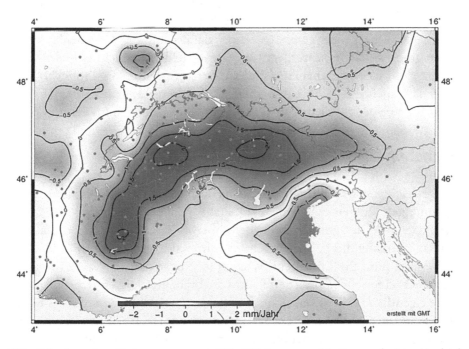

Abb. 4.5 Aus den Daten von rund 300 GPS-Permanentstationen (grüne Punkte) abgeleitetes vertikales Deformationsmodell der Alpen: Rote Bereiche weisen eine Hebung auf, blaue eine Senkung

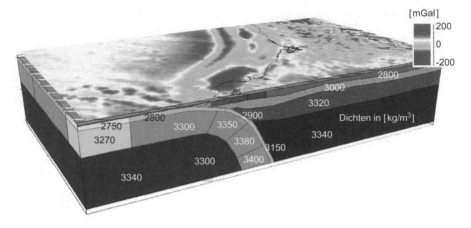

Abb. 4.6 3D-Dichtemodell einer Subduktionszone, abgeleitet aus einem globalen hochauflösenden Schwerefeldmodell (© Hajo Götze/Uni Kiel)

Bild grün) taucht dabei unter eine kontinentale Platte (braun) ab. Aufgrund dieser unregelmäßigen Massenverteilung kommt es auch zu Abweichungen der Schwerebeschleunigung an der Oberfläche. Werden diese Schwereanomalien sehr genau gemessen, kann daraus auf die Gegebenheiten im Untergrund geschlossen werden. Das Schwerefeld ermöglicht es uns also, tief in die Erde hineinzuschauen – und das zerstörungsfrei. In ähnlicher Weise ließe sich auch die in Abb. 4.6 gezeigte Schwerekarte an der Oberfläche als Basis für eine geophysikalische Modellierung des Untergrunds verwenden.

Erdbeben

Es ist leicht, sich vorzustellen, dass gerade an den Plattengrenzen große Spannungen aufgebaut werden. Deshalb ist es auch nicht verwunderlich, dass viele der größten Erdbeben, aber auch die Mehrzahl der aktiven Vulkane, entlang dieser Plattengrenzen auftreten (rote Punkte in Abb. 4.1).

Was ist nun ein Erdbeben? Wieder so eine einfache Frage, für die es eigentlich eine sehr komplizierte Antwort bräuchte. Die ehrlichste Antwort wäre eigentlich: Wir wissen es noch nicht genau. Soll heißen, dass es extrem schwierig ist, den physikalischen Vorgang, der bei einem Erdbeben passiert, halbwegs realistisch nachzubilden. Versuchen wir es dennoch mit einer vereinfachten Antwort. Bei einem Erdbeben baut sich zunächst in einer bestimmten Region viel Druck auf. Irgendwann ist das betroffene Gestein nicht mehr in der Lage, weitere Spannungen aufzunehmen: Es bricht, und dabei wird sehr viel Energie frei – das meiste davon als sogenannte seismische Wellen, die durch die Erde laufen und dabei jede Menge zerstörerisches Potenzial in sich tragen. Ein kleinerer Teil wird als akustische Energie freigesetzt – dies ist das typische Rumpeln, das man bei einem Erdbeben hört. Nur um einen Eindruck über die Energie zu bekommen: Ein starkes Erdbeben der Magnitude 8 setzt die Energie von mehreren Millionen Atombomben frei.

Erdbeben stellen eine der zerstörerischsten Naturgefahren dar. Im Mittel fordern sie weltweit mehr als 10.000 Todesopfer pro Jahr. Manche Katastrophenereignisse haben aber allein schon 200.000 Opfer und mehr gefordert, so zum Beispiel das Erdbeben von Sumatra im Dezember 2004. Wie in diesem Fall auch resultieren die großen Opferzahlen häufig nicht aus dem Erdbeben selbst, sondern aus sogenannten Sekundärereignissen wie beispielsweise Tsunamis (Abschn. 4.3), die von einem unterseeischen Beben ausgelöst werden können.

Verlässliche Erdbebenvorhersage steckt heute nach wie vor in den Kinderschuhen. Wir können heute zwar recht zuverlässig Gebiet und Zeitraum eingrenzen, an dem mit erhöhter Wahrscheinlichkeit ein Erdbeben auftreten könnte. Für die praktische Anwendung, zum Beispiel, um rechtzeitig Evakuierungsmaßnahmen einzuleiten und diese wirtschaftlich wie politisch rechtfertigen zu können, sind solche Aussagen aber viel zu vage. Eine Grundvoraussetzung für eine punktgenaue Erdbebenvorhersage wäre, die Physik und den Mechanismus, die hinter einem Erdbeben stecken, zur Gänze zu verstehen. Dazu müsste man aber die Materialeigenschaften und Spannungsverteilungen bis in große Tiefen genau kennen. Leider hängen die Mechanismen sehr stark von den lokalen geologischen Gegebenheiten ab, das heißt, man kann ein Modell nicht ohne Weiteres von einem Gebiet auf ein anderes übertragen.

Der erste notwendige Schritt in die richtige Richtung ist jedoch, sehr genau zu beobachten, was bei einem Erdbeben passiert, um diese Informationen in geophysikalische Modelle einzuspeisen. Und hier kommt wiederum die Geodäsie ins Spiel.

Die Geodäsie kennt zahlreiche Methoden, um Erdbeben und ihre Auswirkungen zu beobachten. Allein aus der Koordinatendifferenz, die punktweise vor und nach dem Erdbeben mittels GNSS-Verfahren für eine bestimmte Station abgeleitet wird, können wertvolle Aussagen über die Oberflächendeformation abgeleitet werden. Über diese Basisinformation hinaus bietet die Methode viele weitere Möglichkeiten: Wird die Station über einen längeren Zeitraum beobachtet, so können Aussagen über Vorgänge vor, während und nach dem Erdbeben abgeleitet werden. Häufig ist es so, dass der Bewegungsvorgang bereits Tage und Wochen vor dem eigentlichen Ereignis beginnt. Die Information über den Versatz und dessen Richtung gibt wichtige Hinweise zum Bruchprozess selbst und die Erdbebenstärke. Nach großen Erdbeben sind oft monatelange Kriechprozesse zu beobachten, in denen sich die Erdbebenregion systematisch weiter deformiert, häufig wieder in Richtung Ursprungszustand zurück. Ist ein dichtes Netz von GNSS-Stationen im Umkreis eines Erdbebenherds verteilt und haben diese während des Erdbebens zeitlich hochauflösend gemessen, dann können heute sogar die Ausbreitung und der Verlauf der Erdbebenwelle selbst sichtbar gemacht werden. All das sind wichtige Informationen, um einerseits über den Bruchprozess zu lernen und andererseits Informationen über geologische Strukturen und Materialeigenschaften im Erdbebengebiet zu erhalten.

Ein Nachteil des GNSS-Verfahrens ist jedoch, dass es nur punktweise an jenen Orten Informationen liefert, wo ein GNSS-Empfänger positioniert ist. Um in die Fläche zu gehen, bieten sich Fernerkundungsverfahren an. Ähnlich wie bei der Ableitung von Gletscherfließgeschwindigkeiten (Abschn. 4.5) werden von einer Erdbebenregion Radarfotos vor und nach dem Beben gemacht. Aus dem Vergleich der beiden Bilder können Oberflächenveränderungen flächenhaft rekonstruiert werden.

Alle geometrischen Beobachtungsverfahren haben allerdings den Nachteil, dass sie vorwiegend nur Oberflächenveränderungen detektieren können, während der Bruchvorgang eines Erdbebens im Erdinneren stattfindet. Deshalb können Schwerefeldmessverfahren eine wichtige und komplementäre Information über Erdbebenmechanismen liefern, da sie auch auf Massenverschiebungen sensitiv sind, die in der Tiefe stattfinden.

Die folgende Box zeigt Beispiele für die geodätische Beobachtung von Erdbeben am Beispiel der großen Erdbeben von Sumatra (2004) und Chile (2010).

Gravimetrische und geometrische Vermessung großer Erdbeben

Erdbeben führen zu Massenbewegungen im Untergrund und auch Verschiebungen an der Erdoberfläche. Da der direkte Zugang ins Erdinnere fehlt, stellt die Vermessung der Veränderungen des Schwerefeldes die direkteste Methode dar, diese Massenbewegung zu bestimmen. Die folgende Grafik zeigt dies für das Sumatra-Erdbeben, das am 26. Dezember 2004 stattfand, eine Magnitude von 9.0 hatte und einen großen Tsunami auslöste (Abschn. 4.3). Das linke Bild zeigt die Differenz von Schwerefeldkarten vor und nach dem Beben. Daraus lässt sich auch sehr gut der Bruchmechanismus ableiten. Die Massen in den Regionen mit positivem Vorzeichen (rot) haben sich gehoben, während sich jene mit negativem Vorzeichen (blau) gesenkt haben. Die Massenverschiebung bleibt aber nicht nur auf den Zeitpunkt während des Erdbebens beschränkt, sondern spiegelt sich häufig über viele Monate und Jahre nach dem Erdbeben als „Kriechen" wider, das häufig Richtung Ursprungszustand zurückführt. Dies wird in der rechten Grafik für eine Station nahe des Epizentrums (weißer Punkt im linken Bild) als Zeitreihe dargestellt.

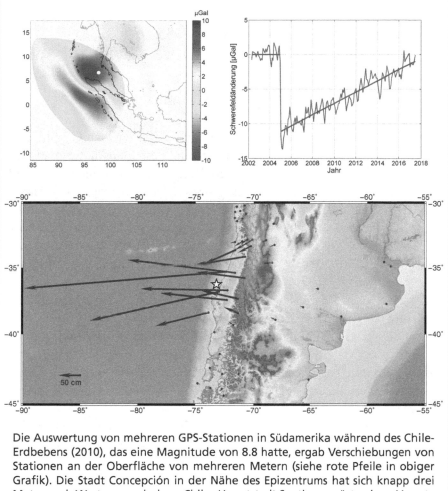

Die Auswertung von mehreren GPS-Stationen in Südamerika während des Chile-Erdbebens (2010), das eine Magnitude von 8.8 hatte, ergab Verschiebungen von Stationen an der Oberfläche von mehreren Metern (siehe rote Pfeile in obiger Grafik). Die Stadt Concepción in der Nähe des Epizentrums hat sich knapp drei Meter nach Westen verschoben. Chiles Hauptstadt Santiago spürte einen Versatz um fast 30 Zentimeter nach Westen. Auch mehrere Hundert Kilometer entfernte Messpunkte wurden noch um einige Zentimeter durch das Erdbeben versetzt.

Hinsichtlich Verständnis, Modellierung und letztlich Vorhersagemöglichkeiten von Erdbeben ist auch hier wichtig, eine Kombination von Messverfahren einzusetzen, um die jeweiligen Vorteile optimal zu nutzen und diese (geodätischen) Messdaten konsistent in ein physikalisches Prozessmodell einzubinden.

4.3   Tsunamis – Die unvorstellbare Kraft des Wassers

>> *„Da kam die Sintflut über die Erde ..."*
[Altes Testament, 1. Buch Mose, Genesis]

Ursachen und Entstehung von Tsunamis

Bis vor wenigen Jahren konnten selbst viele Experten der Geophysik mit dem Begriff „Tsunami" nur wenig anfangen. Bestenfalls hatte man ihn in einer Grundlagenvorlesung einmal am Rande mitbekommen. Das ändert sich allerdings schlagartig, als ein großes Seebeben vor der Küste von Sumatra am 26. Dezember 2004 eine solche Riesenwelle auslöst, die letztlich etwa 230.000 Menschen das Leben kostet. Vielfach ist es tatsächlich so, dass dieses sogenannte Sekundärereignis eines Erdbebens (Abschn. 4.2) mehr Schäden anrichtet als das Beben selbst. Dies gilt vor allem dann, wenn auch noch sicherheitskritische Infrastruktur betroffen ist, wie der Super-GAU des Kernkraftwerks von Fukushima als Folge des Japan-Erdbebens 2011 und der dadurch ausgelöste Tsunami schmerzvoll demonstrieren.

Der Begriff „Tsunami" kommt aus dem Japanischen und bedeutet wörtlich übersetzt „Hafenwelle". Es scheint sich also um eine besondere Art von Wellen zu handeln, die einen Tsunami charakterisieren und die sich an der Küste besonders katastrophal auswirken kann. Wir gehen darauf später noch im Detail ein.

Etwa 90 Prozent aller Tsunamis werden durch Erdbeben ausgelöst, die im Bereich eines Ozeans auftreten (Seebeben). Dabei kommt es auf den Bruchvorgang an, ob überhaupt Tsunamis angeregt werden: Nur, wenn es Vertikalbewegungen von Lithosphärenplatten im Zuge des Seebebens gibt, kann ein Tsunami entstehen. Eine Transformstörung, bei der zwei Erdplatten vorwiegend horizontal aneinander gleiten, kann niemals eine solche Riesenwelle auslösen. Die Wellenhöhe des Tsunami ist in etwa gleich groß wie der vertikale Versatz des Bruchvorgangs. Daher können von Erdbeben ausgelöste Tsunamis am offenen Meer maximal einige Meter hoch werden.

Erdbeben sind aber nicht die einzige Ursache, um riesige Tsunami-Wellen anzuregen. Auch Bergrutsche, Vulkanausbrüche oder Meteoriteneinschläge können sie auslösen. Hinsichtlich möglicher Wellenhöhen sind im Vergleich dazu die von Erdbeben angeregten Tsunamis eher der schwachbrüstige kleine Bruder. Ein Gefahrenpotenzial, das immer mal wieder als Katastrophenszenario durch die Medien geistert, ist die Vulkaninsel La Palma vor der Küste Westafrikas, die in keinem besseren Tourismuskatalog fehlen darf. Entlang der Westflanke der Vulkankette Cumbre Vieja zieht sich ein mehrere Kilometer langer Riss. Bei einem zukünftigen Vulkanausbruch könnte die Westflanke komplett abbrechen und ins Meer stürzen, was gemäß Modellrechnungen einen bis zu 650 Meter hohen Mega-Tsunami zur Folge hätte, der über den gesamten Atlantik laufen und bei seiner Ankunft in New York immer noch 25 Meter hoch sein könnte. Zwar ist es nicht sehr wahrscheinlich, dass der halbe Vulkanberg am Stück abrutscht. Es gibt auch berechtigte Zweifel, ob die Flanke steil genug ist, um überhaupt ins Rutschen zu kommen, oder ob sie nicht eher mühsam Richtung Meer kriecht und dabei mit hoher Wahrscheinlichkeit auch noch in mehrere kleinere Stücke zerbricht. So ein von einem Bergrutsch ausgelöster Tsunami enthält außerdem nicht nur ungleich weniger Energie, sondern hat auch eine weit geringere Wellenlänge als ein normaler Tsunami und wird entsprechend stärker gedämpft, sodass in New York statt der angedrohten 25 Meter vielleicht gerade mal ein bis drei Meter Wellenhöhe auflaufen. Aber auch diese könnten noch genug Unheil anrichten.

Solche Mega-Tsunamis sind jedoch nicht nur ein reines Hirngespinst aus der Feder eines drittklassigen Katastrophenfilmautors, sondern sie können tatsächlich entstehen. Der höchste jemals gemessene Tsunami wird am 7. Juli 1958 in der Lituya Bay beobachtet, einer idyllischen kleinen Bucht in Alaska. Dieser Mega-Tsunami wird durch einen Bergsturz angeregt. Die Riesenwelle läuft quer über den Fjord und baut sich am Gegenhang bis zu einer Höhe von 524 Metern auf. Das kann man noch heute nachmessen, da das aquatische Ungetüm den Wald unterhalb dieser Linie einfach abrasiert hat, sodass dort heute eine ungleich jüngere Vegetation wächst als darüber.

Die Physik eines Tsunamis

Wenn man im offenen Ozean auf der lange ersehnten Kreuzfahrt unterwegs ist, dann sind Wellengänge normaler Wasserwellen von 20 Metern Höhe keine Seltenheit. Sie können zwar ein Schiff ziemlich durchschütteln, aber bis auf vielleicht erhöhten Vomex-Bedarf der Passagiere passiert nicht viel. Auch wenn diese hohen Wellen an Land treffen, ist ihr Schadenspotenzial vergleichsweise sehr begrenzt. Warum verhalten sich aber Tsunami-Wellen so anders?

Tsunamis unterscheiden sich hinsichtlich ihrer Physik beträchtlich von „normalen" Wasserwellen, die vom Wind angeregt werden. Diese können zwar große Höhen annehmen, besitzen aber gewöhnlich eine kurze Wellenlänge: Nur wenige Hundert Meter hinter einem Wellenberg kommt auch schon wieder das Wellental. Bei normalen Wellen kommen auch nur die Wassermassen nahe der Meeresoberfläche in Bewegung, während ein Taucher vom großen Sturm an der Oberfläche gar nicht viel mitbekommt. Bei Tsunamis jedoch werden sämtliche Wassermassen bis hinunter zum Meeresboden angeregt, und sie haben eine extrem lange Wellenlänge von mehreren Hundert Kilometern. Daher tragen sie ungleich mehr Energie in und mit sich.

An dieser Stelle drängt sich ein Vergleich mit einer Badewanne förmlich auf. Wenn Sie, lieber Leser, in die Badewanne pusten wollen, um Wellen zu erzeugen, dann müssen Sie Ihre Lungen ganz schön anstrengen, aber bis auf ein paar lustige Ringe an der Oberfläche wird nicht viel passieren. Wenn sich dagegen Ihre beleibte Tante (oder aus Gender-Gründen gerne auch der bierbäuchige Onkel) in die Badewanne setzt, dann schwappt das ganze Wasser in der Badewanne und der Nassraum Badezimmer kann schon mal seine wortwörtliche Bedeutung erhalten.

Der Anregungsmechanismus eines von einem Seebeben verursachten Tsunami wird in der nachfolgenden Box erläutert.

Anregungsmechanismus eines Tsunami durch Seebeben

Ein Erdbeben löst Vertikalbewegungen des Meeresbodens aus. Weil sich das darüber liegende Wasser nicht einfach in Luft auflösen kann, wird der gesamte Wasserkörper des Ozeans angehoben beziehungsweise abgesenkt. Dies erklärt auch, warum die Tsunamihöhe in etwa dem vertikalen Versatz des Bruchvorgangs entspricht. Die Tsunamiwelle breitet sich dann mit einer typischen Wellenlänge von 500 bis 1000 Kilometern in alle Richtungen aus. Wie rasch sie das tut, hängt dabei maßgeblich von der Wassertiefe ab. Bei sechs Kilometern Wassertiefe läuft die Welle etwa 800 Kilometer pro Stunde schnell, bei zwei Kilometern Wassertiefe „nur" noch mit 50 Kilometern in der Stunde. Da der Energieverlust bei Ausbreitung für große Wellenlängen viel geringer ist als für kleine, können sich Tsunamis im Gegensatz zu normalen Wasserwellen über ganze Ozeane hinweg ausbreiten und verlieren dabei nur recht wenig an Wucht.

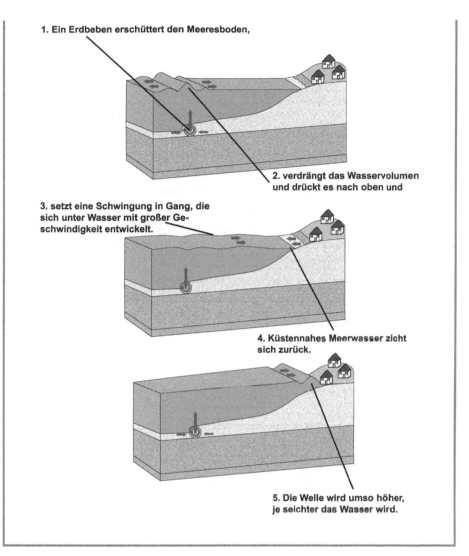

1. Ein Erdbeben erschüttert den Meeresboden,

2. verdrängt das Wasservolumen und drückt es nach oben und

3. setzt eine Schwingung in Gang, die sich unter Wasser mit großer Geschwindigkeit entwickelt.

4. Küstennahes Meerwasser zieht sich zurück.

5. Die Welle wird umso höher, je seichter das Wasser wird.

Was passiert nun aber, wenn sich die Megawelle Richtung Küste bewegt? Aufgrund ihrer langen Wellenlänge brechen Tsunamiwellen nicht, wenn sie auf Hindernisse treffen, die wesentlich kleiner sind als die Tsunami-Wellenlänge, und können sich daher im Küstenbereich auch weit ins Landesinnere hinweg ausbreiten. Die Geschwindigkeit nimmt mit abnehmender Wassertiefe weiter ab und liegt beispielsweise bei 100 Metern Wassertiefe nur noch bei ca. 110 Kilometern in der Stunde. Irgendwo müssen die Wassermassen und die darin enthaltene Energie aber hin, und die einzige Möglichkeit ist himmelwärts. Daher können sich Tsunamis in seichten Küstenbereichen zu viel größeren Höhen auftürmen, als sie zunächst im offenen Ozean hatten. Sie schwappen quasi ins Landesinnere wie das Badewasser über den Wannenrand. Im Übrigen ist der sicherste Ort im Einzugsbereich eines Tsunami der offene Ozean. Wenn man auf einem Schiff sitzt, wird man eine darunter hinweglaufende Tsunamiwelle aufgrund ihrer langen Wellenlänge bestenfalls als gemütliches, langsames Anheben oder Absenken spüren. Wehe aber dem, der sein Schiff gerade in den Hafen steuert.

Eine besonders tückische Eigenschaft eines Tsunami im Küstenbereich ist auch, dass sich das Meer häufig zunächst um mehrere Hundert Meter zurückzieht, bevor der erste Wellenberg eintrifft. Das hat mit dem Anregungsmechanismus zu tun: Bei einem Hangrutsch oder dem Absenken einer Kontinentalplatte wird Wasser zur Sohle hin beschleunigt. Wasser wird verdrängt, und es entsteht zunächst ein Wellental und im Küstenbereich eine Sogwirkung, die das Meer am Strand kurzfristig zum Verschwinden bringt. Der Rückzug des Meeres um weit größere Beträge als es die beste Ebbe jemals könnte, ist natürlich ein imposantes Naturschauspiel. Daher gehen häufig viele Strandurlauber, die die lauernde Gefahr nicht kennen, zunächst in die falsche Richtung „Meer schauen", anstelle sich schleunigst aus dem Staub zu machen – ein fataler Fehler.

Große Tsunami-Ereignisse können tatsächlich den Wasserkörper aller Weltmeere zum Schwingen bringen. Die gesamte Badewanne Ozean schwappt also noch sehr lange nach. Tsunamiwellen laufen dabei mehrfach um die Welt und können über mehrere Tage hinweg weltweit beobachtet werden. Dabei nehmen die Wellenhöhen aber natürlich merklich ab.

Die von Tsunamis ausgehende Gefahr bleibt indes nicht auf weit entfernte Urlaubsparadiese beschränkt. Auch etwa das Mittelmeer trägt ein beachtliches Potenzial für zerstörerische Riesenwellen in sich, da diese Region aufgrund der komplexen tektonischen Situation mit einem Mosaik an Mikroplatten, die den Südrand der Eurasischen Platte bilden, häufig von schweren Erdbeben erschüttert wird. Die Afrikanische Platte schiebt sich gegen die Eurasische Platte, und im Bereich des östlichen Mittelmeers wird dabei die Adriatische Mikroplatte eingezwängt und gedreht. Zahlreiche starke Erdbeben etwa in Griechenland, Türkei, Kreta und Italien resultieren daraus. Der letzte große Tsunami ereignet sich in dieser Region 1908 in Folge eines Bebens nahe Messina in Italien. Bis zu zehn Meter hohe Wellen treffen damals auf das Festland und fordern Zehntausende Todesopfer. Derart große Tsunami-Ereignisse kommen im Mittelmeer statistisch alle 100 bis 150 Jahre vor, kleinere viel häufiger. Ein größerer Tsunami im Mittelmeerraum etwa ereignet sich in Deutschlands 17. Bundesland Mallorca am

17. Oktober 2018. Dieser wird jedoch ungewöhnlich angeregt, nämlich als kurioses Wetterphänomen durch extreme Luftdruckschwankungen. Mit einer maximalen Wellenhöhe von 60 Zentimetern ist dieses in der Fachwelt als „Meteo-Tsunami" bezeichnete Phänomen nicht besonders stark, fordert aber ein Todesopfer durch Ertrinken. Besonders großes Gefahrenpotenzial durch Mega-Tsunamis ist im Mittelmeerraum insbesondere durch küstennahe aktive Vulkane gegeben. Das Abrutschen instabiler Vulkanhänge ins Meer könnte Modellrechnungen zufolge, ähnlich wie in der Lituya Bay in Alaska, Tsunamis von gewaltiger Dimension auslösen.

Tsunami-Frühwarnsysteme

Tsunami-Warnsysteme haben ein großes Potenzial, zahlreiche Menschenleben durch frühzeitige Warnung zu retten. Grund dafür ist, dass die Ausbreitungsgeschwindigkeit von Tsunamis so gering ist, dass zumindest für weiter vom Tsunami-Ursprung entfernte Gebiete hinreichend lange Reaktionszeiten bestehen. Ein negatives Beispiel dafür ist der Sumatra-Tsunami 2004. Hier gab es Zehntausende Tote in weit vom Epizentrum entfernten Gebieten wie Sri Lanka und Indien, wo der Tsunami erst zwei bis drei Stunden nach Entstehung eintraf. Grund dafür waren nicht funktionierende Kommunikationswege, obwohl die Existenz des Tsunami wenige Minuten nach Entstehung bekannt war. Dieses Ereignis demonstriert, dass ein gutes Zusammenspiel zwischen Tsunami-Beobachtung, Risikobewertung und Warnung unumgänglich ist, um moderne wissenschaftliche und messtechnische Erkenntnisse zum Nutzen der Menschheit einzusetzen.

Das Herzstück von Tsunami-Frühwarnsystemen sind seismische Stationen im Zusammenspiel mit Ozeanbodendrucksensoren. Mithilfe der Daten der seismischen Stationen über eintreffende Erdbebenwellen kann innerhalb kürzester Zeit nicht nur der Entstehungsort des Erdbebens, sondern vor allem auch der Bruchmechanismus bestimmt werden. Wie bereits erwähnt, werden große Tsunamis nur dann generiert, wenn der Bruch eine starke Vertikalkomponente aufweist. Ozeanbodendrucksensoren messen den Druck des über dem am Ozeanboden montierten Sensors aufgrund von veränderlichen Wasserauflasten. Die Sensitivität ist dabei so hoch, dass damit Tsunamis von nur einem Zentimeter Höhe gemessen werden können. Diese Sensoren sind mit Bojen an der Wasseroberfläche verknüpft, welche die Daten in Echtzeit über einen Kommunikationssatelliten in die Tsunami-Warnzentrale übertragen, wo sie innerhalb weniger Sekunden ausgewertet werden (Abb. 5.1).

Ein Paradebeispiel für funktionierende Tsunami-Frühwarnung ist das amerikanische DART-System. DART steht für *Deep-ocean Assessment and Reporting of Tsunamis*. Bodendrucksensoren und Bojen sind dabei an strategisch wichtigen Positionen in den Weltmeeren verteilt, insbesondere rund um die von starken Erdbeben besonders betroffene Region des Pazifischen Ozeans.

Neuere Systeme werden dabei auch um geodätische Komponenten erweitert, wie beispielsweise das vom GeoForschungsZentrum Potsdam entwickelte *German Indonesian Tsunami Early Warning System* (GITEWS). Mithilfe von modernen Satellitennavigationssystemen wie GPS (Abschn. 3.3) werden in einem dichten Messnetz horizontale und vertikale Bodenbewegungen gemessen, sodass zusammen mit den Erdbebendaten innerhalb weniger Minuten der Erdbebenbruch charakterisiert und damit die Stärke und Ausbreitung eines Tsunami berechnet werden können. Diese Erweiterung ist insbesondere im Nahbereich wichtig, also wenn die Distanz zwischen Entstehungsherd und gefährdetem Gebiet kurz ist und ein potenzieller Tsunami nur wenige Minuten bis zum Eintreffen braucht. Außerdem werden GPS-Küstenpegel in die Auswertung mit eingebunden. Die Pegel messen Wasserstandsänderungen, die durch einen Tsunami verursacht werden, während zusätzliche GPS-Empfänger eine mögliche vertikale Verschiebung des Untergrundes erfassen.

Grundsätzlich sind auch Altimetersatelliten (Abschn. 3.6) in der Lage, Tsunamis zu detektieren. Allerdings wäre eine sehr große Zahl von Satelliten erforderlich, um die Erde damit permanent global abzudecken und somit ein zu beliebiger Zeit und an beliebigem Ort eintreffendes Tsunami-Ereignis praktisch in Echtzeit detektieren zu können. Altimeterdaten können aber wertvolle Information über Ausbreitungswege von Tsunamis liefern und somit zu einer realistischen Modellierung von Tsunami-Ereignissen beitragen.

4.4 Wie verändert sich der Meeresspiegel?

» *„Wenn uns das Wasser bis zum Hals steht, sieht man unsere angeblich weiße Weste auch nicht mehr."*
[Roland Pail]

Meeresspiegelanstieg – wahr oder falsch?

Steigt der Meeresspiegel an? Nicht jede einfache Frage hat auch eine einfache Antwort. Zumindest drei Zusatzfragen müssten noch erlaubt werden: Wann, wie viel und vor allem wo?

Die blaue Kurve in Abb. 4.7 zeigt den Verlauf des globalen Meeresspiegelanstiegs, so wie er in den vergangenen 25 Jahren mithilfe des Verfahrens der Satellitenaltimetrie bestimmt wurde (Abschn. 3.6). Seit dem Jahr 2000 haben wir immer mindestens drei Satellitenaltimetriemissionen gleichzeitig um die Erde kreisen. Die seit 1993 geflogenen Satellitenmissionen sind in Abb. 4.7 durch unterschiedliche Farbbalken gekennzeichnet. Es werden zunächst die jährlichen Schwankungen offensichtlich, die mit jenen

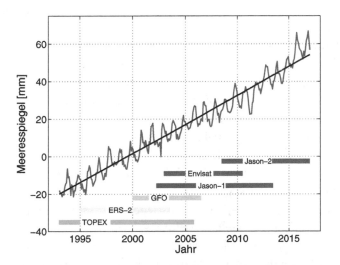

Abb. 4.7 Globaler mittlerer Meeresspiegelanstieg aus Satellitenaltimetrie. Die Farbbalken geben die Missionsperioden unterschiedlicher Altimetersatelliten an

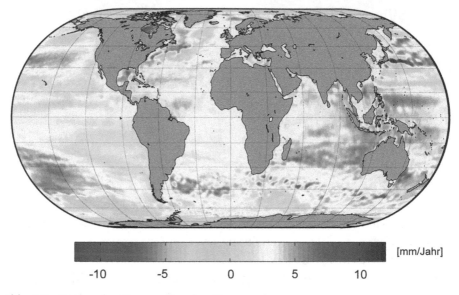

Abb. 4.8   Regionaler Meeresspiegelanstieg

physikalischen Ursachen der Meeresspiegelveränderung zusammenhängen, die wir in Abschn. 4.5 im Detail besprechen. Genauso gibt es aber einen generellen Anstieg des mittleren Meeresspiegels. Wenn wir eine Gerade (schwarz) durch diese Kurve legen, kommen wir auf einen Wert von etwas mehr als drei Millimetern pro Jahr. Die heute erzielbare Genauigkeit dieses Ergebnisses liegt im Bereich von weit unter einem Millimeter pro Jahr, das Resultat ist also in hohem Maße zuverlässig.

So viel mediale Aufmerksamkeit wegen läppischen drei Millimetern pro Jahr? Sachte, sachte, und bitte keine voreiligen Schlüsse ziehen! Abb. 4.7 zeigt einen globalen Mittelwert, also einen durchschnittlichen Anstieg, wenn man über alle Ozeane dieser Welt mittelt. Darf man das denn nicht? Wasser sollte sich doch ziemlich gleichmäßig verteilen?

Abb. 4.8 zeigt die regionale Verteilung des aktuellen Meeresspiegelanstiegs. Nichts da mit gleichmäßiger Verteilung! Wir sehen Regionen beispielsweise vor der amerikanischen Westküste, wo der Meeresspiegel aktuell sogar sinkt. Andererseits gibt es aber auch Regionen – und diese sind flächenmäßig viel größer –, wo es Anstiege von mehr als einem Zentimeter pro Jahr gibt. Gerade in vielen Inselregionen in der Nähe des Äquators, die allesamt nur knapp über Meeresniveau liegen, steigt das Wasser sehr rasch im wahrsten Sinne des Wortes bis zum Hals der dortigen Bewohner.

Diese Grafik zeigt ein weiteres Mal, dass unsere Erde nicht so einfach gestrickt ist, wie es sich so mancher hochrangige Entscheidungsträger gerne vorstellt. Eine Vielzahl gekoppelter Prozesse läuft in den Subsystemen Ozean, Atmosphäre, Kryosphäre und fester Erde ab. Als Konsequenz daraus ergibt sich für den Meeresspiegel ein regional sehr unterschiedliches Bild. Diese Vorgänge wollen wir nun näher unter die Lupe nehmen.

Beiträge zum Meeresspiegelanstieg

Nehmen wir als Gedankenexperiment ein Glas Wasser. Was können wir alles tun, um den Wasserspiegel im Glas zum Steigen zu bringen? Die erste Antwort, die wohl 90 Prozent aller Befragten geben würden, ist einfach: zusätzliches Wasser einfüllen. Die restlichen zehn Prozent sind coole Trinkexperten, die lieber Eiswürfel in das Glas werfen würden. Es gibt aber eine noch subtilere Methode, um den Wasserspiegel zu heben … Wasser dehnt sich, wie fast jeder andere Stoff auch, aus, wenn es erhitzt wird. Wenn wir also ein nettes kleines Feuerchen unter dem Glas veranstalten (aber nicht zu nah, damit die Verdunstungsrate nicht stark erhöht wird), dann dehnt sich das Wasser darin aus. Nachdem es seitlich durch die Glaswand beschränkt ist, kann es lediglich nach oben ausweichen – et voilà, wir haben einen Wasserspiegelanstieg. Worin unterscheiden sich diese Vorgänge hinsichtlich der zugrundeliegenden Physik? Fügen wir Wasser hinzu, egal ob in flüssiger Form oder als Eis (das dann ohnedies auch wieder zu Wasser schmelzen wird), so erhöht sich die Wassermasse. Im Gegensatz dazu bleibt die Gesamtmasse des Wassers bei Erwärmung gleich, es kommt aufgrund der Ausdehnung lediglich zu einer Vergrößerung des Volumens.

Legen wir dieses kleine Wasserglasexperiment nun auf die Weltmeere um. Wir haben auf der einen Seite Zufluss von neuem Wasser, sei es durch abschmelzendes Eis von Eisschilden, Eiskappen oder Gletschern (Abschn. 4.5) oder durch flüssiges Wasser von den Kontinenten (zum Beispiel durch erhöhten Zufluss von Grundwasser oder größerer Förderleistung von Flüssen; Abschn. 4.6). Dadurch nimmt die Gesamtmasse des Ozeanwasserkörpers zu, und nachdem das neue Wasser irgendwo hin muss und, gleich unserem Wasserglas, durch die Küsten der Kontinente beschränkt ist, steigt der Meeresspiegel. Auf der anderen Seite wissen wir durch umfangreiche Messungen, dass sich die globale Durchschnittstemperatur der Erde in den vergangenen 100 Jahren um ca. 0,8 Grad Celsius erhöht hat. Diese Zunahme der Lufttemperatur führte auch zu einer Erwärmung des Ozeanwassers. In den oberen 75 Metern des Ozeans liegt der mittlere globale Erwärmungstrend bei ca. 0,11 Grad Celsius pro Jahrzehnt, in tieferen Regionen ist er bedeutend geringer. Aufgrund dieses Effekts kommt es zu einer Volumenzunahme der Weltmeere ohne Veränderung der Masse.

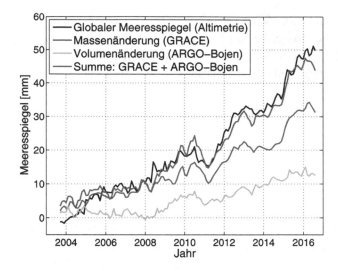

Abb. 4.9 Beiträge zum mittleren globalen Meeresspiegelanstieg

Mithilfe geodätischer (Satelliten-)Methoden sind wir heute in der Lage, alle diese Effekte zu messen und somit auch hinsichtlich ihrer Ursache zu trennen, wie Abb. 4.9 zeigt. Die schwarze Kurve stellt den gesamten mittleren globalen Meeresspiegelanstieg dar, wie er bereits in Abb. 4.7 gezeigt wurde. Allerdings wurde hier die jahreszeitliche Schwankung herausgerechnet und abgezogen. Dieser totale Anstieg wurde mittels Satellitenaltimetrie bestimmt. Die blaue Kurve dagegen zeigt die von der Satellitenschwerefeldmission GRACE (Abschn. 3.8) bestimmte Vergrößerung der Ozeanmasse. Da das Schwerefeld Massenverteilungen und deren Veränderungen direkt widerspiegelt, aber nicht sensitiv auf Volumenänderungen ist, kann damit jener Beitrag gemessen werden, der durch den zusätzlichen Masseneintrag in die Ozeane verursacht wird. Die grüne Kurve ist die einzige, die nicht mittels klassischer geodätischer Methoden, sondern mithilfe von schwimmenden Bojen ermittelt wurde. Heute sind knapp 4000 solcher Messbojen frei schwimmend in den Weltmeeren unterwegs und messen dabei physikalische Größen des Ozeans – zum Beispiel Temperatur, Strömungsgeschwindigkeiten und Salzgehalt – in bis zu zwei Kilometern Tiefe. Daraus lassen sich die Volumenänderungen des Ozeanwassers ableiten. Addiert man nun die blaue (Masseneffekt) und grüne (Volumeneffekt) Kurve, ergibt sich die rote Kurve, die idealerweise den totalen mittels Altimetrie gemessenen Meeresspiegelanstieg (schwarze Kurve) ergeben sollte. Die kleinen Abweichungen zwischen der roten und der schwarzen Kurve weisen auf die Größe der Unsicherheiten dieser völlig unterschiedlichen und voneinander unabhängigen Messungen hin – diese sind beeindruckend klein. Das ist ein sehr guter Indikator für die Zuverlässigkeit der daraus abgeleiteten Schlussfolgerungen!

Aus Abb. 4.9 können wir erkennen, dass zu etwa zwei Dritteln Masseneffekte und zu etwa einem Drittel Volumeneffekte zum mittleren Meeresspiegelanstieg beitragen. In Zahlen: Zwei Millimeter im Jahr resultieren aus Masseneinträgen und ein Millimeter pro Jahr folgt aus der Wärmeausdehnung. Es versteht sich von selbst, dass diese Zahlen wieder nur einen globalen Mittelwert darstellen und regional sehr unterschiedlich sein können.

Wollen wir nun als Erstes versuchen, die Schuldigen für die zwei Millimeter im Jahr an zusätzlichem Masseeintrag zu finden. In Abschn. 4.5 erfahren wir, dass in Grönland aktuell ca. 300 Gigatonnen pro Jahr an Eis abschmelzen – das sind 300 Wasserwürfel mit jeweils einem Kilometer Seitenlänge – und in die Weltmeere rinnen. Mittels einfacher Milchmädchenrechnung kann man sich ausrechnen, dass es ca. 360 Gigatonnen pro Jahr braucht, um den globalen Meeresspiegel im Mittel um einen Millimeter im Jahr steigen zu lassen. Ergo trägt Grönland allein aktuell ca. 0,8 Millimeter pro Jahr zum globalen Meeresspiegelanstieg bei, die Antarktis etwa die Hälfte davon. Überraschenderweise ist der Beitrag der Gletscher und kleineren Eiskappen zum globalen Meeresspiegelanstieg fast genauso groß wie jener von Grönland, obwohl deren Gesamtpotenzial bei maximal einem halben Meter liegt, im Gegensatz zu Grönland (6,5 m) und der Antarktis (65 m). Während der Beitrag von Grönland und der Antarktis in Zukunft vermutlich weiter steigen wird, könnte der Gletscherbeitrag innerhalb eines Jahrhunderts versiegen, weil dann fast die gesamte dort gebundene Eismasse abgeschmolzen sein wird. Wenn wir auch auf die zukünftige thermische Ausdehnung des Meerwassers blicken, dann skaliert diese ziemlich linear mit der Temperaturentwicklung unseres Planeten, was nicht unbedingt hoffnungsfroh in die Zukunft blicken lässt.

Ein besonderes Ereignis lässt sich in Abb. 4.9 im Zeitraum 2010/2011 erkennen: ein offensichtliches Minimum in der Meeresspiegelkurve. Dies war zu jenem Zeitpunkt Wasser auf die Mühlen zahlreicher Klimaskeptiker: Sollte sich der Meeresspiegel auf höherem Niveau stabilisieren, und die zwanzig Jahre Anstieg davor waren quasi eine Laune der Natur? Heute, ein paar Jahre später, sind wir schlauer. Betrachtet man den weiteren Verlauf, dann zeigt sich, dass dieses Absenken des globalen Meeresspiegels nur ein kurzes Intermezzo war. Heute wissen wir sogar sehr genau, was es verursacht hat. Zunächst sehen wir, dass das lokale Minimum auch besonders stark in der blauen Kurve ausgeprägt ist, die den Massenbeitrag zum Meeresspiegelanstieg zeigt. Es fehlen also beträchtliche Wassermassen in den Ozeanen. Wohin sind sie entschwunden? Ende 2010 verzeichnet man sowohl in großen Teilen Australiens und auch im nördlichen Südamerika übermäßig starke und andauernde Regenfälle. Auch in den Messdaten der Schwere-feldmission GRACE erkennt man für diesen Zeitraum, dass sich in diesen Regionen viel mehr Wasser als normal in den Grundwasserreservoiren ansammelt. Da der globale Wasserkreislauf grundsätzlich geschlossen ist, also kein Wasser einfach irgendwohin abhauen kann, liegt es nahe, dass diese Besonderheit in der kontinentalen Hydrologie Australiens und Südamerikas zum kurzfristigen Absinken des globalen Meeresspiegels geführt hat. Dieses Fallbeispiel zeigt zum einen, wie eng die Systemkomponenten des Planeten Erde miteinander vernetzt sind, zum anderen aber auch, mit welch hoher Genauigkeit wir die einzelnen Phänomene heute beobachten können, sodass wir auch in der Lage sind, sie schlüssig zu erklären. Präzise Messung ist also eine Grundvoraussetzung dafür, um ein Verständnis für das Funktionieren des Gesamtsystems Erde zu erlangen.

Fingerabdruck des Meeresspiegelanstiegs

Zuvor hatten wir mittels einfacher Milchmädchenrechnung gefunden, dass 360 Gigatonnen im Jahr an Eisabschmelzung den Meeresspiegel jährlich um einen Millimeter ansteigen lässt. Diese Rechnung haben wir aber ohne den Wirt gemacht, denn darin ist die Annahme enthalten, dass die Ozeane ein munter kommunizierendes Gefäß darstellen und sich das Schmelzwasser gleichmäßig über die Weltmeere verteilt. Ein Blick auf Abb. 4.8 deutet aber schon an, dass wir diesem Milchmädchen nicht trauen dürfen. Denn das Abschmelzen des Eises und dessen Eintrag in die Ozeane setzen einen hochgradig komplexen Prozess mit zahlreichen Rückkopplungsschleifen in Gang, den Experten mit der sogenannten *sea level equation* (Meeresspiegel-gleichung) mathematisch beschreiben. Wenn unser Schmelzwasser von der Kryosphäre in die Ozeane fließt, so ändert sich zunächst die Auflast auf den festen Erdkörper. Im Bereich der Eismassen wird sie geringer und die Erde wird darauf durch Hebung reagieren, während der Druck auf den Ozean-boden aufgrund der zunehmenden Wassermasse größer wird, sodass dieser absinkt. Zusätzlich darf nicht außer Acht gelassen werden, dass Schmelz-wasser reines Süßwasser ist, welches in den salzigeren Ozean rinnt und somit die Salzgehaltsverteilung verändert.

Spannenderweise ist es so, dass gerade in jenen Bereichen, in denen Eis-massen in die Ozeane fließen, der Meeresspiegel regional sogar absinkt. Dies hat damit zu tun, dass die Eisschilde selbst natürlich Masse besitzen und somit das Ozeanwasser aufgrund ihrer Schwerkraft anziehen. Wenn nun ein Teil dieser Eismasse abschmilzt, verringert sich die Schwereanziehung, und der Meeresspiegel sinkt ab. Dieser Effekt wird noch dadurch verstärkt, dass sich das Land aufgrund der geringeren Auflast hebt.

Jeder abschmelzende Eiskörper verursacht somit seinen ganz persönlichen räumlichen Fingerabdruck auf dem Spiegel der Weltmeere. Modellrechnungen auf Basis der Meeresspiegelgleichung zeigen, dass sich das Wasser eines schmelzenden Eiskörpers möglichst weit weg von ihm ansammelt, also „auf der anderen Seite der Erde". Das führt wiederum zu regional unterschiedlichen Auflasten und, und, und … Noch gar nicht erwähnt wurde, dass Massenverschiebungen auch zur Veränderung des Trägheitsmoments der Erde und somit Variationen in der Erdrotation führt (Abschn. 4.7), natürlich auch mit Rückkopplungen auf den Meeresspiegel. Wundert es Sie also noch, lieber Leser, dass Abb. 4.8 so kompliziert aussieht?

Absoluter versus relativer Meeresspiegel

Bislang haben wir uns mit der Frage beschäftigt, welche Effekte den Meeresspiegel absolut verändern, also im Vergleich zu einer festgelegten Referenzfläche. Dies ist zwar für sich spannend, aber für unser Ferienhäuschen an der Küste ist viel eher folgende Frage interessant: Wie sehr ändert sich der Meeresspiegel relativ zur Schwelle der Eingangstür? Um dies zu beantworten, ist nun nicht mehr nur interessant, was das Meer macht, wie viel Wasser dazukommt oder wie sehr es sich im Zuge der Erwärmung ausdehnt, sondern auch, ob der feste Erdkörper unter unserem Ferienhäuschen ein privates Eigenleben führt. Der Boden unter uns kann sich ebenfalls heben oder senken, beispielsweise durch Effekte der Plattentektonik (Abschn. 4.2), die vom Meeresspiegel weitestgehend unabhängig sind. Doch auch durch Phänomene, die mit Ozean und Kryosphäre gekoppelt sind, wie Auflasteffekte und postglaziale Landhebung (Abschn. 4.5). Abb. 4.10 gibt einen schematischen Überblick dazu. Der Ursprungszustand stellt sich durch die orange gestrichelte Kurve dar. Der Meeresspiegel liegt einen bestimmten Betrag über einem festgelegten Referenzniveau (rot), welches hier durch ein Referenzellipsoid gegeben ist. Aufgrund der globalen Erwärmung kommt es zum Abschmelzen von Eismassen und somit zum Eintrag von zusätzlichen Wassermassen in den Ozean (Abb. 4.10 rechts), aber auch zu einer thermischen Ausdehnung des Ozeanwassers. Beides gemeinsam führt zu einem Anstieg des Meeresspiegels ΔASL und final zur orange durchgezogenen Linie. Hebt sich in unserem Fall parallel dazu das Land um den Betrag Δh, so hebt sich auch unser Ferienhäuschen mit und kompensiert somit einen Teil des absoluten Meeresspiegelanstiegs. Effektiv wirk-

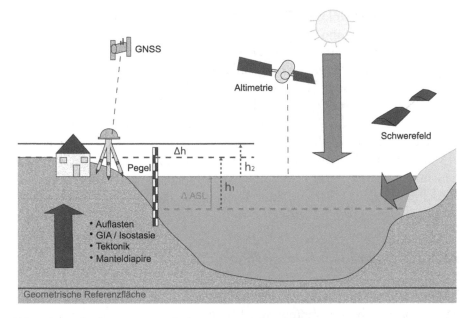

Abb. 4.10 Absoluter versus relativer Meeresspiegelanstieg

sam und entscheidend, ob die Feuerwehr zum Auspumpen des Kellers kommen muss oder nicht, ist nur der Meeresspiegelanstieg relativ zur Türschwelle ΔRSL, der sich ergibt aus absolutem Meeresspiegelanstieg ΔASL minus Landhebung Δh, was in Abb. 4.10 ebenfalls der Differenz $h_1 - h_2$ entspricht.

In Abb. 4.10 sind zusätzlich die wichtigsten geodätischen Verfahren eingezeichnet, die eingesetzt werden können, um die einzelnen Effekte zu erfassen, aber auch deren Einflüsse zu trennen. Die Satellitenaltimetrie misst durch Differenzbildung zwischen End- und Anfangszeitpunkt den während dieser Zeitperiode erfolgten absoluten Meeresspiegelanstieg ΔASL. Hinsichtlich der Ursachen können wir durch Messung der Veränderung des Schwerefeldes den Massenanteil des Meeresspiegelanstiegs erfassen und vom Gesamteffekt abtrennen, um daraus den Volumenbeitrag des Meeresspiegelanstiegs infolge der Erwärmung zu ermitteln. Mittels GNSS-Techniken können wir die Landhebung Δh messen und somit durch Differenzenbildung zwischen ΔASL und Δh auf die relative Meeresspiegeländerung ΔRSL schließen. Im Idealfall steht vor unserem Ferienhäuschen auch ein Gezeitenpegel, der noch dazu mit GNSS verknüpft ist, denn damit

können wir an diesem ausgezeichneten Punkt die relative Meeresspiegeländerung ΔRSL direkt messen, denn unser Pegel ist fix mit dem Festland
verankert und hat sich mit diesem mitgehoben. Damit messen wir nur die
Wasserstandsänderung bezüglich des Festlands und somit im Vergleich zur
Schwelle unseres Ferienhäuschens.

Auswirkungen und Perspektiven

Der aktuelle Weltklimabericht (IPCC-Bericht 2014) sagt ein Ansteigen des
Meeresspiegels von 50 bis 80 Zentimetern bis zur nächsten Jahrhundert-
wende als wahrscheinlichstes Szenario voraus. Nach neuesten Prognosen
kann er sogar deutlich höher ausfallen (Abschn. 5.4). Aber selbst der im
Jahr 2014 prognostizierte Anstieg der Weltmeere würde etwa 15 Millionen
Menschen zwingen, ihre Heimat zu verlassen, und die Infrastruktur
von zahlreichen Küstenstädten wäre gefährdet. Neben dieser direkten
Bedrohung durch ansteigendes Wasser gibt es aber weitere Auswirkungen.
Ein besonderes Problem ist das Eindringen von salzhaltigem Meerwasser
ins Grundwasser. Die Versalzung der Böden und der Gewässer hat weitreichende Folgen für die Landwirtschaft und die Gesundheit der ansässigen
Bevölkerung. Damit werden Menschen häufig schon zur Migration
gezwungen, bevor das große Wasser beständig kommt.

Die globale Erwärmung, die den Meeresspiegelanstieg ursächlich antreibt,
hat aber noch andere Folgen für die Weltmeere. In den vergangenen 50
Jahren haben die Ozeane zwischen ein und sieben Prozent ihres Sauerstoff-
gehalts eingebüßt, da warmes Wasser nicht so viel Sauerstoff aufnehmen
kann wie kaltes. Dies hat direkte Auswirkungen auf Meeresbewohner.
Kohlendioxid, das durch Verbrennen fossiler Energieträger verstärkt in die
Atmosphäre gelangt (der Kohlendioxid-Gehalt der Atmosphäre hat sich
in den vergangenen 100 Jahren fast verdoppelt), gilt als einer der Hauptverursacher für den globalen Temperaturanstieg. Der größte Teil des vom
Menschen erzeugten Kohlendioxids gelangt in die Ozeane. Dort geht
das Gas chemische Verbindungen ein: Unter anderem bildet sich Kohlen-
säure, was zu einer Versauerung des Wassers führt und sich erheblich auf die
Meeresbiologie auswirkt.

Letztlich hat der Klimawandel auch Auswirkungen auf die globalen
Meeresströmungen. Dieses globale Förderband an Energie wird nur in
wenigen neuralgischen Regionen angetrieben. Einer der wichtigsten

Antriebskräfte liegt im Nordatlantik, wo salzhaltiges und kaltes (und damit schweres) Wasser absinkt und dadurch eine Sogwirkung an der Oberfläche verursacht. Der Motor dieses sogenannten thermohalinen Förderbandes könnte schwächeln, wenn durch schmelzende Eismassen in Grönland immer mehr Süßwasser in den Nordatlantik fließt. Nach Vermischung mit dem Meerwasser würde der Salzgehalt im Nordatlantik geringer werden und das Wasser wäre nicht mehr schwer genug, um in die Tiefe zu sinken.

Es ist nur sehr schwer vorhersehbar, ob und wann ein solcher Effekt eintritt. Sollte aber im schlimmsten Fall der Golfstrom (Abb. 3.20), der als „Zentralheizung" für Europa warmes Wasser bis hoch in den Norden Europas fördert, zum Erliegen kommen, so könnte der skurrile Fall eintreten, dass es trotz oder gerade wegen der globalen Erwärmung in Europa kälter würde, da die Heizleistung dieses warmen Meeresstroms ausbleibt (Abschn. 5.4).

4.5   Wie groß ist der Eisschwund in Grönland und der Antarktis?

>> *„Selbst das ewige Eis ist weniger eine Frage der Zeit als vielmehr eine der Menschheit."*
[Gabriele Renate Pyhrr]

Ewiges Eis?

Die Eismassen unserer Erde sind ein eher weniger dynamischer Teil des globalen Wasserkreislaufs. Die Besonderheit gegenüber dessen anderen Komponenten liegt darin, dass Wasser in gefrorener Form vorliegt, entweder weil es in den kalten Polregionen in größeren Eisschilden (Antarktis, Grönland) oder kleinen Eiskappen, oder aber im Hochgebirge in Form von alpinen Gletschern gebunden ist. Im Fachjargon sprechen wir von der sogenannten Kryosphäre, wobei sich das Präfix *kryo* mit Kälte oder Frost übersetzen lässt.

Wie viel Eis gibt es auf unserer Erde? Geschlossene Eismassen bedecken ca. 10,9 Prozent der kontinentalen Erdoberfläche. Einen Löwenanteil davon nehmen die ca. 13.600.000 Quadratkilometer der Antarktis ein, das sind ca. 85 Prozent der Eisfläche, gefolgt von Grönland mit ca. elf Prozent. Die restlichen vier Prozent verteilen sich auf Eiskappen und Gletscher. Zum Vergleich: Alle Gletscher unserer Alpen nehmen zusammengenommen eine bescheidene Fläche von ca. 3500 Quadratkilometern ein, das sind 0,02 Prozent der Eisflächen unserer Erde. Und trotzdem tummeln sich dort Zigtausende begeisterte Schifahrer.

Neben diesen Eiskörpern, die die Eigenschaft haben, bequem auf einem festen Kontinent zu liegen, gibt es natürlich auch noch das Meereis. Dieses hat als geprüfter Freischwimmer auf den polaren Ozeanen völlig andere Eigenschaften. Es kann maximal ein paar Meter dick werden und ist sehr starken jahreszeitlichen Schwankungen unterworfen. Außerdem gibt es Eis in höheren Breiten auch noch als Permafrost, also als gefrorenes Wasser, das im Boden gebunden ist. In diesem Abschnitt wollen wir uns aber schwerpunktmäßig mit den großen Eisschilden befassen.

Die globalen Eismassen stellen nicht nur die wichtigste Trinkwasserreserve des Planeten dar, sondern sie sind eine bedeutsame steuernde Komponente im Klimasystem, und deren Schmelzen trägt signifikant zum Meeresspiegelanstieg bei (Abschn. 4.4). Würde das Eis der gesamten Antarktis abschmelzen (was bei einer Eisschildmächtigkeit von mehr als vier Kilometern in abschbarer Zeit nicht der Fall sein wird), ergäbe sich ein globaler mittlerer Meeresspiegelanstieg von ca. 65 Metern. Grönland trüge mit ca. 6,5 Metern bei, während alle Eiskappen und Gletscher unseres Planeten ein maximales Meeresspiegelanstiegspotenzial von einem halben Meter haben. Insgesamt beträgt also der maximal mögliche Meeresspiegelanstieg, verursacht durch Abschmelzen des dann doch nicht ewigen Eises, mehr als 70 Meter.

Doch wie viel schmilzt aktuell tatsächlich? Wie können wir das messen? Und der Verschwörungstheoretiker gesellt noch eine weitere Frage hinzu: Wie sicher können wir sein, dass das alles stimmt?

Veränderungsprozesse von Eisschilden

Bevor wir uns diesen spannenden Fragen widmen, müssen wir uns als Grundlage kurz die physikalischen Prozesse ansehen, denen so ein eisiger Geselle unterworfen ist. Abb. 4.11 stellt die wichtigsten Prozesse im Bereich Eisschilde dar. Typische Zeitdauern dieser Vorgänge werden darin unterschiedlich farbig markiert. Zunächst gibt es zahlreiche Wechselwirkungen mit der Atmosphäre: Niederschlag, vor allem in der Form von Schnee, stellt die wichtigste *input*-Größe dar und führt zu Akkumulation, also einem Zuwachs an Schnee- und Eismassen. In die andere Richtung verflüchtigt

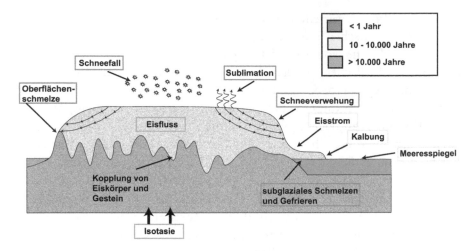

Abb. 4.11   Prozesse der Kryosphäre und typische Perioden

sich Eis durch sogenannte Sublimation. So bezeichnet der Physiker den direkten Übergang von Eis in Wasserdampf ohne Verflüssigung dazwischen. Angetrieben von der Schwerkraft kommt es auch zum Fließen des Eises, zumeist in Richtung Ozeane. Die in diesen Regionen seltenen Temperaturen über null Grad Celsius führen auch zum Schmelzen des Eises, zumeist an den Randbereichen des Eisschildes, denn im Inneren wirkt der Eispanzer wie ein übergroßer Gefrierschrank. All diese oberflächennahen Prozesse werden vorwiegend jahreszeitlich getrieben. Wenn sich die Sonne in den kurzen Sommern der Polarregionen verstärkt ins Geschehen einbringen kann, schmilzt natürlich mehr Eis, während die Akkumulationsraten merklich zurückgehen. Solche jahreszeitlichen Veränderungen beobachten wir vor allem in der Arktis, da in der Antarktis Temperaturen über null Grad Celsius einen großen Seltenheitswert haben.

Besonders interessant sind dabei die Schelfregionen, der Übergangsbereich von Eisschilden zu den Ozeanen. Schelfeis ist noch mit dem Eisschild verbunden, schwimmt aber gleichzeitig schon am Ozean auf. Diese Regionen reagieren mit am sensitivsten auf etwaige Veränderungen in den Umgebungsbedingungen und sind somit ein weiterer wichtiger Klimaindikator. Veränderungsprozesse finden hier nicht nur jahreszeitlich, sondern auch über längere Zeiträume statt.

Es gibt aber auch Wechselwirkungen zwischen dem Eisschild und dem darunterliegenden festen Gestein. Zum einen sickert Wasser vom Eisschild in den Untergrund. Zum anderen hat die Rauigkeit der Topografie einen wesentlichen Einfluss, wie schnell Eis fließen kann. Drittens haben die Eisschilde eine große Masse, die schwer auf der darunterliegenden festen Erde lastet und zu deren Deformation führt. Umgekehrt verringert das Abschmelzen von Eis die Auflast, was nicht nur zu kurzfristigen elastischen Reaktionen des festen Erdkörpers führt, sondern zu lang andauernden Ausgleichsprozessen in Zeiträumen von vielen Tausenden von Jahren. Doch dazu später mehr.

Messung von Eismassenbilanzen

Globale Klimaveränderungen spiegeln sich besonders eindrucksvoll in der Veränderung der Eismassen unserer Erde wider. Für die Auswirkung des Eisabschmelzens steht dabei nicht so sehr die Eisdicke allein im Vordergrund, sondern der wichtigste Indikator ist die Veränderung der Gesamtmasse eines Eiskörpers: Wie viel Eis schmilzt in der Antarktis oder in Grönland und rinnt als flüssige Wassermasse in die Ozeane, um dort einen Anstieg des Meeresspiegels zu verursachen? Ähnlich wie bei kontinentalen Wasserbilanzen (Abschn. 4.6) gibt es auch in der Kryosphäre unterschiedliche Methoden, um Eismassenbilanzen zu ermitteln.

In der *input-output*-Methode (auch: Budgetmethode) wird versucht, alle Eingangs- und Ausgangsgrößen eines Eisschildes und die dort ablaufenden Prozesse zu erfassen, wie wir sie anhand von Abb. 4.11 diskutiert haben. *Input* und *output* an der Eisoberfläche, der sogenannten Oberflächenmassenbilanz, werden aus Beobachtungen abgeleitet. Diese werden entweder direkt am Boden beziehungsweise Eis durchgeführt, wie zum Beispiel meteorologische Daten zur Messung des Niederschlags oder Eisdickenmessungen mittels Radarsondierung. Zusätzlich werden Daten aus Messungen der Fernerkundung vom Flugzeug oder Satelliten herangezogen oder aus geophysikalischen Modellen ermittelt. So können die Oberflächenfließgeschwindigkeiten des Eises beispielsweise durch Methoden der Radarfernerkundung ermittelt werden. Dazu werden, vereinfacht gesprochen, bei mehreren zeitlich aufeinanderfolgenden Überflügen eines Satelliten Radarfotos von der Oberfläche gemacht. Durch Vergleich der Bilder zu unterschiedlichen Zeitpunkten werden Veränderungen identifiziert und daraus Geschwindigkeiten abgeleitet. All diese Daten werden in ein gemeinsames Modell zusammengefasst, alle Eingangsgrößen zusammengezählt und alle Ausgangsgrößen davon abgezogen. Am Ende ergibt sich die Änderung der Eismassen innerhalb des Untersuchungszeitraums. Das Hauptproblem dieser Methode besteht nun darin, dass die Messungen aller Einzelkomponenten häufig nicht sehr gleichmäßig vorliegen beziehungsweise mit großen Ungenauigkeiten behaftet sind. Dies kommt daher, dass große Eisgebiete auf dem Landweg nur sehr schwierig zugänglich sind. In der Antarktis gibt es Messstationen vorwiegend im Küstenbereich, während die großen Inlandeisflächen auf dem Landweg praktisch unzugänglich sind. Dieses Zusammenklauben unterschiedlichster Informationen führt natürlich dazu, dass sich alle Einzelfehler letztlich auch in der finalen Massenbilanzschätzung aufsummieren. Sprich, das Ergebnis wird reichlich ungenau.

In der *geometrischen* (häufig auch geodätischen) Methode werden vorwiegend Satellitenverfahren eingesetzt. Insbesondere kommt die Eisaltimetrie zur Anwendung. Es handelt sich dabei um ein ähnliches Verfahren wie die Altimetrie über Wasserflächen (Abschn. 3.6): Ein Radar- oder Lasersignal wird vertikal nach unten gesendet, von der Eisoberfläche reflektiert und von der auf dem Satelliten montierten Antenne wieder aufgefangen. Damit kann die Oberkante von Eiskörpern sehr genau vermessen werden. Satellitenlasertechniken haben allerdings den Nachteil, dass sie nur bei schönem Wetter funktionieren, da optische Signale im Gegensatz zu Radarstrahlen Wolken nicht durchdringen können. Fliegt man nun wiederholt über dieselbe Stelle, können Änderungen in der Geometrie des Eiskörpers gemessen werden. Hat man noch Zusatzinformationen über die Oberflächengestalt des Felsuntergrundes, auf dem der Eiskörper liegt, kann man die lokale Eisdicke messen, und wenn man diese Information über ein größeres Gebiet aufsummiert, das Volumen des Eiskörpers bestimmen. Das Hauptproblem dieses Ansatzes liegt darin, dass damit streng genommen nur geometrische und damit Volumenveränderungen beobachtet werden können. Der Übergang vom Volumen zur Masse erfolgt über die Materialeigenschaft der Dichte. Wenn man ein Gefäß mit Gestein anstelle von Wasser füllt, haben beide Konfigurationen dasselbe Volumen, aber aufgrund der unterschiedlichen Dichte von Wasser und Gestein wird die Küchenwaage eine unterschiedliche Masse anzeigen.

In unserem Fall ist die erforderliche Kenntnis der Dichte von Eis aber höchst problematisch. Wollen wir uns dazu das Schicksal einer Schneeflocke ansehen, die unschuldig und ohne böse Absichten auf ein Eisschild fällt. Zunächst wird sie zusammen mit ihren Geschwistern eine lockere Schneedecke mit sehr geringer Dichte (in etwa einem Zehntel von flüssigem Wasser) bilden. Mit der Zeit werden sich die einzelnen Schneeflocken enger zusammenkuscheln und die Schneedecke wird sich komprimieren, allein schon durch ihre eigene Auflast und zusätzlich durch zwischenzeitliches Auftauen und erneutes Gefrieren. Wir sprechen dann despektierlich von Altschnee und später von Firn, dessen Dichte ca. 50 Prozent der Wasserdichte erreicht. Letztlich wird unsere ursprüngliche Schneeflocke zu Eis, dessen Dichte ungefähr

90 Prozent jener von Wasser entspricht. (Daher schwimmt Eis auch auf flüssigem Wasser.) Dieser Kompaktionsprozess kann je nach Umwelteinflüssen sehr stark variieren. Wenn man den resultierenden Tiefenverlauf der Eisdichte ansieht, schaut dieser an verschiedenen Stellen völlig unterschiedlich aus. Wir können aber nur eine sehr begrenzte Zahl an Eisbohrkernen gewinnen, um den wahren Dichteverlauf zu bestimmen. Aufgrund dieser Unsicherheit hinsichtlich der wahren Dichte ist es auch nur sehr ungenau möglich, aus der Kenntnis des Eisvolumens allein auf dessen Masse zu schließen. Im Gegenzug hat die geometrische Methode den Vorteil, dass sie aufgrund der punktweisen Beobachtungen der Satellitenaltimetrie eine sehr hohe räumliche Auflösung von nur wenigen Metern liefert. Zusammengefasst bekommen wir also die Information über Eishöhen- und Eisvolumenänderungen räumlich sehr hoch aufgelöst, die daraus berechnete Massenänderung ist aufgrund der notwendigen Eisdichtenannahme aber recht ungenau.

Die *gravimetrische* Methode, also die Messung des zeitvariablen Schwerefeldes mit Satelliten wie GRACE und GRACE Follow-On, ist das einzige Verfahren, um Massenänderungen direkt erfassen zu können (Abschn. 3.8). Neben diesem entscheidenden Vorteil ergeben sich allerdings Beschränkungen aufgrund der limitierten räumlichen und zeitlichen Auflösung. Mit heutiger Messtechnologie sind räumliche Auflösungen von lediglich 200 bis 300 Kilometern und zeitliche Auflösungen von Wochen bis Monaten erzielbar. Eine weitere Herausforderung ergibt sich durch die Tatsache, dass in der Schwerefeldbeobachtung nur das gesamte Massenveränderungssignal und somit die Summe der Signale aus allen Veränderungsvorgängen steckt, diese jedoch nicht hinsichtlich ihrer Quellen unterschieden werden können. Wir bemerken also nur, dass der geschlossene Einkaufsbeutel schwer ist, aber wir können nicht herausfinden, ob eine Wassermelone, das Speiseeis oder mehrere Mehlpäckchen auf die Bandscheiben drücken. Sehen wir also zum Beispiel eine Abnahme des Schwerefeldes in einer bestimmten Region, dann können wir ohne Zusatzinformation nicht unterscheiden, ob sie durch Abschmelzen von Eismassen, Abfließen von flüssigem Oberflächenwasser oder dem Absenken der festen Erde darunter verursacht wurde.

Letzteres Phänomen ist von besonderer Bedeutung, da Eismassen gleichzeitig immer auch Auflasten darstellen, die auf die darunterliegende feste Erde drücken. Unsere Erde reagiert darauf ziemlich unterschiedlich. Ein Teil wird elastisch ausgeglichen, das heißt, ähnlich einem Radiergummi reagiert die Erde sofort auf eine zusätzliche Auflast – oder das Entfernen einer solcher – und gibt ohne große Zeitverzögerung nach. Für großräumige Effekte hat unsere Erde allerdings ein längeres Gedächtnis. Vor ca. 20.000 Jahren hatten wir den Höhepunkt der letzten Eiszeit erreicht, und auch über weiten Teilen Europas lag eine kilometerdicke Eisdecke. Diese drückte auf die darunter liegende feste Erde, sodass sie sich absenkte. Nach und nach ist dieses Eis geschmolzen, aber der Erdkörper hat aufgrund seines langen Gedächtnisses, wir sprechen im Fachjargon von visko-elastischem

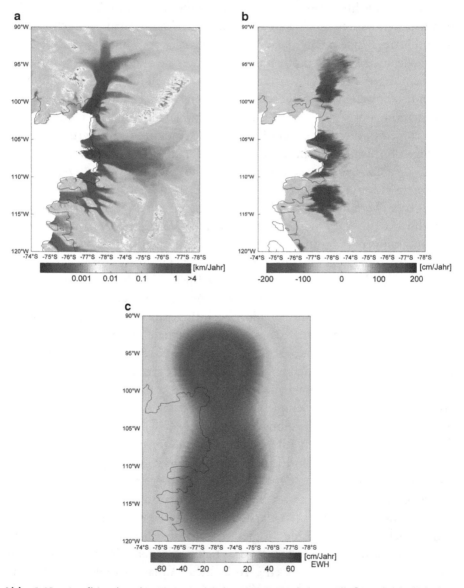

Abb. 4.12 Ausflussgletschersysteme in der Westantarktis: **a** Fließgeschwindigkeiten mittels InSAR; **b** Höhenänderung mittels Altimetrie; **c** Massenverlust mittels GRACE (EWH ist die „äquivalente Wasserhöhe", Abschn. 3.7)

Verhalten, noch nicht vollständig darauf reagiert. Das führt dazu, dass sich noch heute in Fennoskandien die Erde um bis zu einem Zentimeter pro Jahr hebt. Sie atmet quasi auf, weil endlich die schwere Eislast weg ist. Wir sprechen von einer sogenannten glazio-isostatischen Ausgleichsbewegung, also einer durch Eis verursachten Hebung, um den ursprünglichen Gleichgewichtszustand (vor dessen Störung durch eiszeitliche Eisauflasten) wieder zu erreichen. Da sich vertikale Bewegungsvorgänge der festen Erde wie diese postglaziale Landhebung natürlich auch im Schwerefeldsignal abzeichnen, müssen wir diese herausrechnen, wenn wir nur an der durch Eisabschmelzen verursachten Schwerefeldänderung interessiert sind.

Trotz dieser Nachteile liefert die gravimetrische Methode die wohl wichtigsten Beiträge zur Bestimmung von Massenbilanzen der großen Eisschilde unserer Erde.

Abb. 4.12 zeigt beispielhaft Ergebnisse dieser drei Methoden für ein Gletschergebiet der Westantarktis, welches aus den drei Ausflussgletschersystemen Pine Island, Thwaites und Hynes/Smith/Hohler Gletscher besteht. Abb. 4.12a stellt für diese Region die mittels der Methode des interferometrischen SAR (InSAR) abgeleiteten Fließgeschwindigkeiten dar, Abb. 4.12b die Höhenänderungen aus der Altimetrie und Abb. 4.12c die Massenveränderungsrate aufgrund von GRACE-Beobachtungen. Hier wird offensichtlich, dass GRACE aufgrund seiner beschränkten räumlichen Auflösung die einzelnen Gletschersysteme nicht separieren kann (Abb. 4.12c). Dafür ist es das einzige Verfahren, das Massenabflüsse direkt beobachten kann.

Eismassenänderungen in Grönland und der Antarktis

Als im vorletzten Weltklimareport, der 2007 veröffentlicht wurde und die wichtigste wissenschaftliche Grundlage für die jährlich stattfindenden Weltklimakonferenzen darstellt, vom systematischen Abschmelzen der Eisschilde in Grönland und der Antarktis berichtet wurde, war der Zweifel selbst in Wissenschaftlerkreisen groß. Das lag sicherlich auch daran, dass die Satellitenmesszeitreihen und die Unsicherheiten der sich daraus ergebenden wissenschaftlichen Ergebnisse groß waren. Zu diesem Zeitpunkt war sogar das Vorzeichen der antarktischen Massenveränderung noch umstritten. Legt die Masse zu oder nimmt sie ab? Dieses unklare Bild hat sich in den vergangenen zehn Jahren signifikant geändert. Dabei spielen geodätische Satellitentechnologien eine entscheidende Rolle, die heute einen wesentlichen Beitrag zu den in den Weltklimareporten veröffentlichten Resultaten liefern.

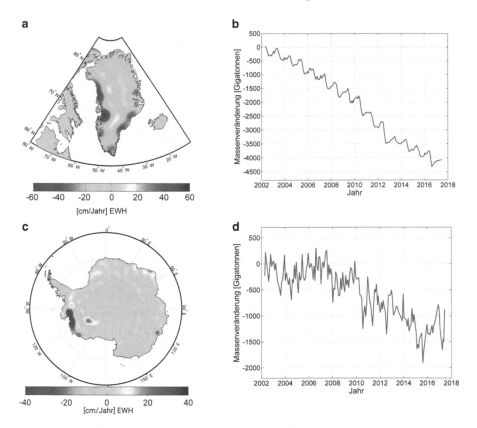

Abb. 4.13 Eismassenvariationen in Grönland (**a**, **b**) und Antarktis (**c**, **d**). Die Abbildungen **a**) und **c**) zeigen jeweils die regionale Verteilung von linearen Masse-trends, während **b**) und **d**) die Massenänderungen des jeweiligen Gesamtgebiets im Zeitverlauf zeigen (EWH ist die „äquivalente Wasserhöhe", Abschn. 3.7)

Abb. 4.13 zeigt die Massenbilanzänderungen für Grönland und die Antarktis über einen Zeitraum von mehr als 15 Jahren, wie sie aus Ergebnissen der Satellitenschwerefeldmission GRACE abgeleitet wurden. In Grönland sehen wir eine dramatische Eismassenabnahme in zahlreichen küstennahen Ausflussgletschersystemen (Abb. 4.13a). Das Bild der regionalen Verteilung ist allerdings nicht sehr scharf und zeigt nicht die einzelnen Gletschersysteme, was der limitierten räumlichen Auflösung von GRACE geschuldet ist. Dennoch ist es möglich, sehr genaue Abschmelzraten zu berechnen. In Abb. 4.13b wird die Massenänderung im Gesamtgebiet Grönlands als Zeitreihe gezeigt. Neben einem offensichtlichen jährlichen Zyklus, der auf jahreszeitliche Veränderungen zurückzuführen ist, erkennt man klar einen negativen Trend von ca. 280 Gigatonnen pro Jahr als Durchschnittswerte über die gezeigte 15-Jahresperiode. Eine Gigatonne entspricht dabei einem mit Wasser gefüllten Würfel mit einem Kilometer Kantenlänge, und 280 solcher Würfel fließen Jahr für Jahr in den Ozean. Übertragen auf heimische Gewässer: Die jährliche Abschmelzrate Grönlands entspricht der sechsfachen Wassermenge des Bodensees.

Ein etwas differenzierteres Bild ergibt sich im Falle der Antarktis. Offensichtlich gibt es hier auch Regionen, in denen die Eismassen in den vergangenen 15 Jahren zugenommen haben (gelbe bis rote Farbskala in Abb. 4.13c), etwa an den Küsten der Ostantarktis. Die viel größeren Abschmelzraten in den Gletschersystemen der Westantarktis und der Amundsensee führen aber dazu, dass die Antarktis insgesamt ca. 125 Gigatonnen pro Jahr an Eismasse verliert. Die Zeitreihe des Massenbilanzverlaufs (Abb. 4.13d) unterscheidet sich auch signifikant von jener Grönlands. Auffällig ist vor allem, dass in der Antarktis die jahreszeitlichen Schwankungen viel schwächer ausgeprägt sind als in Grönland. Außerdem ist die Bestimmung der Eismassenbilanz aus Schwerefeldmethoden in der Antarktis viel schwieriger, weil sich hier die postglaziale Landhebung viel stärker auswirkt als in Grönland. Somit sind die zugehörigen geophysikalischen Korrekturmodelle mit größeren Fehlern behaftet, was letztlich eine ungenauere Bestimmung der Massenbilanz ergibt.

Dieser Umstand führt uns zu einer Gretchenfrage: Wie zuverlässig sind diese Ergebnisse überhaupt? Sind die Horrorvisionen von abschmelzenden Eismassen lediglich falsch interpretierte Messfehler der Wissenschaft?

Als Vorbereitung für den letzten Weltklimareport des Jahres 2014 wurde eine Gruppe von mehr als 50 internationalen Experten mit der spannenden Aufgabenstellung betraut, Eismassenbilanzen für Grönland und die Antarktis abzuleiten. Dabei sollten die unterschiedlichen auf dem wissenschaftlichen Markt befindlichen Methoden, die zuvor erläutert wurden, konsistent auf die Daten eines vordefinierten Zeitraums angewendet werden. Eine der wichtigsten Erkenntnisse: Alle drei Methoden, die auf unterschiedlichen und unabhängigen Datenquellen beruhen, die *input-output*-Methode, die *geometrische* Methode mittels Radar- und Laserinterferometrie und die *gravimetrische* Methode basierend auf GRACE-Daten lieferten im Rahmen ihrer spezifischen Genauigkeiten dieselben Ergebnisse! Nichts da mit falschem Vorzeichen in der Antarktis, geschweige denn in Grönland.

Natürlich wird es immer Zweifler des Klimawandels geben. Was allerdings feststeht, ist, dass wir zweifelsfrei in der Lage sind, Veränderungen der Eismassen unserer Erde mit hoher Zuverlässigkeit zu messen. Zusätzlich gibt es sehr starke Indikatoren, dass dieses Abschmelzen mit einer Zunahme der globalen Durchschnittstemperaturen auf unserem Planeten zu tun hat, die ebenfalls zweifelsfrei gemessen werden kann. Über den Einfluss des

Menschen daran und den gesellschaftlichen Auswirkungen wollen wir dann in Abschn. 5.4 räsonieren.

Wie wird es in Zukunft weitergehen? Wenn wir in Abb. 4.13 Abschmelzraten nur aus den ersten Jahren der GRACE-Beobachtungszeitreihe rechnen, kommen wir in Grönland auf wesentlich geringere Zahlen von 200 bis 220 Gigatonnen pro Jahr, während aktuell wohl schon mehr als 300 Gigatonnen pro Jahr in die Weltmeere fließen. Es gibt also Hinweise darauf, dass sich die Abschmelzraten sowohl in Grönland also auch der Antarktis beschleunigen. Neuesten Ergebnissen zufolge hat sich die Abschmelzrate in der Antarktis seit 2012 verdreifacht. Dies wird vor allem verursacht von signifikant verstärkten Abschmelzraten der Westantarktis, insbesondere in den in Abb. 4.12 gezeigten Gletschersystemen. Einige geophysikalische Analysen gehen sogar von einer Destabilisierung eines großen Komplexes des westantarktischen Eisschildes aus, was langfristig zu einem globalen Meeresspiegelanstieg von etwa drei Metern führen würde (Abschn. 5.4).

Starke Limitierungen gibt es heute bei der gravimetrischen Methode noch aufgrund der beschränkten räumlichen Auflösung, sodass nur die größten Eiskörper unserer Erde damit präzise vermessen werden können. Neben den beiden Eisschilden können aber mit GRACE und GRACE Follow-On gesichert auch Massenbilanzen für weitere größere Einzugsgebiete abgeleitet werden, etwa für Patagonien, Alaska oder die Gletscher des Himalayas. Allerdings wird es erst künftigen Satellitenmesskonzepten vorbehalten sein, kleine Eiskappen oder gar alpine Gletscher mit relativ kleinen Ausdehnungen beobachten zu können.

Die Erdsystemkomponente Eis ist aber auch ein sehr gutes Beispiel, um die Vorteile der Kombination unterschiedlicher geodätischer Verfahren aufzuzeigen, da diese vielfach komplementäre Informationen liefern:

- Schwerefeld: direkte Messung von Eismassenveränderungen, die sich im zeitvariablen Schwerefeld widerspiegeln;
- Eisaltimetrie: Bestimmung der geometrischen Oberfläche und deren Veränderungen mittels Radaraltimetrie (zum Beispiel Cryosat) und Laseraltimetrie (zum Beispiel ICESat);
- Fernerkundung: Bestimmung von Deformationen und Fließgeschwindigkeiten;
- GNSS: Bestimmung von lateralen und vertikalen Deformationen; aus Vertikalbewegungen kann auf postglaziale Landhebung geschlossen werden.

Während geometrische Verfahren Lage- und Höhenänderungen beziehungsweise Volumenveränderungen und Fließen von Eismassen ermitteln können, sind gravimetrische Verfahren direkt sensitiv für Massenveränderungen. Neben diesen geodätischen Methoden spielen für die Interpretation natürlich auch zugrundeliegende statische und dynamische geophysikalische Modelle von Eisschilden und Gletschern eine wesentliche Rolle.

4.6 Hydrogeodäsie – Wie können wir die Spur des Wassers verfolgen?

>> *„Was das Blut für den Menschen, ist das Wasser für die Erde."*
[Hermann Lahm]

Ist Wasser für alle da?

Gedankenlos drehen wir den Wasserhahn auf, um den schnellen Durst zu löschen, und wir verwenden dasselbe Wasser, um das, was weiter unten wieder rauskommt, hygienisch zu entsorgen. Dieser ziemlich sorglose Umgang mit Trinkwasser ist jedoch nicht überall möglich. Mehr als eine Milliarde Menschen haben keinen gesicherten Zugang zu sauberem Trinkwasser, und in vielen Regionen dieser Erde ist der Wasserbedarf, beispielsweise für industrielle und landwirtschaftliche Zwecke, höher als diese wichtige natürliche Ressource zur Verfügung steht. Neben Maßnahmen der Wasserrationierung werden vielfach kostenintensive technische Lösungen zur Wasseraufbereitung eingesetzt, um diesen Bedarf adäquat zu decken.

Wie viel Wasser gibt es nun aber überhaupt auf unserer Erde? Ein paar Zahlen sollen die Größenordnungen verdeutlichen. Es gibt ca. $1,44 \cdot 10^{21}$ Kilogramm „freies" Wasser auf unserem Planeten, das sind 0,0023 Prozent seiner Gesamtmasse. Davon stellen die Ozeane ca. 96 Prozent, Gletscher und Eiskappen knapp drei Prozent, Grundwasser ca. ein Prozent sowie Flüsse und Seen 0,009 Prozent. Der Wasserdampf in der Atmosphäre trägt nur zu 0,001 Prozent bei, in der gesamten Biosphäre (Pflanzen, Tiere und Menschen) sind nur ca. 0,0001 Prozent gebunden. Dagegen sind im Inneren der Erde, in der Lithosphäre, ca. $20 \cdot 10^{21}$ Kilogramm gebunden, also ca. 15-mal mehr als es „freies" Wasser gibt. Aus obigen Zahlen ergibt sich auch, dass nur ca. vier Prozent des „freien" Wassers Süßwasser ist. Davon sind wiederum drei Viertel gefroren (gebunden vor allem in den Eisschilden der Antarktis und Grönland) und nur ein Viertel in flüssiger Form vorhanden.

Weltweit insgesamt nutzbares Süßwasser wird auf 10.000 Kubikkilometer pro Jahr geschätzt, dies entspricht der unvorstellbar großen Masse von $1 \cdot 10^{13}$ Kilogramm, die jährlich zur Verfügung steht. Allerdings sind die Vorräte nicht global einheitlich verteilt, sodass schon jetzt in vielen Regionen massive Wasserknappheit herrscht. Aktuell wird von der verfügbaren Süßwassermenge bereits etwa die Hälfte genutzt. Hauptverbraucher ist mit etwa 70 Prozent der Agrarsektor, 20 Prozent werden in der Industrie und zehn Prozent in Haushalten verbraucht. Der weltweite Wasserverbrauch hat sich dabei zwischen 1930 und 2000 etwa versechsfacht, und die Situation wird sich aufgrund der zunehmenden Industrialisierung von Entwicklungs- und Schwellenländern in Zukunft weiter verschärfen.

Auf der anderen Seite kann Wasser auch eine erhebliche Gefahrenquelle darstellen. Überflutungen, zumeist ausgelöst durch sehr starke Regenfälle, aber auch Sturmfluten im Küstenbereich gefährden Mensch und Infrastruktur. Wichtige Aufgaben und Herausforderungen sind deshalb neben einer Überwachung von überflutungsgefährdeten Gebieten auch Prognosen von erhöhtem Überflutungspotenzial. Im Gegenzug wirkt sich aber auch Wassermangel infolge von lang anhaltenden Dürreereignissen kritisch auf die Trink- und Brauchwasserversorgung aus.

Allein aus diesen Gründen ist es interessant und relevant zu wissen, wie die kostbare Ressource Wasser im Erdsystem umverteilt wird und wo sich nutzbare Trinkwasserreservoire befinden, entweder als Grundwasser tief unter der Erdoberfläche oder gebunden in Eismassen – aber auch, wo sich Gefährdungspotenziale aufgrund von Wasserüberschuss infolge von Extremwetterereignissen oder Wassermangel aufbauen.

Globaler Wasserkreislauf und Wassermassenbilanzierung

Abb. 4.14 zeigt einen Überblick über die wichtigsten Prozesse des Wasserkreislaufs. Sie stellt ebenfalls die Interaktionen zwischen den Teilsystemen Ozeane, Atmosphäre, kontinentale Hydrologie, Biosphäre und feste Erde dar. In diesem Abschnitt wollen wir uns hauptsächlich auf die Wasserveränderungsprozesse auf dem Festland konzentrieren. Man unterteilt dieses

Abb. 4.14   Die wichtigsten Komponenten des globalen Wasserkreislaufs (© Rainer M. Osinger/dieKleinert.de/picture alliance)

üblicherweise regional in sogenannte hydrologische Einzugsgebiete. Diese umfassen jenes Areal, aus der ein Gewässersystem, bei Fließgewässern beispielsweise ein großer Fluss, seinen Abfluss bezieht.

Die wichtigste Eingangsgröße in die Wasserbilanz eines Einzugsgebiets ist natürlich Niederschlag, zumeist in der Form von Regen, bei winterlichen Verhältnissen aber auch Schnee. Global betrachtet geht über den Kontinenten 23 Prozent und über Ozeanen 77 Prozent des Niederschlags nieder. Verglichen mit dem relativen Flächenverhältnis von ca. einem Drittel und zwei Dritteln regnet es über Ozeanen also vergleichsweise mehr. Nach dem langen Schauerwetter kommt aber irgendwann auch wieder die Sonne zum Vorschein, die eine erhöhte Rate an Verdunstung bewirkt. Diese wichtige Ausflussgröße der Wasserbilanz bewirkt einen Phasenübergang von flüssigem Wasser auf der Erdoberfläche zu Wasserdampf in der Atmosphäre. Hier ist das Ungleichgewicht zwischen Kontinenten und Ozean noch größer, denn nur etwa 15 Prozent verdunsten über Land und 85 Prozent über Ozeanflächen. Die zweite wichtige Ausgangsgröße in unserer Bilanzgleichung ist der Abfluss. Dieser kann entweder an der Oberfläche über Bäche und Flüsse erfolgen, aber auch unterirdisch über Versickerung und Grundwasser.

Vergleicht man den aktuellen Wassergehalt in einem bestimmten Einzugsgebiet mit jenem zu einem früheren Zeitpunkt, so kann sich herausstellen, dass aktuell entweder mehr oder weniger Wasser vorhanden ist. Im Falle von mehr Wasser überwog innerhalb dieser Periode dann offenbar der Beitrag des Niederschlags jenem von Verdunstung und Abfluss, im Falle von weniger Wasser eben umgekehrt. Wir sprechen dann von einer Änderung im Wasserspeicher der Region. Wichtige Wasserspeicher sind Bodenfeuchte, Grundwasser, Permafrost, aber auch Schnee und Eis. Auf einen mathematischen Nenner gebracht, werden von der Eingangsgröße Niederschlag die Ausgangsgrößen Verdunstung und Abfluss abgezogen. Resultiert eine Zahl mit positivem Vorzeichen, hat die Wasserspeichermenge zugenommen, bei negativer Speicheränderung ist in der Untersuchungsperiode mehr Wasser verloren gegangen, als zugeführt werden konnte.

Aufgrund der bereits diskutierten gesellschaftlichen Bedeutung von Wasser als eine der wohl auch geopolitisch wichtigsten natürlichen Ressourcen ist die präzise Bestimmung von regionalen Wasserbilanzen eine wichtige Aufgabe. Ähnlich wie bei der in Abschn. 4.5 dargestellten Eismassenbilanzierung gibt es dafür nun mehrere Möglichkeiten. Auf die zwei wichtigsten gehen wir hier näher ein.

In der *hydrologischen* Methode, die im Wesentlichen der in Abschn. 4.5 diskutierten *input-output*-Methode entspricht, wird versucht, die Einzelkomponenten Niederschlag, Verdunstung und Abfluss unter Anwendung terrestrischer und Satellitenverfahren zu bestimmen. Diese Messungen werden dann in ein regionales oder globales hydrologisches Modell eingebracht. Dieses ist ein mathematisch-physikalisches Modell, dessen Parameter und Gleichungen versuchen, die reale Welt hinsichtlich aller relevanten physikalischen Parameter sowie den Interaktionen zwischen den Komponenten möglichst gut abzubilden. Durch Summation aller Einzeleinflüsse erhält man dann die Massenbilanz, das heißt die Massenveränderung des Wasserspeichers. Diese Einzelbeiträge von Niederschlag, Verdunstung und Abfluss zu messen, ist jedoch schwierig und mit großen Unsicherheiten behaftet. Obwohl es bereits Satellitenmissionen zur Bestimmung des Niederschlags gibt, ist eine globale Überwachung von Regenmengen höchst schwierig. Noch herausfordernder ist es bereits für eine beschränkte Region den praktisch unsichtbaren Prozess der Verdunstung zu messen – geschweige denn für die ganze Welt. Und wie, bitte schön, soll man die Wassermenge feststellen, die über unzählige Bäche und

Flusssysteme und, noch schlimmer, über das Grundwasser abgeführt wird? Diese Unsicherheiten der einzelnen Beiträge zur Wasserbilanzgleichung summieren sich im Zuge der Wassermassenbilanzierung natürlich auf, sodass das Ergebnis der Wasserspeicheränderung mit noch größeren Unsicherheiten behaftet ist als die Einzelbeiträge.

In der *gravimetrischen* Methode wird die zeitliche Änderung des Schwerefeldes beobachtet, die, wie in Abschn. 3.7 bereits diskutiert wurde, (Wasser-) Massenänderungen widerspiegelt. Global geschieht dies durch die Satellitenschwerefeldmission GRACE beziehungsweise GRACE Follow-On (Abschn. 3.8). Damit werden nicht die Einzelbeiträge Niederschlag, Verdunstung und Abfluss selbst, sondern der Gesamtbeitrag der Wasserspeicheränderung direkt beobachtet. Für viele Anwendungsfelder ist vor allem diese Summe die relevanteste Größe, um beispielsweise festzustellen, wie viel Wasser zu einem bestimmten Zeitpunkt für industrielle und landwirtschaftliche Zwecke oder zur Trinkwasserversorgung zur Verfügung steht.

Probleme der gravimetrischen Methode ergeben sich aktuell durch deren limitierte räumliche und zeitliche Auflösung, sodass deren Anwendung aktuell auf die flächenmäßig größeren hydrologischen Einzugsgebiete, wie in Europa beispielsweise das Flusssystem der Donau, beschränkt ist, während kleinere Wasserkörper erst mit zukünftigen Missionskonzepten beobachtbar sein werden.

Dennoch sind Schwerefeldmissionen die einzige Messtechnik, die direkt Massenveränderungen in globalem Maßstab beobachten kann und somit auch Wasserflüsse und Austauschprozesse zwischen den einzelnen Komponenten des Erdsystems, also kontinentaler Hydrologie (inklusive Eismassen), Ozeanen und Atmosphäre. Wenn beispielsweise Wasser im hydrologischen Modell über ein Flusssystem ins Meer fließt, muss dieselbe Menge im Ozeanmodell als Eingangsgröße wieder ankommen. Damit ergibt sich die einzigartige Möglichkeit, globale Massenflüsse konsistent zu messen, denn aus der Sicht des gesamten Erdsystems besteht die wesentliche Randbedingung, dass die Wassermenge konstant bleiben muss und somit Wasser nicht einfach verloren gehen darf.

Hydrologische Modelle und/oder geodätische Beobachtung

Es gibt ca. 20 verschiedene globale hydrologische Modelle, die von unterschiedlichen Institutionen weltweit gerechnet und betrieben werden. Diese Modelle verwenden weitgehend dieselben Eingangsdaten in der Form von meteorologischen Zustandsgrößen wie etwa Temperatur, Druck, Luftfeuchte und Niederschlagsmenge, die mit den Einzelkomponenten der Wasserbilanzgleichung Niederschlag, Verdunstung und Abfluss in engem Zusammenhang stehen. Dennoch unterscheiden sich die Modelle – vor allem darin, wie die erwarteten physikalischen Flüsse innerhalb des Systems durch mathematische Formeln repräsentiert sind, das heißt, in welcher Art und Weise und wie gut ein physikalisches Modell die Realität annähert. Bausteine eines hydrologischen Modells sind demnach Abflussbildung (Aufteilung von Niederschlag in Verdunstung, Speicherung, Abfluss) und Abflussrouting (Abflusstransport und Speicherung im Gewässernetz). Teile des kontinentalen Abflusses erfolgen letztlich in die Ozeane. Neben „klassischen" hydrologischen Modellen, die primär für hydrologische Anwendungen entwickelt wurden, etwa für die Abflusssimulation, für Wasserbilanzen in Einzugsgebieten oder das Wassermanagement, simulieren *soil-vegetation-atmosphere-transfer*-Modelle (SVAT-Modelle) die Austauschprozesse zwischen Landoberfläche und Atmosphäre in atmosphärischen Zirkulationsmodellen.

Aufgrund dieser Modellunterschiede ergeben sich auch große Abweichungen in den Ergebnissen der hydrologischen Modelle untereinander. Exemplarisch zeigen Abb. 4.15 a und b das Modellergeb-

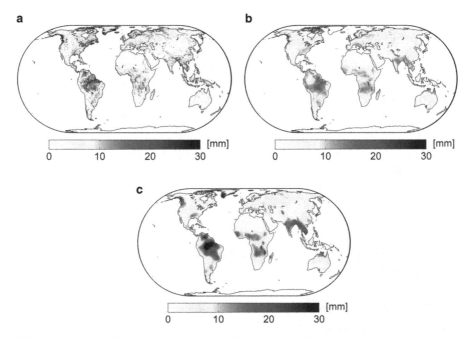

Abb. 4.15 Vergleich von hydrologischen Modellergebnissen und GRACE-Beobachtungen: jährliche Veränderung des Wasserspeichers (in Millimetern): **a** WGHM, **b** GLDAS, **c** GRACE

nis zweier hydrologischer Modelle: *WaterGAP Global Hydrology Model* (WGHM) und *Global Land Data Assimilation System* (GLDAS). Gezeigt ist die Größenordnung der jährlichen Veränderung des Wasserspeichers in unterschiedlichen Regionen der Welt. Die Einheit der Farbskala ist „äquivalente Wasserhöhe", wie sie in Abschn. 3.7 eingeführt und erläutert wurde. Offenbar gibt es besonders große, vorwiegend jahreszeitliche, Veränderungen in den großen Flusssystemen dieser Welt, wie zum Beispiel dem hydrologischen Einzugsgebiet des Amazonas in Südamerika. Abb. 4.15 demonstriert aber auch sehr gut, wie groß die Unterschiede zwischen diesen beiden Modellen sind, obwohl sie auf ähnlichen Eingangsdaten beruhen. Ein wesentlicher Unterschied zwischen WGHM und GLDAS ist, dass letzteres Modell nur die Bodenfeuchte der oberen Schichten, aber kein Grundwasser modelliert. Damit werden die Amplituden von totalen Wassermassenänderungen auch unterschätzt.

Problemfelder dieser Modelle ergeben sich insbesondere auch in ihrem Langzeitverhalten, da sie üblicherweise hauptsächlich für Zeitskalen von Tagen bis Wochen ausgerichtet sind, auf denen das Wettergeschehen stattfindet. Daher geben sie langfristige Veränderungen nur sehr beschränkt wieder, etwa eine kontinuierliche Zunahme oder Abnahme des Grundwasserspiegels. Außerdem bilden diese globalen Modelle, die letztlich auf einer Sammlung von punktuellen Beobachtungen auf der Erdoberfläche beruhen, die Größenordnung der auftretenden Signale häufig nur unzureichend ab.

Andererseits lassen sich mit der gravimetrischen Methode diese Wasserspeicheränderungen direkt beobachten. Abb. 4.15c zeigt die aus der Satellitenmission GRACE abgeleiteten Signale. Im Vergleich zu den Modellergebnissen sind die Beobachtungen räumlich weniger detailreich, was aus der beschränkten räumlichen Auflösung der Satellitenmission resultiert. Ein direkter Vergleich der GRACE-Ergebnisse ist allerdings nur mit dem WGHM-Modell zulässig, um nicht Äpfel mit Birnen zu vergleichen, da GRACE ja auch sensitiv auf Grundwasseränderungen ist. Wenn man hydrologische Modelle und GRACE-Ergebnisse mit *in-situ*-Beobachtungen vergleicht, zeigt sich allerdings, dass die Schwerefeldergebnisse die auftretenden Amplituden besser wiedergeben können und auch das Langzeitverhalten wesentlich realistischer darstellbar ist.

Abb. 4.16 zeigt exemplarisch die Veränderungen des Wasserhaushalts im Jahresverlauf im Gebiet des Amazonas, abgeleitet aus GRACE-Beobachtungen. Dargestellt sind Variationen des Wasserspeichers im Jahr 2005 relativ zu einem Langzeitmittel. Deutlich ist der jahresperiodische Verlauf des hydrologischen Zyklus zu erkennen.

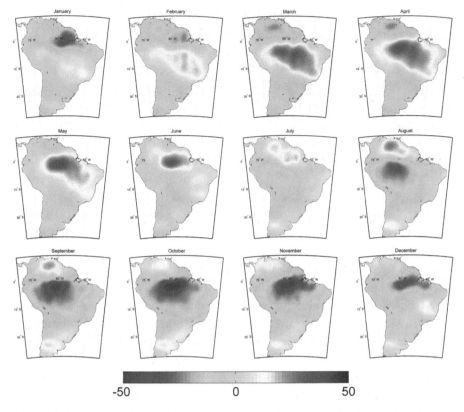

Abb. 4.16 Wasserspeichervariationen (in Millimetern äquivalente Wasserhöhe) im Gebiet Amazonas im Jahr 2005, abgeleitet aus GRACE-Daten

Neben periodischen Signalen lassen sich aus Schwerefelddaten auch sehr gut langzeitliche Veränderungen in Form von Massentrends ableiten. Abb. 4.17 zeigt die räumliche Verteilung von langzeitlichen Veränderungen und stellt diese für ausgewählte hydrologische Einzugsgebiete auch als Zeitreihe dar. In vielen Fällen ist eine jährliche Periode zu erkennen, die mit jahreszeitlichen Veränderungen in Zusammenhang steht, zum Beispiel starken Regenfällen in bestimmten Monaten des Jahres. Vielfach ist aber auch eine langfristige Veränderung zu erkennen. Ein bekanntes Beispiel dafür ist die kontinuierliche Wasserabnahme in der Region Nordindiens. Hier wird insbesondere für landwirtschaftliche Zwecke mehr Grundwasser entnommen, als sich natürlich erneuern kann. Diese übermäßige Entnahme führt zu einer nachhaltigen Abnahme des Grundwasserspiegels und wird, wenn ungehindert fortgesetzt, zu einer gänzlichen Austrocknung der Region führen. Dieses Beispiel zeigt, dass heute das Monitoring des Verlusts

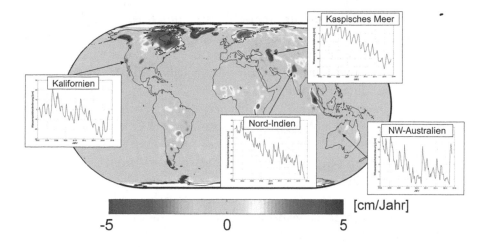

Abb. 4.17   Langzeittrends von Wassermassenveränderungen, globale Raten und als Zeitreihe für ausgewählte hydrologische Einzugsgebiete

von nicht-erneuerbaren Trinkwasservorkommen aus dem Weltraum mittels Schwerefeldinformation möglich ist.

Aufgrund dieser Vorzüge werden heute GRACE-Ergebnisse auch dazu verwendet, um hydrologische Modelle zu kalibrieren – das heißt einerseits, die vorhergesagten modellierten Signalamplituden richtig zu skalieren, und andererseits, auch das Langzeitverhalten von hydrologischen Modellen zu verbessern. Es gibt heute auch bereits erste Versuche, die Ergebnisse von Schwerefeldmessungen direkt als zusätzliche Beobachtungen in hydrologische Modelle einzubringen und somit geodätische Beobachtung und physikalisches Prozessmodell direkt zu verknüpfen.

Inlandaltimetrie und Fernerkundung für Überwachung von Seen und Flusssystemen

Für zahlreiche hydrologische, gesellschaftliche und wirtschaftliche Fragen ist die kontinuierliche Überwachung von Inlandgewässern von großer Bedeutung. Hydrologische Parameter wie Wasserstand, Oberflächenausdehnung, Volumen und Abfluss eines Gewässers sowie deren zeitliche Veränderungen sind in vielen Regionen unmittelbar mit sicherheitsrelevanten Aspekten verknüpft. Dazu zählen insbesondere die Wasserversorgung und der Schutz der Bevölkerung vor Überflutungen. Ein umfassendes hydrologisches Monitoring über Pegelstationen und andere Messeinrichtungen am Boden ist jedoch nur für wenige Flüsse und Seen verfügbar. In den vergangenen Jahrzehnten ging die Zahl operationeller hydrologischer Beobachtungsstationen global sogar rapide zurück. Weil das Wasser in vielen Regionen zunehmend zum Politikum wird, bleiben die Messdaten zudem mehr und mehr unter Verschluss.

Allerdings wurden in den vergangenen Jahren auch erhebliche Fortschritte bei der satellitenbasierten Vermessung von Oberflächengewässern erzielt. Zumindest für größere Gewässer mit einer Ausdehnung von mehreren Hundert Metern lassen sich sowohl horizontale Geometrien als auch Wasserstände mit einer zeitlichen Auflösung von einigen Wochen durch optische Sensoren und Radarsysteme ermitteln, und mehrere Datenportale stellen entsprechende Beobachtungsdaten inzwischen für Hunderte von Gewässern öffentlich zur Verfügung. Aus diesen Informationen können zudem Rückschlüsse auf zeitliche Änderungen von Volumen und Abflüssen gezogen werden.

Die Ermittlung der horizontalen Ausdehnung von Wasserflächen gelingt heute in der Regel mit einer räumlichen Auflösung von zehn bis 30 Metern. Hierfür stehen die Daten zahlreicher Fernerkundungssatelliten zur Verfügung, die seit vielen Jahren kontinuierlich Bilder oder Radarmessdaten zur Erde schicken. Zu den bekanntesten Fernerkundungssatelliten gehören die mit bildgebenden Sensoren ausgestatteten Satelliten der Landsat-Familie der NASA, die Sentinel-2-Satelliten der ESA und die TerraSAR-X-Mission des Deutschen Zentrums für Luft- und Raumfahrt (DLR). Wasserstände von Seen, Reservoirs, Flüssen und Feuchtgebieten können auf mehrere Zentimeter bis Dezimeter genau aus Beobachtungsdaten der Satellitenaltimetrie bestimmt werden. Bei diesem Messverfahren, das uns schon in Abschn. 3.6 begegnet ist, werden Radarwellen von einem Satelliten in Richtung Erdboden ausgesendet, wo sie von Wasserflächen unterhalb der Satellitenbahn reflektiert und schließlich wieder vom Satelliten empfangen werden. Aus der Laufzeit der Radarwellen lassen sich die Wasserstände ermitteln. Entsprechende Missionen gibt es seit 1992. Während die Anwendung der Satellitenaltimetrie über dem offenen Ozean inzwischen Routine ist, bestehen bei Anwendungen für Binnengewässer noch zahlreiche Herausforderungen. Da die Radarsignale am Boden eine Fläche von mehreren Kilometern Durchmesser ausleuchten und die zum Satelliten zurückgestreuten Signale gerade im Fall von kleinen Gewässern durch die umgebende Topografie stark verfälscht sein können, sind die Beobachtungen in der Regel auf große Flüsse und Hauptstränge mit Breiten von mehreren Hundert Metern bis Kilometern beschränkt. Zudem

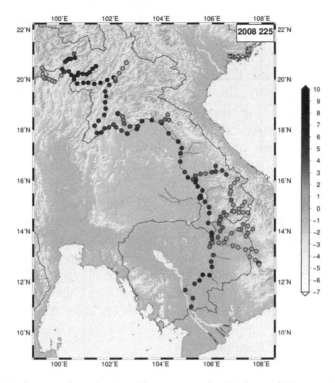

Abb. 4.18 Hochwassersituation im Flusssystem des Mekong (Wasserstände gegenüber langjährigen Mittelwerten) infolge des Tropensturms Kammuri am 13. August 2008 (Einheit: Meter)

liegen Beobachtungsdaten nur an diskreten Messpunkten vor, an denen die Satellitenbodenspur ein Gewässer kreuzt. Zwischen diesen Punkten können je nach Mission mehrere Hundert Kilometer liegen, und sie sind in der Regel nicht mit den Orten identisch, an denen Informationen über Wasserstände aus praktischen Gründen benötigt werden. Eine Steigerung der Auflösung und der Länge der Zeitreihen erfordert die Kombination von Beobachtungsdaten mehrerer Altimetermissionen, wobei instrumentelle Unterschiede und ungleiche Beobachtungsbedingungen aufgrund der Asynchronität der Messungen zu berücksichtigen sind.

Abb. 4.18 zeigt die aus Messdaten der Satellitenaltimetrie abgeleiteten Wasserstände im Flusssystem des Mekong am 13. August 2008. Die Werte geben Anomalien gegenüber langjährigen Mittelwerten an. Deutlich erkennbar sind die enorm hohen Wasserstände entlang des Hauptflusses, die zu schweren Überschwemmungen führten. Ursächlich hierfür waren extreme

Niederschläge im nördlichen Bereich des Flusssystems aufgrund des Tropensturms Kammuri Anfang August 2008.

Nicht zuletzt aufgrund des starken Bevölkerungswachstums nimmt die Besiedlung entlang von Flüssen global immer weiter zu. Daher besteht in vielen Regionen ein zunehmender Bedarf an großräumigen Monitoringsystemen, die eine Projektion der Auswirkungen von Extremwetterereignissen, wie beispielsweise Starkregen oder Dürren, auf einzelne Bereiche entlang eines Flusses ermöglichen. Insbesondere sollen solche Systeme zuverlässig und frühzeitig Informationen über Gefahrensituationen wie Überflutungen bereitstellen können. Die Unsicherheiten aufgrund der räumlichen und zeitlichen Auflösung der heutigen Satellitensysteme sind jedoch noch zu groß, und wichtige Parameter wie Flussquerschnitte und Bodenbeschaffenheit, die das Fließverhalten von Flüssen stark beeinflussen, sind nicht flächendeckend bekannt. Aktuelle Studien zur Realisierung von Monitoringsystemen sind zumeist auf einzelne Flussabschnitte oder Flusssysteme beschränkt und zeigen anhand einzelner Fallbeispiele auf, welche Anforderungen an die Datengrundlage bestehen. Eine vollständig weltraumbasierte umfassende Ermittlung und Prognose von Gewässerzuständen ist dagegen noch Zukunftsmusik.

Wasser – Segen oder Gefahr? Dürren, Fluten und Wasserressourcenmanagement

Geodätische Beobachtungen können nicht nur wichtige Informationen über den Ist-Zustand der weltweiten Wasserkörper liefern, sondern auch über deren zeitliche Entwicklung. Da es heute aber nicht möglich ist, Beobachtungen von morgen zu tätigen, ist es für Zwecke der Vorhersage unumgänglich, die Beobachtungen mit physikalischen Prozessmodellen zu koppeln. Nur diese können Informationen aus der Vergangenheit und Gegenwart auf physikalisch möglichst sinnvolle Weise in die nahe oder auch entferntere Zukunft projizieren. Wenn wir zum Beispiel aus Satellitenbeobachtungen ableiten, dass der Wasserspeicher kleiner und kleiner wird, das heißt, dass es immer trockener wird, so ist das ein Indikator dafür, dass sich still und heimlich ein Dürreereignis aufbaut. Ob eine solche Dürre dann tatsächlich stattfindet und damit eine Dürreprognose richtig ist, hängt natürlich letztlich davon ab, ob es glücklicherweise doch noch endlich regnet. Auf alle Fälle sind solche Vorhersagen wichtig, um rechtzeitig das Gefahrenpotenzial zu erkennen und gegebenenfalls Gegenmaßnahmen einleiten zu können, um etwa die Wasserversorgung sicherzustellen.

Es ist aber nicht so einfach, wie es im ersten Moment klingt, denn: Was ist denn eigentlich eine Dürre? Zu wenig Regen? Ein zu niedriger Grundwasserstand? Oder kaputte Rüben aufgrund zu geringer Bodenfeuchte? Oder wenn der Wasserbedarf nicht gedeckt werden kann? Ersteres hat vor allem für die Meteorologie Bedeutung, zweites für die hydrologische Modellierung, und drittes ist für den Landwirt und stolzen Eigentümer des Rübenackers von Interesse, während die letzte Definition die Auswirkung auf Wirtschaft und Gesellschaft adressiert. Aus der Sicht der gravimetrischen Beobachtung ist vor allem die „hydrologische Dürre" von Interesse, da mithilfe der Schwerefeldmessung der gesamte Wasserstand in einer Region, und somit auch das Grundwasser, gemessen werden kann. Tatsächlich ist die gravimetrische Methode als einzige in der Lage, zerstörungsfrei und jenseits einzelner Bohrlöcher direkt Grundwasserveränderungen festzustellen.

Das Monitoring und auch die Vorhersage von Dürren hat aufgrund von großen gesellschaftlichen wie ökonomischen Konsequenzen von notorischem Wassermangel eine große gesellschaftliche Bedeutung. Deshalb gibt es operationelle Dienste, die versuchen, auf Basis von Beobachtungen und Modellen die Eintrittswahrscheinlichkeit von Dürren in bestimmten Regionen vorherzusagen. Während der amerikanische *US National Drought Monitor* (Abb. 4.19a) bereits heute gravimetrische Daten aus den Satellitenmissionen GRACE beziehungsweise jetzt GRACE Follow-On in seine Vorhersagemodelle integriert, passiert dies auf europäischer Ebene noch nicht. Hier stützt sich die Dürrevorhersage auf *in-situ*-Beobachtungen der Bodenfeuchte, Niederschlagsdaten und Satelliten-Fernerkundungsdaten. Letztere schließen aus dem Reflexionsverhalten der vom Satelliten ausgesandten und vom Boden reflektierten Signale auf die Bodenfeuchte. Diese Methode ist aber im wahrsten Sinne des Wortes kurzsichtig, da diese Fernerkundungssignale, je nach deren Wellenlänge, nur wenige Zentimeter tief in den Boden eindringen. So wird vom Feuchtegehalt der ersten paar Zentimeter Boden auf den gesamten Wasserkörper darunter geschlossen und aus dessen zeitlichen Veränderungen das Dürrepotenzial ermittelt. Gravimetrische Methoden sind jedoch sensitiv auf die gesamte Wassermasse der Region, „sehen" somit auch in Vorgänge in tieferen Schichten bis hinunter zum Grundwasser. Abb. 4.19b stellt die Situation grafisch dar: Während Oberflächen- und Fernerkundungsmethoden lediglich Informationen über die oberste Bodenschicht (grün) gewinnen können, sind Schwerefeldmissionen sensitiv auf die totale Wasserspeicheränderung (alle Schichten, inklusive Grundwasser in blau).

Der Unterschied im Informationsgehalt dieser beiden Datenquellen kann am Beispiel der Wasserspeicheränderung an der Beobachtungsstation Wettzell im Bayerischen Wald sehr schön demonstriert werden (Abb. 4.20). Neben einer Vielzahl geodätischer Sensorik (Abschn. 3.9) sind am Gelände

a

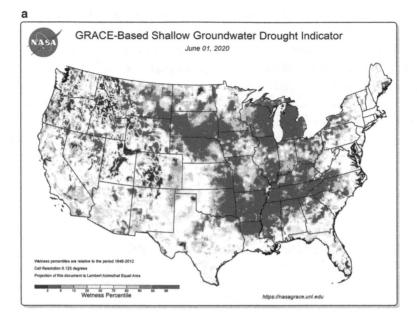

b

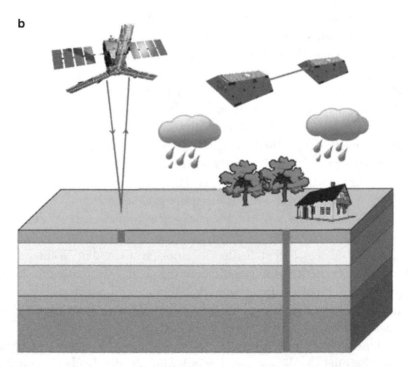

Abb. 4.19   a Operationeller Dienst zur Beobachtung und Vorhersage von Dürreereignissen in den USA: Gezeigt ist prozentual die Feuchte am 1. Juni 2020 relativ zu
einem Mittelwert des Vergleichszeitraums 1948 bis 2012. Rote Gebiete weisen also
extreme Trockenheit auf (© NASA, https://nasagrace.uni.edu); **b** schematische Darstellung von wasserführenden Schichten und deren Beobachtbarkeit mit *in-situ-* oder
Fernerkundungsmethoden (links) und Satellitengravimetrie (rechts)

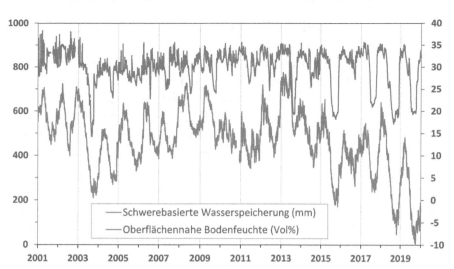

Abb. 4.20 Wasserspeicherung in Wettzell (Bayerischer Wald): Vergleich von oberflächennaher Bodenfeuchte und gravimetrisch bestimmter Massenänderung des totalen Wasserspeichers (© Güntner/GFZ)

des Geodätischen Observatoriums auch einige hydrologische Sensoren installiert. Diese messen die oberflächennahe Veränderung der Bodenfeuchte (blaue Kurve). Deutlich sichtbar sind einige Dürreereignisse, wie zum Beispiel jenes Ereignis in Zentraleuropa im Sommer 2003, aber auch Dürren insbesondere in den vergangenen Jahren, die mit den überdurchschnittlich heißen und trockenen Sommern in Zusammenhang stehen. Diese oder eine ähnliche Kurve würde man auch von Fernerkundungssensoren erhalten. Dagegen zeigt die Messung der Schwerefeldveränderung (orange Kurve) ein ganz anderes Bild. Zwar sieht man auch hier, neben einem sehr viel stärkeren Jahresgang des totalen Wassergehalts als in den Oberflächendaten, die Dürre 2003. Sie zeigt aber auch, dass dieses Ereignis kein Phänomen von ein paar wenigen Monaten war, wie es die Oberflächendaten implizieren. Offensichtlich hat das gesamte Reservoir, inklusive Grundwasser, mehrere Jahre gebraucht, um sich nach der Dürre 2003 wieder auf einen Normalzustand aufzufüllen. Außerdem zeigt sich auch deutlich, dass die überdurchschnittlich trockenen und heißen Jahre seit 2013 zu einer systematischen Abnahme des Wasserspeichers führten, während sich die oberflächennahe Bodenfeuchte nach jedem „Hitzesommer" sehr rasch wieder erholt hat. Zwar ist Wettzell keine Region, die an notorischer Wasserknappheit leidet und die liebenswerten Einwohner dort nagen nicht am Dursttuch. Doch dieses Beispiel kann auf jede andere Region übertragen werden, wo die

Verfügbarkeit von ausreichend viel Grundwasser zur Deckung des Wasserbedarfs zwingend erforderlich ist.

Fluten sind nicht Dürren mit umgekehrtem Vorzeichen. Während sich Dürren über mehrere Monate aufbauen und, wie Abb. 4.20 zeigt, sich erst über sehr lange Zeiträume auch wieder abbauen, sind Fluten üblicherweise wesentlich kurzfristigere Ereignisse. Dies hat damit zu tun, dass sie üblicherweise mit dem lokalen oder regionalen Wettergeschehen in engem Zusammenhang stehen und häufig von kurzfristig auftretenden Extremwetterereignissen wie starken Regen- oder Schneefällen ausgelöst werden. Üblicherweise sind Fluten daher auch räumlich lokaler begrenzt, während sich Dürren häufig über sehr große Gebiete bis zum kontinentalen Maßstab ausbreiten. Messtechnisch stellen sich durch diese Eigenschaften von Fluten ganz andere Herausforderungen als bei Dürreereignissen, da eine wesentlich höhere räumliche und zeitliche Auflösung erforderlich ist, die vielfach von Satellitenmissionen nur schwer zu erreichen ist. Dies gilt insbesondere für aktuelle Schwerefeldmissionen, mit denen heute nur sehr starke und großräumige Überflutungsereignisse erfasst werden können. Sehr wohl können mithilfe gravimetrischer Methoden aber Überflutungspotenziale abgeschätzt werden, wenn sich beispielsweise über längere Zeiträume überproportional viel Nässe und damit ein Überschuss an Wassermasse in einer Region ansammelt. Dennoch sind hinsichtlich Satellitenbeobachtung insbesondere Fernerkundungsverfahren im Einsatz, die das Ausmaß der Überflutungsfläche erkunden und in Kombination mit topografischen Modellen die zugehörigen Wasservolumina abschätzen und mögliche Abflusskanäle modellieren lassen.

Gravimetrische Methoden können aber insbesondere für bestimmte Szenarien des Wassermanagements genutzt werden. So lässt sich zum Beispiel überwachen, wie viel Schnee und Eis sich über die Wintermonate in hochgelegenen Gletschergebieten ansammeln, die im Frühjahr als meist sauberes Schmelzwasser im Tal ankommen werden. Diese Information ist nicht nur wichtig, wenn es um die Abschätzung der potenziell verfügbaren Wassermenge für die Brauchwasserversorgung geht, sondern dieses Schmelzwasser birgt natürlich auch erhöhtes Überflutungspotenzial in sich.

Auf diese Art und Weise können geodätische Satellitenmethoden wertvolle Beiträge nicht nur zum Systemverständnis des globalen Wasserkreislaufs und regionaler Wasserbilanzen liefern, sondern darüber hinaus wichtige Informationen für die Sicherstellung der Wasserversorgung bereitstellen. Beispielsweise dienen die Andengletscher als Hauptwasserspeicher für Peru und die Gletscher des Himalayas sind unverzichtbar für die Wasserver-

sorgung großer Teile Asiens. Der beschleunigte Rückgang der Gebirgsgletscher führt zwar kurzfristig zu höheren Abflussraten, aber bereits in
wenigen Jahrzehnten werden diese lebenswichtigen Wasserspeicher immer
stärker der Klimaerwärmung zum Opfer fallen.

4.7   Die Rotation der Erde – Unser Taumeln im Weltraum und unsere jährliche Reise um die Sonne

» *„Die Erde beginnt zu tanzen, wenn man sie mit Himmelsaugen sieht."*
[Ernst Ferstl]

In zahlreichen Medien sorgte die Rotation der Erde in den vergangenen
Jahren für Schlagzeilen: Ein Erdbeben hat die Erdachse verschoben und die
Erdumdrehung beschleunigt! Das Schmelzen der Gletscher bringt die Erde
ins Taumeln!

Ist das beunruhigend? Tatsächlich ist der Sensationswert derartiger Nach-
richten überschaubar, denn gegenüber den regelmäßigen Veränderungen
der Erdrotation, die etwa aufgrund der Jahreszeiten entstehen, sind solche
Effekte sehr klein. Zwar erscheint uns die Rotation unseres Planeten als eine
äußerst gleichmäßige Bewegung: Einmal am Tag dreht die Erde sich um ihre
Achse, einmal im Jahr reisen wir auf ihr um die Sonne. Dass die Rotation
der Erde jedoch ständigen Schwankungen unterworfen ist, bemerken wir
dabei nicht. Bevor wir uns aber mit diesen Schwankungen näher befassen,
wollen wir klären, was unter Erdrotation eigentlich zu verstehen ist.

Die Rotation der Erde bezeichnet die gemeinsame Rotationsbewegung
aller Masseteilchen unseres Planeten um eine Achse. Diese Bewegung ist
mit der eines physikalischen Kreisels zu vergleichen: Die Drehachse hat
eine bestimmte räumliche Orientierung, und die Rotation erfolgt mit einer
bestimmten Winkelgeschwindigkeit.

Um die Orientierung der Rotationsachse zu beschreiben, benötigen wir
eine Referenz. In Abschn. 3.2 haben wir das Internationale Terrestrische
Referenzsystem (ITRS) als fundamentales geodätisches Koordinatensystem der Erde kennengelernt. Das ITRS, das fest mit der Erde verbunden

ist, bewegt sich aufgrund der Erdrotation gegenüber dem himmelsfesten ICRS, dem Internationalen Zälestischen Referenzsystem (engl.: *International Celestial Reference System*) (Abschn. 3.4). Der Zusammenhang zwischen den beiden Referenzsystemen wird durch die sogenannten Erdorientierungsparameter (EOP) hergestellt, die laufend über geodätische Beobachtungen bestimmt werden, insbesondere *Very Long Baseline Interferometry* (VLBI) (Abschn. 3.4).

Die Orientierung der Erdrotationsachse verändert sich gegenüber beiden Referenzsystemen ständig: Die Achse verlagert sich sowohl innerhalb der Erde als auch im Weltraum. Die Richtungsänderung der Achse gegenüber dem erdfesten Koordinatensystem wird als Polbewegung bezeichnet. Die Richtungsänderung gegenüber dem himmelsfesten Koordinatensystem beinhaltet zwei Komponenten, die Präzession und die Nutation. Doch nicht nur die Orientierung der Rotationsachse ist variabel. Auch die Rotationsgeschwindigkeit der Erde ist ständigen Schwankungen unterworfen. Die Ursachen all dieser Variationen wollen wir nun genauer beleuchten.

Dass die Erde rotiert, ist eine Folge der Entstehungsgeschichte des Sonnensystems. Aus einer rotierenden flachen Scheibe aus Gas- und Staubteilchen, die sich um die Sonne bildete, entstanden die Planeten und anderen Himmelskörper des Sonnensystems. Im Zuge dessen wurde ein Teil des Drehimpulses der um die Sonne rotierenden Gas- und Staubteilchen auf die Eigenrotation der Planeten übertragen. Durch die Kollision von Himmelskörpern unterschiedlicher Größe veränderte sich die Rotation der Planeten immer wieder. Die junge Erde rotierte etwa doppelt so schnell wie die Erde heute, ein Tag dauerte nur halb so lang. Seitdem hat sich die Rotation der Erde durch die Wirkung der Gravitationskräfte von Sonne, Mond und Planeten und aufgrund dynamischer Prozesse im Erdsystem stark verändert.

Einmal im Jahr umrundet die Erde die Sonne. Ihre Bahn verläuft dabei in der Ekliptikebene. Da der Erdäquator gegenüber der Ekliptik um rund 23,5 Grad geneigt ist, verändert sich der Sonnenstand für einen Ort auf der Erdoberfläche über das Jahr und verursacht so die Jahreszeiten. Bis auf zwei Tage im Jahr steht die Sonne damit oberhalb oder unterhalb der Äquatorebene. Lediglich zum Frühlings- und Herbstanfang schneidet ihre scheinbare Bahn den Äquator. Derselbe Winkel, also 23,5 Grad, besteht auch zwischen der Erdachse (die senkrecht zur Äquatorebene steht) und der Ekliptiknormalen, einer gedachten Achse senkrecht zur Ekliptik.

Aufgrund ihrer Rotation ist die Erde an den Polen abgeplattet, ihr Radius am Äquator ist etwa 21 Kilometer größer als am Pol. Auf diesen Äquatorwulst übt die Sonne, die sich außerhalb der Äquatorebene befindet, ein

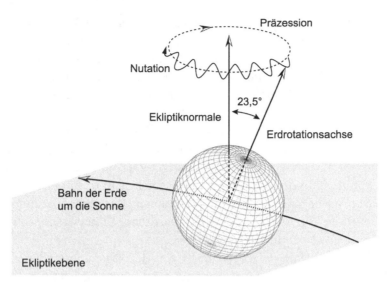

Abb. 4.21 Durch Präzession und Nutation verändert sich die absolute Orientierung der Erdrotationsachse im Weltraum. Ein Umlauf der Rotationsachse um die Ekliptiknormale dauert rund 25.800 Jahre

gravitatives Drehmoment aus, das die Äquatorebene in Richtung der Ekliptikebene zwingt. Da die Erde jedoch rotiert, führt die Krafteinwirkung nicht zu einem „Aufrichten" der Erde in der Ekliptik, sondern zur Präzession der Erdachse um die Ekliptiknormale. Der Winkel von rund 23,5 Grad bleibt erhalten, und die Erdachse umläuft die Ekliptiknormale wie auf einem Kegel. Ein Umlauf dauert etwa 25.800 Jahre (Abb. 4.21). Für uns Erdbewohner bedeutet das langfristig eine periodische Verschiebung der Jahreszeiten: Nach der Hälfte dieser Zeit, also nach rund 13.000 Jahren, hat sich die Orientierung der Erdachse verkehrt: Die Achse ist immer noch um rund 23,5 Grad geneigt, aber betrachtet im himmelsfesten Referenzsystem weist sie in die entgegengesetzte Richtung. Damit es weiterhin im Sommer warm und im Winter kalt ist, wird unser Kalender durch die Schaltjahrregel an diese Bewegung angepasst. Am Sommerhimmel wird uns dann allerdings Orion begleiten, während die für uns gewohnten Sommersternbilder im Winter sichtbar sein werden.

Doch sind diese um ein halbes Jahr verschobenen Winter und Sommer mit dem vergleichbar, was wir heute gewohnt sind? Sicher nicht, und das liegt in diesem Fall nicht nur am Einfluss des Menschen auf das Klima. Indem wir bisher von „rund" 23,5 Grad gesprochen haben, haben wir unterschlagen, dass die Neigung des Äquators gegenüber der Ekliptik nicht konstant ist. Im Lauf von etwas mehr als 40.000 Jahren variiert diese „Schiefe der Ekliptik" nämlich periodisch zwischen etwa 21,5 und 24,5 Grad, im Moment nimmt sie ab. Zudem ändert sich auch die Elliptizität der Erdbahn um die Sonne periodisch innerhalb von 100.000 Jahren. Diese Effekte überlagern sich, und teilweise bestehen komplizierte Abhängigkeiten, beispielsweise zwischen Exzentrizität und Präzession. Die Variationen der Erdbahnparameter führen zu einer Veränderung der Sonneneinstrahlung und nehmen damit Einfluss auf klimatische Bedingungen. Zwar lässt sich ein eindeutiger Zusammenhang mit dem Entstehen von Eis- und Warmzeiten erdgeschichtlich nicht ableiten. Jedoch wird davon ausgegangen, dass die Variationen der Achsrichtung und der Bahn der Erde um die Sonne solch drastische Klimaveränderungen von globalem Ausmaß zumindest begünstigen.

Überlagert wird die Präzession noch von der sogenannten Nutation, die ebenfalls zur Änderung der Orientierung der Erdachse gegenüber dem Weltraum führt. Allerdings ist die Nutation wesentlich kleiner. Sie entsteht durch die periodische Änderung der Stellungen von Sonne und Mond relativ zur Erde und bewirkt Schwankungen der Achsrichtung mit Perioden zwischen

Abb. 4.22 VLBI-Beobachtungen zu extrem weit entfernten Radioquellen ermöglichen es, die absolute Orientierung der Erdachse im Weltraum zu bestimmen (© ESO/ Yuri Beletsky [CC BY 4.0])

wenigen Stunden und 18,6 Jahren. Die Amplituden dieser Schwankungen betragen aber weniger als zehn Bogensekunden, also weniger als 1/360 Grad.

Die genaue Kenntnis der Orientierung der Erdachse im Weltraum ist für alle Anwendungen relevant, bei denen Positionen auf der Erde mit Positionen im Weltraum in Beziehung gesetzt werden. Zu nennen sind hier insbesondere astronomische und geodätische Beobachtungen von Himmelskörpern und Satelliten, die von Stationen auf der Erdoberfläche aus durchgeführt werden. Da die Positionen von Sonne, Mond und Planeten relativ zur Erde aus astronomischen Beobachtungen sehr genau bekannt sind und für Jahrhunderte vorhergesagt werden können, kann die Orientierung der Erdachse für beliebige Zeitpunkte mit guter Genauigkeit über Modelle beschrieben werden. Kleine Abweichungen von den durch die Modelle prognostizierten Werten werden laufend über VLBI-Beobachtungen ermittelt (Abb. 4.22) und vom Internationalen Erdrotations- und Referenzsystemdienst (IERS) veröffentlicht.

Mit der Zeit verändert sich nicht nur die Richtung der Erdachse im Weltraum, sondern auch die Winkelgeschwindigkeit, mit der die Erde um diese Achse rotiert. Wie erwähnt, hat sich die Dauer eines Tages seit der Entstehung der Erde immer weiter verlängert. Auch der 24-Stunden-Tag ist bereits Geschichte. Immer wieder müssen wir unsere Uhren für eine Schaltsekunde anhalten, weil die Erde dem raschen Lauf der Uhren nicht hinterherkommt. Ein durchschnittlicher Tag dauert heute einige Millisekunden länger als 24 Stunden, wobei seine Zeitdauer höchst variabel ist. Mit den heutigen geodätischen Beobachtungsverfahren kann die tatsächliche Umdrehungsdauer der Erde mit einer Genauigkeit von etwa 20 Mikrosekunden bestimmt werden, das sind 0,00002 Sekunden.

Unterschiedliche Faktoren beeinflussen die Rotationsgeschwindigkeit permanent. Der größte Langzeiteffekt entsteht durch die sogenannte Gezeitenreibung, durch die sich die Dauer eines Tages während der vergangenen Jahrtausende um rund 23 Mikrosekunden pro Jahr verlängert hat. Verursacht wird dieser Effekt durch den Mond, aufgrund dessen Anziehungskraft Gezeitenwellen im Ozean entstehen. Indem diese Wellen der Erdrotation entgegenlaufen und Reibung erzeugen, verliert die Erde Energie und Drehimpuls. Die Rotation unseres Planeten wird abgebremst. Der Drehimpuls, der der Erde durch den Prozess der Gezeitenreibung verloren geht, wird auf den Mond übertragen, der sich dadurch allmählich von der Erde entfernt. Über Laser-Entfernungsmessungen (Abschn. 3.5) kann die aktuelle Zunahme der Entfernung zwischen Erde und Mond millimetergenau ermittelt werden. Sie beträgt etwa 3,8 Zentimeter pro Jahr. Nach dem dritten Kepler'schen Gesetz, das den Zusammenhang zwischen der Bahn eines Himmelskörpers und der Dauer eines Umlaufs beschreibt, hat die zunehmende Entfernung des Mondes von der Erde auch eine Verlangsamung der Winkelgeschwindigkeit zur Folge, mit der der Mond die Erde umkreist. Da die durch die Gezeitenwellen verursachte Reibung stark von der Verteilung der Landmassen und flachen Schelfmeere abhängt, hat sich die Auswirkung der Gezeitenreibung auf die Erdrotation erdgeschichtlich infolge der Plattentektonik (Abschn. 4.2) immer wieder stark verändert.

Auch Änderungen der Massenverteilung im Erdsystem wirken sich unmittelbar auf die Rotationsgeschwindigkeit aus. Wie bei einem Eiskunstläufer, der während einer Pirouette seine Arme an den Körper zieht, beschleunigt sich die Rotation der Erde, wenn Massen näher an die Achse rücken. Insbesondere aufgrund von langfristigen Deformationsprozessen des Erdkörpers ändert sich die Rotation der Erde über Jahrtausende hinweg. Der wichtigste Beitrag auf solch langen Zeitskalen entsteht durch die postglaziale Ausgleichsbewegung der während der letzten Eiszeit durch enorme Eismassen deformierten Landmassen in den arktischen und subarktischen Regionen (Abschn. 4.5). Weite Teile Skandinaviens und Kanadas heben sich auch heute noch um bis zu knapp zwei Zentimeter pro Jahr. Indem sich der Erdkörper entlang der Achse streckt, wird er weniger füllig um die Hüften. Dadurch nimmt das Trägheitsmoment der Erde ab und die Rotation beschleunigt sich. Die postglaziale Ausgleichsbewegung führt dazu, dass die Dauer eines Tages um sechs Mikrosekunden pro Jahr verkürzt wird. Dadurch kompensiert sie einen kleinen Teil der durch die Gezeitenreibung verursachten Abbremsung.

Allerdings gibt es noch weitere bremsende Faktoren: In ersten Studien wurde eine langfristige Abnahme der Rotationsgeschwindigkeit durch die klimabedingte Eisschmelze nachgewiesen. Der Effekt ist derselbe wie oben geschildert – nur umgekehrt: Die Umverteilung der Wassermassen aus den Eisschilden und Gletscherregionen der höheren Breiten in den Ozean entspricht einem Ausbreiten der Arme des Eiskunstläufers. Die Wassermasse entfernt sich von der Achse, die Rotation wird verlangsamt. In diesem Fall allerdings mit erheblich geringerer Auswirkung, da die beteiligten Massen viel kleiner sind.

Wesentlich stärkere Änderungen der Rotationsgeschwindigkeit treten auf Zeitskalen von Jahren bis Jahrzehnten auf. Diese dekadischen Fluktuationen, die die Länge eines Tages um mehrere Millisekunden verlängern oder verkürzen, sind vor allem auf den Drehimpulsaustausch zwischen flüssigem Erdkern und Erdmantel zurückzuführen. Beide Systeme sind durch unterschiedliche Kopplungsmechanismen miteinander verknüpft, wobei insbesondere elektromagnetische Wechselwirkungen eine große Rolle spielen. Aufgrund der durch die Kern-Mantel-Interaktion ver-

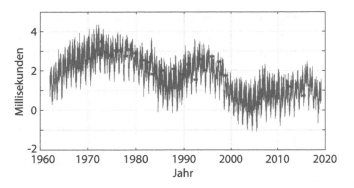

Abb. 4.23 Schwankungen der Länge eines Tages in Millisekunden. Die Nulllinie markiert einen 24-Stunden-Tag. Die roten Punkte markieren die Zeitpunkte, zu denen Schaltsekunden eingeführt wurden, um die gleichförmige Atomzeit an die tatsächliche Rotation der Erde anzupassen. Schaltsekunden gibt es seit 1972

ursachten Rotationsschwankungen war ein Tag Mitte der 1990er-Jahre um etwa zwei Millisekunden länger als eine Dekade später. Eine um zwei Millisekunden längere Tagesdauer führt nach 500 Tagen zu einem Uhrenfehler von einer Sekunde. Der Einfluss der Kern-Mantel-Interaktion auf die Tageslänge spiegelt sich folglich auch in der Häufigkeit von Schaltsekunden: Während im Zeitraum zwischen 1989 und 1998 acht Schaltsekunden nötig waren, um die Uhren an die tatsächliche Rotationsgeschwindigkeit der Erde anzupassen, waren es im Zeitraum zwischen 1999 und 2008 nur zwei. Abb. 4.23 zeigt die Schwankungen der Länge eines Tages während der vergangenen 60 Jahre, sowie als rote Punkte jene Zeitpunkte, zu denen Schaltsekunden eingeführt wurden.

Eine starke und sehr regelmäßige Variabilität weist die Rotationsgeschwindigkeit der Erde auch im Jahresverlauf auf. Im Nordwinter benötigt die Erde rund eine Millisekunde mehr für eine Umdrehung als im Nordsommer. Diese Schwankungen werden vor allem durch jahreszeitlich bedingte Änderungen der zonalen Winde hervorgerufen. Über den Drehimpulsaustausch zwischen Atmosphäre und fester Erde bewirkt die Veränderung des Windfeldes eine unmittelbare Reaktion der Erdrotation. Auch die unregelmäßig alle fünf bis sieben Jahre auftretende Klimaanomalie El Niño hinterlässt deutlich sichtbare Spuren in der Kurve der Tageslängenschwankungen. Während einer El-Niño-Phase werden die tropischen Passatwinde stark abgeschwächt, die der Rotationsrichtung der Erde auf der Nordhalbkugel aus Nordosten und auf der Südhalbkugel aus Südosten entgegenströmen. Ein Abflauen der westwärts gerichteten Passatwinde führt jedoch nicht zur Beschleunigung der ostwärts gerichteten Erdrotation, sondern zur Verlangsamung. Der Grund liegt auch in diesem Fall im Drehimpulsaustausch zwischen Atmosphäre und fester Erde. Während des El Niño wird der Drehimpuls der Atmosphäre, die mit der Erde in Richtung Osten rotiert, aufgrund der schwächeren westwärts gerichteten Windkomponente vergrößert. Dieser Anstieg geht auf Kosten der festen Erde, der Drehimpuls entzogen wird. Als Folge nimmt die Rotationsgeschwindigkeit ab, und die Tage werden um einige Zehntelmillisekunden länger.

Neben diesen Beispielen gibt es noch viele weitere Prozesse, die in unterschiedlichen Komponenten des Erdsystems ablaufen und die Rotationsgeschwindigkeit der Erde entweder durch die Verlagerung von Massen oder über den Drehimpulsaustausch beeinflussen. Genannt seien hier vor allem die regelmäßigen Deformationen des Erdkörpers durch Gezeiten und die Veränderung von Ozeanströmungen. Auch die eingangs erwähnten Erdbeben haben natürlich einen kleinen Effekt auf die Erdrotation, da sie Massenverlagerungen in der festen Erde verursachen. Die Auswirkung auf die Tageslänge liegt jedoch selbst bei extrem starken Beben nur im Bereich von wenigen Mikrosekunden und damit unterhalb der heutigen Messgenauigkeit.

Durch Massenverlagerungen und Drehimpulsaustauschprozesse wird jedoch nicht nur die Rotationsgeschwindigkeit der Erde beeinflusst. Auch die Lage der Rotationsachse in Bezug auf den Erdkörper verändert sich. Es besteht folglich eine Abweichung zwischen der Rotationsachse und der z-Achse des erdfesten Referenzsystems, die durch eine Konvention des IERS bezüglich ihrer Richtung festgelegt ist (Abschn. 3.2). Zwischen dem wahren Nordpol und dem konventionellen Nordpol („90 Grad Nord") besteht eine Diskrepanz von mehreren Metern, die sich, genau wie die Rotationsgeschwindigkeit, sowohl langfristig als auch periodisch verändert. Diese Veränderung wird als Polbewegung bezeichnet.

Die Polbewegung wird vor allem dadurch verursacht, dass die Rotationsachse nicht mit der polaren Hauptträgheitsachse der Erde übereinstimmt. Die Lage der Hauptträgheitsachsen ergibt sich aus der Massenverteilung. Erfolgt die Rotation aber um eine Achse, die nicht mit einer der Hauptträgheitsachsen identisch ist, ist auch der Drehimpuls nicht parallel zur Rotationsachse gerichtet. Dadurch entsteht eine Unwucht, die die Erde ins Taumeln bringt. Aufgrund der Drehimpulserhaltung muss sich die Rotationsachse entlang eines Kegels um die Drehimpulsachse herumbewegen. Würde man den „Durchstoßpunkt" der Rotationsachse auf der Erdoberfläche markieren, erhielte man einen Kreis mit einem Durchmesser von rund zehn Metern, der in etwas mehr als 14 Monaten einmal durchlaufen wird. Diesen Taumeleffekt kann man leicht mit einem Kinderkreisel nachvollziehen, indem man den Kreisel auf einer Seite mit einem kleinen Gewicht beschwert und dadurch eine Abweichung zwischen Hauptträgheits- achse und Rotationsachse herstellt.

Da sich die Massenverteilung im Erdsystem ständig verändert, entsteht eine komplexe Überlagerung von unterschiedlichen Bewegungen. Neben dem beschriebenen Effekt aufgrund der Diskrepanz der Achsen bewirken insbesondere saisonale Massenverlagerungen in der Atmosphäre und im Ozean eine Polbewegung mit jährlichem Zyklus. Weitere Anteile mit unter- schiedlichen Perioden entstehen außerdem aufgrund von Gezeiten. Durch die Überlagerung dieser Effekte beschreibt die Erdachse eine spiralförmige Bewegung um einen „mittleren Pol". Der Durchmesser dieser Spirale variiert mit der Zeit und erreicht bis zu 15 Meter. Allerdings ist auch der mittlere Pol keineswegs fest. Aufgrund von langzeitlichen Massenverlagerungen bewegt sich der Mittelpunkt der Polspirale auf der Erdoberfläche um rund acht Zentimeter pro Jahr in Richtung Kanada. Der mittlere Pol weicht vom konventionellen Nordpol, also der z-Achse des erdfesten Referenzsystems, inzwischen um mehr als zehn Meter ab. Hauptsächlich wird diese Langzeit- bewegung durch die schon beschriebene postglaziale Ausgleichsbewegung

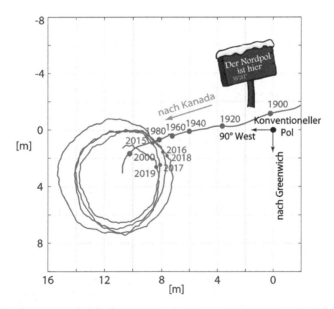

Abb. 4.24 Verlagerung der Erdrotationsachse im erdfesten Koordinatensystem: Die blaue Linie zeigt die Lage der Rotationsachse relativ zum konventionellen Nordpol für die Jahre 2015 bis 2019. Die rote Linie markiert den Verlauf des „mittleren Pols" seit dem Jahr 1890. Deutlich sichtbar ist der in Richtung Südwesten gerichtete Trend aufgrund der postglazialen Ausgleichsbewegung

verursacht, bei der Massen im Erdkörper großräumig verlagert werden. Aktuelle Studien belegen auch für die Polbewegung einen langfristigen Einfluss des Abschmelzens von Eisschilden und Gletschern und der damit verbundenen Massenumverteilung in den Ozean. Berechnungen zufolge lässt sich ein Großteil der Richtungsänderung des mittleren Pols nach Süden, die in der Abb. 4.24 ab etwa dem Jahr 2000 deutlich zu erkennen ist, auf diese klimabedingten Veränderungsprozesse zurückführen.

Die Polbewegung und die Variationen der Rotationsgeschwindigkeit bewirken, dass die Erde sich relativ zu Satellitenbahnen dreht und kippt. Ohne die Berücksichtigung dieser Effekte würden die über Satellitennavigationssysteme bestimmten Positionen auf der Erde Fehler im Meterbereich aufweisen. Auch die Realisierung genauer Zeitsysteme setzt die präzise Kenntnis der Erdrotation voraus. Sowohl die Polbewegung als auch die Rotationsgeschwindigkeit werden stark von ungleichmäßigen geodynamischen Prozessen beeinflusst und lassen sich nicht ausreichend genau durch Modelle beschreiben. Daher müssen sie kontinuierlich über Beobachtungen geodätischer Weltraumverfahren bestimmt werden. Gleichzeitig sind die Erdrotationsparameter aufgrund der starken Abhängigkeit von unterschiedlichen geodynamischen Prozessen auch interessant für viele Disziplinen der Geowissenschaften, um Wechselwirkungen, Massenverlagerungen und Drehimpulsaustauschprozesse im System Erde zu erforschen.

Zusammenfassung zu Kapitel 4

Mittels moderner Methoden der Satellitengeodäsie können Veränderungen im System Erde sehr genau vermessen und quantifiziert werden:

- Im Bereich der Geophysik wird die Bewegungsgeschwindigkeit tektonischer Platten von wenigen Zentimetern pro Jahr mithilfe geodätischer Weltraumverfahren wie GNSS, SLR und VLBI direkt beobachtet. Die Auswertung von dichten GNSS-Bodennetzen erlaubt, die Ausbreitung von Erdbebenwellen direkt sichtbar zu machen. Die Vermessung der Koordinatenänderungen und somit Oberflächendeformationen sowie der Veränderung des Schwerefeldes hilft, den Bruchvorgang großer Erdbeben besser zu verstehen.
- Erdbeben können Tsunamis auslösen, diese werden aber auch von Bergrutschen oder Vulkanen verursacht. Tsunamis laufen mit Geschwindigkeiten von mehreren Hundert Stundenkilometern über die Weltmeere und haben beim Auftreffen auf die Küste hohes Zerstörungspotenzial, da sie sich im Flachwasser auftürmen und aufgrund ihrer großen Wellenlänge viel Energie mitbringen. Leistungsfähige Tsunami-Frühwarnsysteme basieren auf Bodendrucksensoren, die um geodätische Techniken wie beispielsweise GNSS-Bojen ergänzt werden.
- Durch Vermessung mittels Satellitenaltimetrie wissen wir, dass der Meeresspiegel im globalen Mittel um etwa drei Millimeter im Jahr steigt. Dabei

gibt es aber regional sehr große Unterschiede: In manchen Gebieten steigt er aktuell um mehr als einen Zentimeter im Jahr. Aus einer Kombination unterschiedlicher Methoden können wir sogar auf die Ursache von Meeresspiegelschwankungen schließen. Aus Schwerefeldmessungen lässt sich ableiten, dass ca. zwei Drittel des Meeresspiegelanstiegs durch Masseneintrag schmelzender Eisschilde wie Grönland und Antarktis sowie zahlreicher Inlandgletscher verursacht werden, während das restliche Drittel auf die Ausdehnung des Wassers aufgrund der globalen Temperaturzunahme zurückzuführen ist.

- Grönland verliert aktuell ca. 300 Gigatonnen pro Jahr (das sind 300 Würfel mit jeweils einem Kilometer Seitenlänge, gefüllt mit Wasser) an Masse, die Antarktis ca. 150 Gigatonnen pro Jahr. Dies kann direkt aus Satellitenschwerefeldmessungen und indirekt über Satellitenaltimetrie abgeleitet werden. Die unterschiedlichen Messverfahren liefern dazu heute sehr konsistente Ergebnisse.

- Das Verständnis des globalen Wasserkreislaufs ist gesellschaftlich höchst relevant, da es letztlich um die Verfügbarkeit von Trink- und Nutzwasser geht. Mithilfe der Satellitengeodäsie können wir die Umverteilung des Wassers auf unserem Erdkörper im Jahresverlauf beobachten und darüber hinaus Regionen identifizieren, in denen die Menge verfügbaren Wassers stetig abnimmt. Mit Methoden der Fernerkundung können außerdem auch Seen und Flusssysteme überwacht werden.

- Von besonderer Bedeutung ist es, rasch Informationen für die Überwachung und Vorhersage von Dürren und Fluten zu gewinnen. Der besondere Wert gravimetrischer Verfahren gegenüber klassischer Oberflächenfernerkundung liegt dabei darin, dass nicht nur der Feuchtegehalt der ersten paar Zentimeter Boden, sondern auch der veränderliche Wassergehalt der tieferen Schichten bis hin zum Grundwasser erfasst werden kann.

- Auch das Rotationsverhalten der Erde wird, neben gravitativen Einflüssen von Sonne, Mond und Planeten, durch Massenumverteilungen im Erdsystem beeinflusst. Es kommt dabei zu einer Veränderung der Richtung der Rotationsachse sowie der Rotationsgeschwindigkeit. Die genaue Kenntnis der unregelmäßigen Erdrotation ist unter anderem wichtig, um Positionen von Satelliten und Himmelskörpern mit erdfesten Koordinaten verknüpfen zu können.

- Letztlich sind viele der mittels Satellitengeodäsie erfassten Phänomene subtile Indikatoren für Veränderungen im Klimasystem unserer Erde. Daher verwundert es nicht, dass sich viele dieser Ergebnisse aus der Satellitengeodäsie in den Weltklimaberichten auf politischer Ebene wiederfinden.

5

Gesellschaftliche Relevanz der hochgenauen Vermessung unseres Planeten aus dem Weltraum

5.1 Einführung

Lieber Leser, in den Kap. 3 und 4 haben wir Sie mit den Messverfahren der Satellitengeodäsie vertraut gemacht und Ihnen einen Einblick gegeben, wie damit unser dynamischer Planet präzise aus dem Weltraum vermessen wird. In diesem Kapitel beleuchten wir die Beiträge der hochgenauen Satellitendaten für gesellschaftlich besonders relevante Themenbereiche: Den riesigen Wachstumsmarkt der Navigationssysteme, die Erforschung des Systems Erde sowie die Bestimmung der Auswirkungen des Klimawandels. Dazu haben wir Interviews mit renommierten Fachexperten geführt, um die Themen insbesondere auch im Hinblick auf die wachsenden Anforderungen unserer modernen Gesellschaft von einem übergeordneten Blickwinkel aus zu diskutieren.

Angesichts der gegenwärtigen Entwicklungen steht die Menschheit in vielerlei Hinsicht vor immer größeren Herausforderungen. Das explosionsartige Bevölkerungswachstum erfordert einen zunehmenden Nahrungsmittel- und Energiebedarf sowie eine immer dichtere Besiedlung unseres Planeten. Dadurch werden Ressourcen und Lebensräume immer knapper, und die Belastungen für Natur und Umwelt vergrößern sich.

Vor gut 200 Jahren, zu Beginn der Industrialisierung, lebte auf der Erde gerade einmal eine Milliarde Menschen, heute sind es nahezu acht Milliarden Erdbewohner, und in nicht einmal 50 Jahren werden wohl mehr als zehn Milliarden Menschen unseren Planeten bevölkern. Dieses Wachstum ist sehr ungleichmäßig über den Globus verteilt. Besonders drastisch ist der

© Springer-Verlag GmbH Deutschland, ein Teil von Springer Nature 2021
D. Angermann et al., *Mission Erde,* https://doi.org/10.1007/978-3-662-62338-1_5

Anstieg in den urbanen Ballungszentren der Entwicklungs- und Schwellen-
länder, während die Bevölkerungszahl in den meisten Industrienationen
relativ stabil ist. Vor allem in den dichtbesiedelten Ballungszentren werden
immer mehr Menschen gezwungen, auch Gegenden zu besiedeln, die
ungenügende Lebensbedingungen bieten oder sogar extremen Naturgefahren
ausgesetzt sind – zum Beispiel Sturmfluten, Überschwemmungen, Hangrutschungen, Erdbeben oder Vulkanausbrüchen.

Von großer gesellschaftlicher Tragweite sind auch die Folgen des Klimawandels, woraus ein enormes Gefährdungspotenzial für die Menschheit und
für das zukünftige Leben auf unserem Planeten resultiert. Ein deutlicher
Indikator dafür ist das durch die Erderwärmung ausgelöste beschleunigte
Abschmelzen der Eisschilde in Grönland und der Antarktis. Dadurch
steigt der Meeresspiegel immer stärker an, was für viele Küsten- und Insel-
bewohner schon heute eine immense Bedrohung darstellt. Die Klimaerwärmung hat aber auch zur Folge, dass die Auswirkungen wetterbedingter
Naturkatastrophen – wie zum Beispiel Tropenstürme, Extremniederschläge
und Dürren – immer heftiger werden. Das Zerstörungspotenzial durch
solche Naturgewalten wird durch die Bevölkerungsexplosion gerade in den
gefährdeten Regionen noch erheblich verstärkt.

Wie kommt jetzt die Geodäsie in Spiel? Ein fundamentales geodätisches
Produkt ist der globale terrestrische Referenzrahmen, der einen einheitlichen Bezug für alle raumbezogenen Daten (Geoinformationen) für unseren
Globus gewährleistet (Abschn. 3.2). Ein solcher Referenzrahmen liefert
die Grundlage für ein vielfältiges Aufgabenspektrum unserer modernen
Gesellschaft, und er spielt auch im Alltag eine elementare Rolle. Genannt
seien insbesondere alle Positionierungsaufgaben, die Satellitennavigation
sowie ein genaues Kataster-, Land- und Ressourcenmanagementsystem,
um eine stabile sozioökonomische Entwicklung eines Landes zu ermöglichen. Ein hochgenauer räumlicher Bezug ist ebenso unverzichtbar, um
die Veränderungen unseres Planeten verlässlich zu erfassen, was wiederum
wichtige Informationen für die Erforschung des Erdsystems liefert. Auch
die Bestimmung der Auswirkungen des Klimawandels aus den Satellitendaten sowie der Betrieb von Warnsystemen zum Schutz vor Naturgefahren
erfordern einen solchen einheitlichen Bezug.

In Anbetracht der hohen gesellschaftlichen Relevanz dieser Aufgaben haben
die Vereinten Nationen am 26. Februar 2015 die UN-Resolution „*Global
Geodetic Reference Frame for Sustainable Development (GGRF)*" verabschiedet.
Es handelt sich dabei um die erste UN-Resolution mit geodätischem Bezug,
die die Wichtigkeit eines nachhaltigen globalen geodätischen Referenzrahmens
verankert. Sie ist ein herausragender Meilenstein in der internationalen Geo-

däsie, der die große Bedeutung des geodätischen Referenzrahmens sowie der hochgenauen Vermessung unseres Planeten als fundamentale Grundlage für unsere gesellschaftlichen Anforderungen unterstreicht.

5.2 Mobile Welt – Navigationssysteme in der modernen Gesellschaft

» *„Die möglichen GNSS-Anwendungen sind nicht technologisch begrenzt, sondern lediglich durch unsere Vorstellungskraft!"*
[Günter Hein]

In Abschn. 3.3 haben wir Sie mit den Grundlagen der globalen Satellitennavigationssysteme (GNSS) vertraut gemacht. Sie haben dort einen Einblick in das vielfältige Anwendungsspektrum dieser modernen Technologie erhalten. In den vergangenen Jahren sind deren Einsatzbereiche geradezu explodiert, und auch in das tägliche Leben ist die Satellitennavigation tief eingedrungen. Mehrere Milliarden Nutzer wissen die Vorteile zu schätzen, dass mit den in rund 20.000 Kilometern Höhe fliegenden Satelliten überall auf der Erde rund um die Uhr die Position auf den Meter genau bestimmt werden kann, sodass das Navi im Auto genau weiß, wo man sich gerade befindet und wie die Reise weitergeht. Fast alle Smartphones tragen heute einen GNSS-Chip und können uns jederzeit die genaue Position mitteilen. Ganz problemlos ist das allerdings nicht, wie jeder Nutzer immer mal wieder feststellt. In den Straßenschluchten von Großstädten beispielsweise werden Satelliten von den Gebäuden verdeckt oder Signale werden an den Fassaden reflektiert, sodass nicht immer genügend direkte Signale verfügbar sind. Hier hilft es, wenn viele Satelliten am Himmel stehen, sodass für den Empfänger immer einige sichtbar sind. Für uns Nutzer ist es daher sehr angenehm, dass die Signale von vier globalen Satellitennavigationssystemen verfügbar sind, inklusive dem europäischen Galileo. Und ein handelsübliches Smartphone empfängt heute standardmäßig die Signale aller Satelliten, unabhängig davon, ob diese amerikanisch, russisch, chinesisch oder europäisch sind.

Über dieses weite Feld der Satellitennavigation haben wir mit dem emeritierten Professor, Dr. Günter Hein, für Erdmessung und Navigation von der Universität der Bundeswehr in München gesprochen. Als renommierter Fachexperte und Insider aus seinen langjährigen Erfahrungen bei der Europäischen Weltraumorganisation ESA berichtet er über das europäische Navigationssystem Galileo. Dabei geht er auf technische Aspekte, das weit gefächerte Anwendungsspektrum von GNSS sowie auf dessen wissenschaftliche, wirtschaftliche und gesellschaftliche Relevanz ein.

(© epo.org)

Günter W. Hein *ist Professor für Erdmessung, seit 2015 Emeritus of Excellence, und leitete von 1983 bis 2008 das Institut für Erdmessung und Navigation an der Universität der Bundeswehr in München. Er war von 2008 bis 2014 Head of Department EGNOS & GNSS Evolution Programme bei der European Space Agency (ESA) und hat maßgeblich an der Gestaltung des europäischen Satellitennavigationssystems Galileo mitgearbeitet. Heute ist er unter anderem Geschäftsführender Vorstand von Munich Aerospace. Im Jahr 2002 erhielt er den renommierten, einmal jährlich weltweit vergebenen Johannes Kepler Award des US Institute of Navigation. Die Technische Universität Prag hat ihn 2013 mit der Ehrendoktorwürde geehrt. Zusammen mit seinem Team erhielt er 2017 den „European Inventor Award" des Europäischen Patentamts für die Galileo-Signalentwicklung.*

Autoren: Globale Navigationssatellitensysteme (GNSS) wie GPS, GLONASS, BeiDou oder Galileo sind zentrale Messsysteme für Position, Navigation und Zeit. Sie spielen aber nicht nur in der Satellitengeodäsie eine wichtige Rolle, sondern auch in anderen Bereichen der Wissenschaft, und sie sind in unser tägliches Leben eingezogen. Marktanalysen zeigen, dass bereits mehr als sechs Milliarden Geräte mit GNSS im Umlauf sind. Gibt es Abschätzungen zur gesellschaftlichen Relevanz und zum wirtschaftlichen Faktor, den die Satellitennavigation heute einnimmt?

Günter Hein: Seit vielen Jahren wächst der GNSS-Markt explosionsartig und dringt auch immer stärker in das alltägliche Leben ein. Marktanalysen erwarten bis 2029 eine Steigerung auf zehn Milliarden Geräte mit GNSS. Globale Satellitennavigationssysteme werden mit der aus den Signalen berechneten präzisen Position, Navigation und Zeit in vielen Kernbereichen der Wirtschaft genutzt. Nach der Aussage der ESA entfallen etwa sechs bis sieben Prozent des europäischen Bruttoinlandsproduktes auf die Satellitennavigation. Dies entspricht einem Marktvolumen von etwa 800 Milliarden Euro jährlich. Der Anteil der europäischen GNSS-Industrie am weltweiten Navigationsvolumen wird im Marktbericht 2019 der Europäischen GNSS Agentur GSA auf 27 Prozent beziffert.

Den wirtschaftlichen Einfluss von GNSS dominieren die Autoindustrie und der sogenannte *consumer*-Bereich, also ortsabhängige Dienste durch Mobilfunkgeräte und Tablets. Autonomes Fahren, die automatische Steuerung von Industrie- und Landwirtschaftsmaschinen sowie die Bereiche Verkehrsmanagement, Transportlogistik und Flottenmanagement sind auf die Satellitennavigation angewiesen. Aber auch die Personennavigation sowie Rettungs- und Suchdienste benötigen zeitlich und räumlich lückenlose Positionsinformationen. GNSS spielt aber auch eine wichtige Rolle in den Bereichen Umweltschutz und -management, Energie und Kommunikation. So sind die präzisen GNSS-Zeitsignale heutzutage weitgehend ein Bestandteil bei kritischen Infrastrukturen wie den modernen Finanz-, Kommunikations- und Energienetzen. Obwohl der Bereich Geomatik und darunter im Wesentlichen das Vermessungswesen nur einen Marktanteil von drei bis fünf Prozent aufweist, so nimmt doch die hochpräzise Vermessung durch die Digitalisierung der vierten industriellen Revolution einen höchst innovativen Platz bei den GNSS-Anwendungen ein. Das Marktvolumen in den Bereichen Erderkundung, Klimaüberwachung und Klimaschutz dürfte in derselben Größenordnung liegen.

Einen Punkt möchte ich an dieser Stelle noch besonders hervorheben: Die Geodäsie hat bedeutende Innovationen in der Satellitennavigation durch die Entwicklung der hochpräzisen GNSS-Positionierung und Zeitbestimmung geliefert. Sie spielt eine ganz zentrale Rolle als Datenlieferant für Positionen und durch die Bereitstellung des globalen Referenzrahmens. Sehr bedauerlich finde ich dabei, dass die Gesellschaft der Geodäsie nicht die notwendige und verdiente Aufmerksamkeit schenkt. Hier ist dringend Öffentlichkeitsarbeit notwendig, um die wissenschaftliche, technologische und gesellschaftliche Bedeutung der Geodäsie zu schärfen und unter anderem auch das Universitätsstudium der Geodäsie mit seinen hervorragenden Berufsperspektiven und spannenden Tätigkeitsbereichen attraktiv für junge Aspiranten zu vermitteln.

Autoren: Herr Hein, Sie haben gerade schon den Begriff globaler Referenzrahmen genannt. Koordinaten- und Zeitreferenzsysteme sind zentrale Produkte der Geodäsie. Wie schätzen Sie deren generelle Bedeutung ein und welchen Beitrag liefert GNSS für die Realisierung eines hochpräzisen und langzeitstabilen Referenzsystems?

GH: Ein hochgenauer globaler Referenzrahmen ist absolut notwendig für alle Positionierungsaufgaben auf der Erde und im erdnahen Umfeld sowie für die Erdsystem- und Klimaforschung. Ein wichtiger Meilenstein war die 2015 von den Vereinten Nationen verabschiedete UN-Resolution *„Global Geodetic Reference Frame (GGRF) for Sustainable Development"*. Diese Resolution bietet eine große Chance für die geodätische Community, ihre Arbeiten in der Gesellschaft besser sichtbar zu machen und politische Unterstützung für einen nachhaltigen Ausbau der geodätischen Infrastruktur zu bekommen. Gegenwärtig geht es hauptsächlich um die Erarbeitung von konkreten Maßnahmenpaketen für eine Umsetzung der in der Resolution genannten langfristigen Ziele.

GNSS spielt bei der Realisierung eines hochpräzisen und langzeitstabilen Referenzrahmens in mehrfacher Hinsicht eine fundamentale Rolle: Erstens können GNSS-Stationen vergleichsweise kostengünstig eingerichtet und betrieben werden, weshalb ein dichtes globales Stationsnetz zur Verfügung steht. Zweitens ist GNSS unabdingbar für eine Verknüpfung mit den übrigen geodätischen Raumbeobachtungsverfahren wie VLBI, SLR und DORIS, um ein einheitliches globales Referenzsystem realisieren zu können. Drittens ermöglicht GNSS mit seinen dichten und weltweit verteilten Stationen sowie mit den präzisen Satellitenbahnen den Nutzern einen direkten Zugang zu den Koordinaten des globalen Referenzrahmens.

Autoren: Der Betrieb von GNSS-Satellitensystemen ist ebenfalls von Referenzsystemen abhängig. Welche Rolle spielen Referenzsysteme in der Satellitennavigation?

GH: Was die Satellitennavigationssysteme betrifft, so hat jeder Betreiber sein eigenes Koordinaten- und Zeitreferenzsystem realisiert, in welchem auch die Bahnen der Satelliten berechnet werden. Dies geschah aus gutem Grund, nämlich um Fehlerquellen gleichen Ursprungs bei der Kombination der verschiedenen Systeme auszuschließen. Hier ist auch anzumerken, dass zur Bestimmung der Satellitenbahnen die absolute Orientierung der Erde im Raum bekannt sein muss. GNSS ist daher auf Information angewiesen, die nur von VLBI bereitgestellt werden kann. Will man zur Positionierung den Vorteil der Nutzung aller Satellitennavigationssysteme ausschöpfen, die heute alle GNSS-Empfänger gestatten, so ist ein gleiches Koordinaten- und Zeitreferenzsystem oder die Kenntnis der entsprechenden Transformationen eine Voraussetzung. Heute haben alle GNSS das Internationale Terrestrische Referenzsystem (ITRS) als Ideal realisiert, die satellitenspezifischen Referenzsysteme sind also alle mit dem ITRF kompatibel. Leider trägt es etwas zur Verwirrung bei, dass für die realisierten Bezugssysteme separate Namen eingeführt wurden, wie WGS84 für GPS oder GTRF für Galileo.

Autoren: Und wie wird bei der Satellitennavigation das systemspezifische Referenzsystem realisiert und zum Nutzer transportiert?

GH: Die Realisierung geschieht durch Bestimmung von ITRF-Koordinaten der einzelnen Referenzstationen, die meist mithilfe weiterer Stationen des IGS-Netzes bestimmt werden. Dem GNSS-Nutzer wird das Referenzsystem implizit durch die sogenannte *navigation message* mit seinen verschiedenen Parametern zusammen mit den Satellitensignalen übertragen. Bezüglich des Zeitreferenzsystems haben alle GNSS die Koordinierte Weltzeit UTC (genauer eine Prädiktion des UTC) innerhalb von 30 bis 100 Nanosekunden realisiert, leider wieder unter verschiedenen Namen.

Bei der Satellitennavigation muss man zwischen absoluter und relativer, sogenannter differenzieller Positionierung unterscheiden. Die differenzielle Positionierung relativ zu einer Referenzstation in einem bestimmten Referenzsystem stellt die Mehrheit der praktischen Anwendungen dar und ist bis auf Orientierung und Maßstab unabhängig vom Referenzsystem des Satellitensystems. Auch bei der absoluten GNSS-Positionierung mit nur einem GNSS-Empfänger ist zu berücksichtigen, dass bei Verwendung der vom Satelliten gesendeten Information bestenfalls nur Genauigkeiten im Dezimeterbereich zu erzielen sind. Man könnte nun folgern, dass das systemspezifische Referenzsystem auch nur mit einer entsprechenden Genauigkeit realisiert werden muss. Die Weiterentwicklung der Satellitennavigation, insbesondere die Ergänzung der GNSS durch niedrigfliegende Minisatellitensysteme in der nahen Zukunft, könnte jedoch die genannte Genauigkeit der Absolutpositionierung hin zu wenigen Zentimetern steigern, was dann wiederum präzise Referenzrahmen wie den ITRF voraussetzt.

Betrachtet man alle Referenzstationen der verschiedenen GNSS wie auch der regionalen RNSS und SBAS *(space based augmentation systems),* so stellt das Gesamtsystem eine hervorragende globale Infrastruktur mit maximaler Integrität und Verfügbarkeit dar. Ich könnte mir deshalb vorstellen, dass damit, falls alle GNSS-Referenzstationen mit Multi-GNSS Empfängern ausgerüstet wären, ein hochpräzises GGRF bestimmt und nachhaltig überwacht werden könnte.

Autoren: Schon lange gibt es das US-amerikanische GPS und das russische GLONASS. Nun sind ab Mitte 2020 das chinesische BeiDou und in Kürze das europäische Galileo voll funktionsfähig. Warum genügt GPS nicht, warum Galileo und die anderen GNSS?

GH: GPS und GLONASS entstanden in den 1970er-Jahren als Produkte des Kalten Krieges. Während GPS bereits 1995 voll funktionsfähig war, hatte GLONASS um die Jahrhundertwende infolge der kurzen Lebensdauer der Satelliten, Fehlstarts und Finanzierungsproblemen nach dem Zerfall der Sowjetunion nur sechs Satelliten im Orbit.

Wenn man nun im Nachhinein die Entstehung von Galileo in den Jahren nach 2000 betrachtet, so waren viele der Treiber und Begründungen für ein europäisches Satellitennavigationssystem sicherlich nicht zutreffend. Was für mich persönlich zählt, sind zwei gewichtige Argumente. Erstens: Mit GPS allein hätten wir ein Monopol, und wir wissen, dass in einer solchen Situation ohne Wettbewerb die Entwicklung der Satellitennavigation statisch oder sehr langsam verlaufen würde. Und zweitens: Die Satellitennavigation ist ein Raumfahrtprojekt, das jedem Bürger Dienste zur Verfügung stellt, und nicht nur für eine kurze Zeit von wenigen Jahren wie andere Raumfahrtprojekte, die nur die Fragen einer kleinen wissenschaftlichen Interessengruppe beantworten, sondern für die breite Allgemeinheit über mehrere Dekaden. Ein Satellitennavigationssystem ist somit Teil der Infrastruktur eines modernen Staates und garantiert eine Hightech-Entwicklung über eine lange Zeit, an der die Wirtschaft und Industrie teilhaben wollen.

Schließlich haben auch Gründe der Souveränität und der nationalen Sicherheit dazu geführt, dass der russische Präsident Wladimir Putin GLONASS wiederaufgebaut hat, das chinesische BeiDou-System und auch mehrere regionale Satellitennavigationssysteme wie das indische NavIC, das japanische QZSS und das südkoreanische KPS entstanden oder in der Entwicklung sind.

Autoren: Welche konkreten Vorteile ergeben sich durch diese zahlreichen Navigationssysteme für den Nutzer?

GH: Von der technischen Seite her gesehen hätte ein System mit nur etwa 30 Satelliten Probleme mit der Verfügbarkeit in Straßenschluchten oder auch im alpinen Raum, wo wegen Abschattungen weniger als die für eine dreidimensionale Positionierung erforderlichen vier Satelliten sichtbar sein können oder wo Mehrwegeausbreitung, also Reflexionen von

Signalen beispielsweise an Häuserfassaden, zu Genauigkeitsproblemen bei der Positionierung führen können. Auch beabsichtigte und unbeabsichtigte Störungen eines GNSS, die nicht oder nur verspätet festgestellt werden, könnten fatale Folgen bei Echtzeit-Anwendungen von autonomen Systemen haben. Aus den Anforderungen der zivilen Luftfahrt sind deswegen mehr als zehn satellitenbasierte Ergänzungssysteme, wie das zuvor genannte SBAS entstanden. Diese überwachen mithilfe eines engmaschigen Netzes von terrestrischen Referenzstationen, beispielsweise etwa 40 Stationen in Europa, die Integrität der GPS- und der Galileo-Signale und bestimmen ionosphärische Korrekturen für Einfrequenzempfänger. Diese Informationen werden für sicherheitskritische Anwendungen mittels geostationärer Satelliten an die Nutzer verteilt.

Die Frage ist jedoch berechtigt, ob wir aus den genannten Gründen tatsächlich vier globale Systeme sowie drei regionale Systeme benötigen. Sieht man von den Aspekten der Souveränität und der militärischen Anwendung ab, so könnte der Nutzer bereits mit zwei Systemen, insgesamt vielleicht 70 bis 80 Satelliten, alle Einschränkungen eines einzigen Systems überwinden. Auch eine gegenseitige Kontrolle beispielsweise der Referenzsysteme wäre möglich, wenn diese wie heute für jedes GNSS-System unabhängig realisiert werden. Mehr als zwei Satellitensysteme mit interoperablen Signalen könnten zudem auch die Erstakquisition von Signalen durch den Empfänger beeinträchtigen, da durch die Überlagerung der Signale das interne Rauschen erhöht wird.

Autoren: Sie waren mit Ihrem Team maßgeblich an der Entwicklung der Galileo-Signale beteiligt. Was ist das Besondere an diesen Signalen, was macht Galileo besser?

GH: Die Entwicklung der Galileo-Signale war ein langer Prozess, den wir auch international, insbesondere mit den USA, bezüglich der GPS-Signale über vier Jahre lang, von 2000 bis 2004, verhandelt haben. Frequenzen sind ein rares Gut und nicht vermehrbar. Aus den verschiedensten Gründen ist das L-Band des elektromagnetischen Spektrums prädestiniert für die Satellitennavigation, insbesondere auch wegen der Wetterunabhängigkeit. Als wir das Band nach freien Frequenzen untersucht haben, stellten wir fest, dass fast alle Plätze bereits durch die Internationale Fernmeldeunion (ITU) vergeben waren, welche die Signalfrequenzen verwaltet. Signaltechnische Grundlagen zur Kompatibilität von Navigationssignalen fehlten ganz. Wir mussten deshalb erst einmal damit beginnen, ein mathematisches „Miteinander" von Navigationssignalen im Frequenzband zu entwickeln und

Schwellen- und Toleranzwerte zu definieren. Die wenigen verfügbaren freien Frequenzlücken waren so schmal, dass sie für die Positionierung und Navigation nicht die von uns gewünschte Genauigkeit geliefert hätten, denn die Bandbreite der Signale ist proportional zur Genauigkeit der Positionierung.

Daher haben wir für Galileo die sogenannte *binary-offset-carrier-*Modulation der Signale angewendet. Diese BOC-Modulation toleriert in der Mitte der Signalfrequenzen ein anderes, bereits bestehendes Signal und hat trotzdem eine große Bandbreite. Die Maxima der beiden Seitenträger sind neben dem bestehenden Signal angeordnet. Damit gelang es uns, in allen Fällen größere Bandbreiten als diejenigen der GPS-Signale zu erzielen.

Als wir 2005 begonnen haben, nach dem Abschluss der Verhandlungen mit den Amerikanern ein für uns nicht befriedigendes Signal zu optimieren, haben wir Computerprogramme entwickelt, die die verschiedenen Zielparameter der Signale optimieren konnten, zum Beispiel die Genauigkeit, minimale Störungen durch Mehrwegeausbreitung, Erfordernisse der nationalen Sicherheit und so weiter. Das Ergebnis hat uns zu einem sogenannten *mixed binary offset carrier* geführt, dem MBOC-Signal, welches eine gewichtete Kombination von zwei BOC-Signalen darstellt. Dieses ist heute das bedeutendste zivile GNSS-Signal und wurde als interoperables Signal auch von allen anderen GNSS übernommen. Trotzdem ist zu erwähnen, dass es trotz Verhandlungen mit den chinesischen Repräsentanten zu einer Überlagerung unseres *public regulated service,* also dem für autorisierte Regierungsaufgaben vorgesehenen PRS-Signal, durch BeiDou gekommen ist.

Auch sollte hier erwähnt werden, dass nicht nur die Qualität der Signale über die Vorzüge eines GNSS entscheidet, sondern auch eine präzise und robuste Uhr im Satelliten mit langer Lebensdauer. Europa nutzt in den Galileo-Satelliten eine eigene Uhrenentwicklung, nämlich hochstabile passive Wasserstoff-Maser-Uhren, deren Genauigkeit über 24 Stunden innerhalb einer Nanosekunde liegt.

Autoren: Wie beurteilen Sie das System heute und in welchen Bereichen sehen Sie Verbesserungspotenzial?

GH: Wir waren 2005 sehr froh, dass wir durch neue Modulationen Signale definieren konnten. Diese Entwicklung ist jedoch bereits überholt. Die Sicherheit von Navigationssignalen und damit die nationale Sicherheit bei deren Nutzung ist nur gewährleistet und verhindert nur dann einen Zugriff für nicht-autorisierte Nutzer, wenn aufwändigere und ständig wechselnde Signaldefinitionen ermöglicht werden, zum Beispiel ein sogenanntes *frequency hopping* oder sehr viel größere Leistungen der Signale. Beides bringt Probleme für den Nutzer mit sich. Insbesondere kann die Rückwärtskompatibilität der Signale nicht mehr garantiert werden, die Satelliten müssen größer werden, um mit größeren Solarpanelen die erforderliche Leistung zu generieren. Auch die Empfänger werden komplizierter und so weiter. Trotzdem werden wir entsprechende Entwicklungen bei den nächsten GNSS-Generationen sehen. Hier könnte auch die Digitalisierung eine bedeutende Rolle spielen. Auf dem Satelliten ermöglicht eine digitale Navigationsnutzlast die Umprogrammierung von Signalen im Fluge, also auch die Generierung von neuen Signalen und deren Aussendung. Auf der GNSS-Nutzerseite sind bereits sogenannte Software-Empfänger auf dem Markt, die über die notwendige Flexibilität verfügen. Künstliche Intelligenz unterstützt das *space traffic management,* eine Art zukünftiger Flugsicherung im Weltraum angesichts der künftigen hohen Satellitenzahlen.

Autoren: Satellitennavigationssysteme wurden ursprünglich als militärische Systeme für die Navigation entwickelt. Heute sind es sogenannte *dual-use*-Systeme, die für Aufgaben eingesetzt werden, die man sich damals gar nicht vorstellen konnte. Welche neuen Anwendungen sind in Aussicht?

GH: Mittels GNSS kann man schon lange präzise die Plattentektonik millimetergenau messen, obwohl die Grundkonzeption von GPS nur für Genauigkeiten von mehreren Metern ausgelegt worden war. Heute wird durch Reflexionen von GNSS-Signalen die Eis- und Meerestopografie bestimmt und es werden Meeresspiegelveränderungen überwacht, Änderungen der Bodenfeuchte gemessen, anhand von Okkultationen der Signale die Atmosphäre tomografisch erfasst, durch Tsunamis und Erdbeben verursachte Wellen in der Atmosphäre nachgewiesen, die Wettervorhersage verbessert, Stromnetze synchronisiert und überwacht, durch GNSS-Position und -Zeit Produktpiraterie verhindert, etc. – um nur einige nicht-konventionelle Anwendungen von Satellitennavigationssystemen zu nennen. Routinemäßig werden ja heute bereits Wasserdampfmessungen, die aus den Verzögerungen der GNSS-Signale gewonnen werden, für die Wetterprognose verwendet. Die möglichen Anwendungen sind nicht technologisch begrenzt, sondern lediglich durch unsere Vorstellungskraft! Bei allem ist zu bedenken, dass Satellitennavigationssysteme Mehrwertdienste erst ermöglichen. GNSS liefert dazu mittels der Signale den Positions- und Zeitstempel, was viele neuartige und spannende Anwendungen erst ermöglicht und attraktiv werden lässt.

Bei der Erschließung des Weltalls und benachbarter Himmelskörper, insbesondere dem Mond, laufen derzeit Untersuchungen, inwieweit GNSS von der Erde bis in den tiefen Weltraum nahtlos eingesetzt werden kann. Die GNSS-Satelliten richten ihre Signale primär auf die Erde. Ein Teil der Signale des äußeren Strahlungskegels geht jedoch an der Erde vorbei in den Weltraum. Sehr empfindliche Empfänger können diese sehr schwachen Signale messen und ermöglichen so die Positionierung von Satelliten und Himmelskörpern, welche sich oberhalb der Bahnen der Navigationssatelliten befinden. Ich hatte selbst dazu bereits 1998 mit meinem damaligen Institut für Erdmessung und Navigation an der Universität der Bundeswehr München im Rahmen der Mission Equator-S, einem 1997 gestarteten deutschen Satelliten zur Messung der Magnetosphäre der Erde, erstmalig nachweisen können, dass man einen GPS-Empfänger in einer Höhe von mehr als 60.000 Kilometern betreiben und dessen Position bestimmen kann, auch wenn die GPS-Satelliten auf einer Höhe von nur 20.000 Kilometern fliegen. Aber auch die Platzierung von sogenannten *Pseudolites,* GNSS-Signalquellen auf der Oberfläche von Planeten oder in den für Satellitenmissionen immer wichtiger werdenden Lagrange-Punkten weitab der Erde, wird derzeit diskutiert.

Autoren: Was sind die größten Herausforderungen für GNSS in den nächsten Jahren? Wohin geht die Reise?

GH: Die großen Herausforderungen sind die Erkennung, Unterdrückung und Vermeidung von mutwilligen Störsignalen, also dem *jamming* und *spoofing,* sowie von Cyberangriffen – und zwar nicht nur solche, welche die Nutzerseite beeinträchtigen, sondern auch solche, welche die Satelliten betreffen. Das autonome Führen von Fahrzeugen und viele andere sicherheitsrelevante Anwendungen wie der Landeanflug von Passagierflugzeugen sowie der Schutz von kritischer Infrastruktur wie Rechner- und Kommunikationsnetze, welche mit GNSS-Signalen synchronisiert werden, erfordern eine sichere und ununterbrochene Verfügbarkeit der Satellitennavigation. Die heute in den Labors entwickelte Quantenkommunikation wird bei der sicheren Datenübertragung vom Betreiber zum Satelliten und vom Satelliten zum Nutzer in der nahen Zukunft eine wichtige Rolle spielen.

Auf Systemseite wird die Satellitennavigation sicherlich auch durch Entwicklungen stark beeinflusst werden, welche unter dem Begriff *New Space* zusammengefasst werden. Die Entwicklung der vielen Mini- und Nanosatelliten, sogenannter *cubesats,* aber auch von flexiblen Kleinraketen wird dazu führen, dass die in Bahnhöhen von rund 20.000 Kilometern platzierten GNSS-Systeme durch Satellitensysteme und Missionen in Höhen von lediglich 400 bis 1000 Kilometern über der Erdoberfläche ergänzt werden. Das bedeutet unter anderem auch für die Geodäsie, dass Zentimetergenauigkeiten in Echtzeit mit nur einem GNSS-Empfänger möglich werden. Derzeit sind noch zehn bis 15 min erforderlich, um solche Genauigkeiten zu erhalten. Möglich wird dies durch die hohen Geschwindigkeiten der tief fliegenden Satelliten, denn die entsprechend großen Dopplerverschiebungen der Signalfrequenzen erlauben die Bestimmung der unvermeidlichen Mehrdeutigkeiten der GNSS-Trägerphasen in Echtzeit.

Wo die Reise hingeht? Hierzu kann ich Galileo Galilei zitieren. Der hat gesagt: „Alles messen, was messbar ist – und messbar machen, was noch nicht messbar ist."

Autoren: Das ist eine schöne Überleitung zum Beitrag der Geodäsie – durch präzise Messungen – zur Erdsystemforschung und zur Erforschung der Veränderungen durch den Klimawandel, der uns für dieses Buch ja besonders interessiert. Welches sind aus Ihrer Sicht die Beiträge der Satellitennavigationssysteme und der Geodäsie insgesamt zu diesen gesellschaftlich relevanten Fragen?

GH: GNSS ist *das* globale Messsystem der Geodäsie für hochpräzise Positionierung, für Navigation und für Zeitbestimmung. Hierfür ist es notwendig, dass das geodätische Referenzsystem verbessert wird und nachhaltig eine noch höhere Genauigkeit aufweisen kann. Jede Veränderung der Erdoberfläche, tektonische Plattenbewegungen, der Meeresspiegelanstieg und das Abschmelzen des Eises an den Polkappen, kann durch präzise GNSS-Positionierung bestimmt und kontinuierlich überwacht werden.

Im Mai 2020 ist eine Publikation der *National Science Foundation* (NSF), einer unabhängigen Behörde der US-Regierung für die finanzielle Unterstützung von Forschung und Bildung, „*A Vision for NSF Earth Sciences 2020–2030*" erschienen. Darin werden elf prioritäre Fragen für den Bereich Erdwissenschaften formuliert. Zu vielen dieser Fragen kann die Geodäsie mithilfe von GNSS signifikante Beiträge leisten und mit den Daten auch benachbarte Geowissenschaften unterstützen, zum Beispiel: Wann, warum, wie begann und wie zeigt sich nun der Prozess der Plattentektonik? Was ist ein Erdbeben, was treibt Vulkanismus an? Was sind Ursache und Konsequenzen von Änderungen der Topografie? Wie ändert sich der Wasserkreislauf der Erde? Wie können die Erdwissenschaften Risiko und Gefahren von Naturkatastrophen minimieren?

Ein enormes Bedrohungs- und Zerstörungspotenzial geht beispielsweise von Tsunamis aus. Deshalb werden in besonders gefährdeten Regionen wie etwa in Japan Frühwarnsysteme betrieben, bei denen GNSS eine gewichtige Rolle spielt. Dazu gehört ein dichtes GNSS-Stationsnetz, um horizontale und vertikale Bodenbewegung im Küstenbereich aufzudecken, aber auch GNSS-Küstenpegel und GNSS-Pegelmess-Bojen im Ozean (siehe Abb. 5.1).

Aber auch die Überwachung des erdnahen Raums und der Atmosphäre sind zukünftige Aufgaben. Dazu gehört auch die 3D-Tomografie der Elektronendichte in der Ionosphäre als geodätischer Beitrag zum Forschungsgebiet Weltraumwetter. Dies ist ein gesellschaftlich sehr relevantes Thema, denn geomagnetische Sonnenstürme können ein gewaltiges Gefahrenpotenzial für unsere digital vernetzte und hochtechnisierte Infrastruktur mit sich bringen.

Autoren: Sie haben von 2008 bis 2014 als *Department Head* bei der Europäischen Weltraumorganisation ESA die technische Entwicklung von Galileo geleitet. Was sind die Strategien der ESA und der Europäischen Union im Bereich der Erdbeobachtung?

GH: Galileo für Navigation und Copernicus für Erdbeobachtung sind die beiden *flagships* der Raumfahrt der EU. Die Europäische Kommission

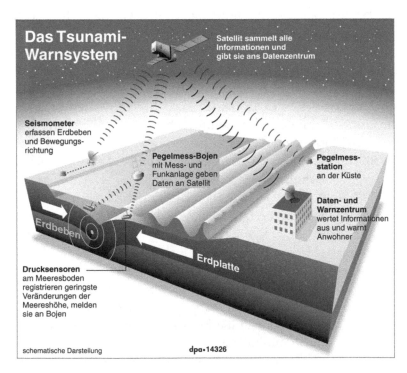

Abb. 5.1 Tsunami-Warnsystem (© dpa-infografik/picture alliance)

ist nach dem Inkrafttreten des Lissabon-Vertrages gegen Ende 2009 der Programmmanager für beide Projekte. Die ESA ist mit ihrer technischen Kompetenz die ausführende Raumfahrtagentur. Die ESA-Mitgliedsstaaten haben 2019 bei der letzten Ministerratskonferenz „Space 19 +" die Erdbeobachtung mit dem größten Budget aller ESA-Aktivitäten für die nächsten Jahre gezeichnet: 2,5 Milliarden Euro! Das verdeutlicht die Wichtigkeit, welche die Staaten diesen Aufgaben zuweisen.

Seit 2016 haben EU und ESA mehrere Erdbeobachtungsmissionen des Copernicus-Programms unter dem Namen Sentinel, also „Wächter", in den Orbit gesandt, welche die Erdoberfläche und die Meere mit Radar und optischen Instrumenten kontinuierlich vermessen. Neben Diensten zur globalen Überwachung unserer Umwelt stehen die Daten der Missionen auch in kürzester Zeit zur Verfügung, wenn zum Beispiel bei Katastrophen wie Erdbeben oder Hurrikanen schnell und effizient Hilfe zu organisieren ist. Der Großteil der von den Satelliten erfassten Daten, bereits jetzt zwölf Terabyte pro Tag, steht jedermann zur freien Nutzung zur Verfügung. Auch die künftigen Sentinel-Missionen 7 bis 12 werden gesellschaftlich sehr relevante Dienste in den Bereichen Klimaüberwachung und Klimaschutz sowie Landwirtschaft, Mobilität, Sicherheit und Katastrophenvorsorge erbringen.

Autoren: Wie sehen Sie die Rolle der Wissenschaft beim Thema Klimawandel? Wo müssen wir unsere Anstrengungen verstärken?

GH: Zunächst ist es absolut notwendig, durch Öffentlichkeitsarbeit das Bewusstsein von Politik und Bevölkerung so zu stärken, dass klar wird, dass der Klimawandel einschneidende gesellschaftliche Maßnahmen erforderlich macht. Die bestimmenden Parameter hierfür kann die Erdsystemforschung mit den global verfügbaren Erdbeobachtungsdaten erbringen und kontinuierlich weiter überwachen. Klar muss auch sein, dass die nachhaltige Absicherung der dafür notwendigen Infrastruktur finanzielle Anstrengungen erfordert. Wichtig ist ferner, dass eine Wissenschaftsdisziplin in Zukunft nicht allein und isoliert agiert. Denn unser komplexes Erdsystem erfordert eine interdisziplinäre Forschung, um ein tiefgreifendes Verständnis der durch den Klimawandel ausgelösten Prozesse gewinnen zu können.

Wenn man an die Raumfahrt und GNSS denkt, müssen die Bürger überzeugt werden, dass Satellitennavigation jedem Erdbewohner dient. Wir haben dazu bei der Forschung von Munich Aerospace drei Leitmotive definiert, nämlich *Space for Earth, Moving People* und *Data for Citizens*. Damit wird die Bedeutung der Beobachtung der Erde aus dem

Weltraum angesprochen, aber auch die zentrale Bedeutung der GNSS-Navigationstechnologie – zum Beispiel beim autonomen Fahren und Fliegen – wie auch die Wichtigkeit von Daten und deren Sicherheit für unsere Gesellschaft. Im Rahmen von *New Space* mit den kostengünstigen Kleinsatelliten und Mini-Launchern können in Zukunft auch regionale Anwendungen ermöglicht werden, wie beispielsweise *smart farming* durch wassersparende Bewässerungsempfehlungen in einer kohlendioxidneutralen Landwirtschaft. Bei der Erdbeobachtung fallen schon heute gewaltige Datenmengen an, deren Verarbeitung eine Herausforderung ist. Für deren Nutzung zur Untersuchung der globalen Veränderungen und des Klimawandels, aber auch zur Bereitstellung hochwertiger Informationen für Entscheidungsträger und Bürger werden die Digitalisierung sowie effiziente Algorithmen aus dem Bereich der künstlichen Intelligenz eine entscheidende Rolle spielen. Für viele globale Anwendungen kann die Geodäsie zentrale Beiträge liefern und neue Beobachtungskonzepte entwickeln. Wir müssen aber Anstrengungen unternehmen, die notwendige Infrastruktur aus boden- und weltraumgestützten Messsystemen nachhaltig auszubauen und zu sichern.

Autoren: Vielen Dank, Herr Hein.

5.3   Vernetzte Welt – Die ganzheitliche Betrachtung des Erdsystems

> » *„Je mehr wie darüber verstehen, wie sehr das ganze System aus kommunizierenden Röhren besteht, umso stärker ist die Forderung, die Wechselwirkungen zwischen den einzelnen Systemteilen einzubeziehen."*
> *[Harald Lesch]*

Erinnern Sie sich noch an den Beginn dieses Buches, lieber Leser? In Abschn. 1.1 haben wir Sie mit dem komplexen System Erde und dessen Systemkomponenten, wie Ozeane, Kryosphäre (Eismassen), kontinentaler Wasserkreislauf, Atmosphäre und feste Erde vertraut gemacht. Dabei haben wir schon darauf hingewiesen, dass diese Teilsysteme eng untereinander gekoppelt sind. In Kap. 4 haben wir ausgewählte Teilsysteme detailliert diskutiert und da und dort bereits auf die engen Wechselwirkungen mit anderen Erdsystemkomponenten hingewiesen.

Ein anschauliches, in Abschn. 4.4 ausführlich diskutiertes Beispiel für diese Wechselwirkungen ist die Variation des Meeresspiegels. Es ist tatsächlich ein Paradebeispiel, denn darin spiegelt sich die Wechselwirkung der Ozeane mit allen anderen Erdsystemkomponenten wider. Die wichtigsten Zutaten zum globalen Meeresspiegelanstieg sind (Wasser-)Masseneinträge aus den Erdsystemkomponenten kontinentale Hydrologie und Kryosphäre, letztere vor allen durch Abschmelzen der Eisschilde in Grönland und der Antarktis, aber auch Gebirgsgletscher (Abschn. 4.5). Bis vor etwa zehn Jahren wurde das antarktische Eisschild noch als sehr stabil angesehen, aber die neuesten Ergebnisse aus den Satellitendaten zeigen einen beschleunigten Verlust der Eismassen (Abb. 4.13), der gegenwärtig über 200 Milliarden Tonnen pro Jahr beträgt. Auch in Grönland ist seit zehn bis 20 Jahren ein stark beschleunigter Eisschwund zu verzeichnen. Dort schmelzen aktuell jährlich über 350 Milliarden Tonnen Eis. Allein dadurch steigt der globale Meeresspiegel um einen Millimeter pro Jahr. Der derzeitige jährliche Eisverlust von Grönland und der Antarktis beträgt zusammen gut 550 Milliarden Tonnen pro Jahr, was der elffachen Wassermenge des Bodensees oder einem Eiswürfel mit einer Kantenlänge von mehr als acht Kilometern entspricht. Die aus der Schwerefeldmission GRACE physikalisch bestimmten Veränderungen der Eismassen stimmen sehr gut mit den geometrisch bestimmten Höhenänderungen der Eisschilde überein, die mittels Radar- und Laserinterferometrie gemessen werden. Da beide Messverfahren völlig unabhängig sind, liegt hierdurch eine durchgreifende Kontrolle der Ergebnisse vor. Und wie kommt das Salz ins Meer? Dieses bestimmt ja den Verlauf von globalen Ozeanströmungen mit, da es die Dichte von Meerwasser beeinflusst. Salz wird vom Regenwasser aus den Gesteinen des Festlands gelöst und über Flüsse und das Grundwasser ins Meer gespült. Die kontinentale Hydrologie liefert also nicht nur das Wasser selbst dazu, sondern bringt auch jede Menge Passagiere in die Ozeane mit ein.

Die zweite Hauptzutat zum Meeresspiegelanstieg hängt eng mit dem globalen Strahlungshaushalt und der Atmosphäre zusammen. Infolge der globalen Erderwärmung steigt auch die Temperatur der Weltmeere, was unmittelbar zu einer Volumenausdehnung (bei gleicher Wassermenge) führt. Allein dieser Beitrag ist für einen globalen Meeresspiegelanstieg von gut einem Millimeter pro Jahr verantwortlich. Wie wir in Abschn. 4.4 (Abb. 4.9) ausführlich diskutiert haben, kann dieser Anteil indirekt mit den geodätischen Messverfahren bestimmt werden. Das geometrische Messverfahren der Satellitenaltimetrie liefert den gesamten Beitrag für die Veränderung des Meeresspiegels (Volumeneffekt plus Masseneffekt), während die Schwerefeldmissionen (zum Beispiel GRACE und GOCE) nur den Masseneffekt messen. Folglich ergibt sich aus der Differenz zwischen diesen beiden Größen unmittelbar der Volumeneffekt. Wie Abb. 4.9 zeigt, stimmen die geodätischen Ergebnisse sehr gut mit der aus schwimmenden Bojen abgeleiteten Volumenänderung des Ozeanwassers überein.

Aber auch der feste Erdkörper gibt durch regionale Hebungen und Senkungen seinen Senf zu Veränderungen des relativen Meeresspiegels dazu. Diese sind nicht immer durch tektonische Prozesse oder Erdbeben verursacht, sondern beruhen auf der Tatsache, dass die feste Erde kein perfekt starrer Körper ist. Sie verformt sich in kurzen Zeiträumen elastisch und über längere Zeiträume von Tausenden von Jahren visko-elastisch aufgrund von veränderlichen Luft,- Wasser- oder Eisauflasten. In Abschn. 4.2 haben wir erwähnt, dass die feste Erde auf jedes Hoch- und Tiefdruckgebiet mit einer Senkung oder Hebung von einigen Millimetern reagieren kann. Desgleichen gilt natürlich, wenn diese veränderliche Auflast von Regen- oder Schneefällen stammt. Somit verursacht jedes Niederschlagsereignis ein fröhliches Wechselspiel diverser Erdsystemkomponenten.

Neben den reinen Wechselwirkungen zwischen einzelnen Komponenten gibt es im Erdsystem zahlreiche positive und negative Rückkopplungsprozesse, die ablaufende Ereignisse entweder beschleunigen, verzögern oder gar eindämmen können. Eines der typischen Beispiele dafür wurde in Abschn. 4.5 genannt: Weiße Flächen reflektieren mehr Licht als dunkle. Wenn Eismassen schmelzen, wird weniger Licht reflektiert, was die Aufheizung beschleunigt – eine klassische positive Rückkopplung. Umgekehrt wirkt die Bildung eines dicken Eisschildes wie ein selbsterhaltender Gefrierschrank, weil an der Eisoberfläche mehr Sonnenlicht reflektiert wird und somit weniger Energie absorbiert werden kann.

Ein anderes Beispiel gefällig? Kaltes Wasser kann mehr Kohlendioxid (CO_2) speichern als warmes. Die Erwärmung der Ozeane führt dazu, dass mehr CO_2 in der Luft verbleibt und zur weiteren Erwärmung führt – ebenfalls ein positiver und für die Menschheit bedenklicher Rückkopplungsprozess.

Beispiele für negative Rückkopplungsprozesse, die Veränderungen im Erd- und Klimasystem Erde dämpfen würden, sind leider eher schwierig auszumachen, aber doch vorhanden. In einem wärmeren Klima wird sich der nördliche Wald vermutlich weiter nach Norden ausbreiten und dabei atmosphärischen Kohlenstoff binden. Dies stellt einen abschwächenden, negativen Rückkopplungseffekt dar, weil dadurch Treibhausgase gebunden werden. Ein anderer negativer Rückkopplungseffekt wird von manchen Klimamodellen vorhergesagt, dessen mögliches Eintreten ist aber aktuell noch heiß umstritten: In Abschn. 4.4 haben wir auf die Bedeutung des Golfstroms für das europäische Klima hingewiesen, da er warme Wassermassen bis in den hohen Norden liefert. Einige Modellrechnungen zeigen, dass sich der Golfstrom durch globale Erwärmung abschwächen und ganz zum Erliegen kommen würde (Abschn. 5.4). Das könnte bedeuten, dass es trotz globaler Erwärmung in Europa signifikant kälter würde. Eine negative Rückkopplung mit fundamentalen gesellschaftlichen Auswirkungen für einen gesamten Kontinent.

Die vielfach klimabedingten Veränderungen des komplexen Systems Erde verändern aber nicht nur die generellen Lebensbedingungen der Menschen, sondern sind auch maßgeblich für eine Zunahme vieler Naturgefahrenereignisse verantwortlich. Abb. 5.2 zeigt die Zahl der Schadensereignisse weltweit seit 1980, farblich aufgegliedert in unterschiedliche Arten von Naturgefahren. Während die Zahl pro Jahr der geophysikalischen Ereignisse wie beispielsweise Erdbeben, Tsunamis oder Vulkanausbrüche im betrachteten Zeitraum gleich blieb, gibt es eine kontinuierliche Steigerung bei Schadenereignissen, die mit klimarelevanten Prozessen im Erdsystem verknüpft sind – zum Beispiel Stürme und Zyklone, Fluten, Erdrutsche, Bergstürze, Hitzewellen, Dürren oder Waldbrände. Im Schnitt verursachen diese Schäden von 200 bis 250 Milliarden US-Dollar jährlich und kosteten seit 1980 mehr als 1,7 Millionen Menschen das Leben. Davon wurden ca. 80 Prozent der Schäden und 50 Prozent der Todesopfer von nicht-geo-

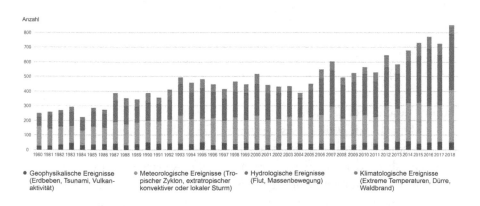

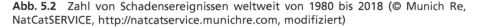

Abb. 5.2 Zahl von Schadensereignissen weltweit von 1980 bis 2018 (© Munich Re, NatCatSERVICE, http://natcatservice.munichre.com, modifiziert)

physikalischen Naturkatastrophen verursacht. Beeindruckende Zahlen, welche die ökonomische und gesellschaftliche Dimension der Problematik eindrucksvoll vor Augen führen.

Über das komplexe Erdsystem und das enge Wechselspiel mit den Auswirkungen des Klimawandels haben wir mit Professor Dr. Harald Lesch von der Ludwig-Maximilians-Universität München (LMU) gesprochen. Das nachfolgende Interview beleuchtet dieses Thema aus dem weiten Blickwinkel eines Astrophysikers und Naturphilosophen, der seine Thesen spannend und unterhaltsam mit vielen anschaulichen Beispielen vermittelt.

(© Gerald von Foris)

Harald Lesch *ist Professor für Theoretische Astrophysik an der Ludwig-Maximilians-Universität München (LMU) und lehrt Naturphilosophie an der Hochschule für Philosophie München. Er hat zahlreiche Bücher veröffentlicht und moderiert verschiedene Fernsehsendungen wie „Leschs Kosmos" und viele andere mehr. Als einer der bekanntesten Naturwissenschaftler in Deutschland fesselt er das Publikum mit spannenden naturwissenschaftlichen Themen.*

Autoren: Herr Lesch, wie sehen Sie als Astrophysiker, theoretischer Physiker und Naturphilosoph das komplexe Erdsystem?

Harald Lesch: Na ja, ich spüre es natürlich vor allen Dingen, ich bin ja als Mensch ein Teil dieses Systems. Die Möglichkeit, ein Mensch zu sein, ist eine der tollsten Eigenschaften, die unser Planet hat. Genau im richtigen Abstand rotieren wir um die Sonne, sodass wir ein Leben in der sogenannten habitablen Zone genießen können. Wenn ich das als Astrophysiker betrachte, dann hat es natürlich etwas damit zu tun, wie wir momentan bei extrasolaren Planetensystemen beobachten, ob es eigentlich noch mehr von solchen Planeten wie die Erde gibt. Und da ist es erst einmal überraschend, dass wir eine Reihe von Felsenplaneten um andere Sonnen herum finden, solche mit sieben, acht oder neun Erdmassen, die also sicher keine Gasplaneten sind. Die sind allerdings sehr nah an diesen Sternen dran. Insofern ist die Erde als der einzige Planet mit einer nennenswerten Menge an Wasser der unähnlichste Planet aller erdähnlichen Planeten. Für uns Astrophysiker ist er nicht nur die „Heimstadt", sondern auch ein Referenzmodell. Mein Zugang zu dem ganzen Thema hat 1993 damit begonnen, dass ich mich im Rahmen meiner Habilitation in Bonn mit der Frage beschäftigt habe, ob wir denn alleine in unserem Universum sind. Der einzige Planet, von dem wir wissen, dass es Leben gibt, ist die Erde. Also fing ich an, mich als Astronom zum ersten Mal mit all den Systemteilen der Erde zu beschäftigen. Vorher war das immer schön für mich getrennt. Ich erinnere mich noch, wie ich zum ersten Mal von den ersten Klimamodellen gehört habe, wo es darum ging, dass die Erde eigentlich total vergletschert sein sollte. Die Sonne hat ja am Anfang eine viel geringere Leuchtkraft gehabt, und es stellt sich die Frage, wie es die Erde überhaupt geschafft hat, aus dieser Vergletscherung herauszukommen oder ihr zu entkommen. Und das war mein Einstieg. Als Astronom habe ich die Erde als ein Ausgangssystem benutzt, um zu fragen, wie viele von solchen Planeten es denn in der Milchstraße geben kann. Und wenn es welche gibt, was denn so die Eigenschaften des Planeten sind, um dann Leben zu gewährleisten. Sie sehen also schon, es war vor allen Dingen diese Brücke von den Planeten zum Phänomen Leben auf der Oberfläche, was mir am allerwichtigsten war.

Wenn ich an meine Arbeiten als theoretischer Physiker denke, dann ist die Erde für mich vor allem ein Dynamo. Also die inneren Kräfte, die in unserem Planeten wirksam sind und dazu geführt haben, dass ein magnetohydrodynamischer Prozess losgegangen ist, wo sich Bewegungsenergie in elektromagnetische Energie verwandelt hat. Dass dieser Dynamo auch immer wieder kippt und welche Rolle das für die Vorgänge an der Oberfläche spielt, das waren für mich so die größten Herausforderungen. Ich selbst arbeite an Dynamos für Sterne und Galaxien, aber auch für Planeten.

Autoren: Und was sagt der Naturphilosoph?

HL: Aus Sicht der Naturphilosophie handelt es sich um ein Selbstorganisationsphänomen, was in den Bereich der Metaphysik hineingeht. Es geht dabei um Fragen wie zum Beispiel: Welchen Prinzipien unterliegen eigentlich die Vorgänge in unserem Sein? Gibt es da so allgemeine Prinzipien unter dem Stichwort „komplexe Systeme"? Kann man von vorneherein voraussagen, dass um einen Stern herum gewisse Planeten an gewissen Orten entstehen werden, oder ist das völlig unbestimmbar? Und wenn es bestimmbar ist, von welchen statistischen Eigenschaften des Entstehungsprozesses hängt es denn eigentlich ab? Diese Fragen sind naturgemäß eng mit der theoretischen Astrophysik verbunden, wo es vor allen Dingen um die Modelle geht, wie sich um die Sterne herum eigentlich Planeten bilden. Es dauert natürlich sehr lange, wenn man von so kleinen Staubteilchen zu unserem Felsplaneten kommen will, und es kann auch völlig schief gehen. Der Zusammenstoß der Ur-Erde mit einem anderen Planetoiden, der mindestens doppelt so schwer war wie der Mars, hat ja zur Entstehung des Mondes geführt. Das war ein Zusammenstoß, der hätte auch ganz anders ausgehen und zur Zerstörung unseres Planeten führen können. Das sind so die Geschichten, die ich in diesen drei Funktionen zur Erde sagen würde.

Ach, und noch eine Sache: Ich kenne kein tolleres Bild über das Erdsystem als das, das die amerikanischen Astronauten 1968 gemacht haben, als sie zum ersten Mal zum Mond geflogen sind mit Apollo 8 (Abb. 5.3). Die drei Astronauten hingen da vor dem Fenster und bestaunten den Erdball in der totalen Dunkelheit des Universums. Ein unvergessliches Bild, wie die drei einhellig berichten.

Abb. 5.3 Bild der Erde aufgenommen am 24. Dezember 1968 von Apollo 8 beim Flug um den Mond (© Dpa/picture alliance)

Wenn man den Astronauten glaubt, dann ist einer der tollsten Eindrücke der von dieser hauchdünnen Atmosphäre, die wir ja in den vergangenen 200 Jahren so massiv verändert haben. Da wird man dann unmittelbar davon angesprochen, wenn man zum ersten Mal das ganze System wirklich sieht und auch die Verwundbarkeit unseres Planeten fast körperlich spürt. Und dann kommen solche Fragen: Wie existent sind wir als diejenigen, die auf diesem Planeten leben und gerade dabei sind, unsere Lebensbedingungen so einschneidend zu verändern, dass wir möglicherweise in ganz erhebliche Probleme hineinstoßen? Naturphilosophie ist heute vor allem auch viel Umweltethik. Also das sind so die Gedanken, die sich mir da stellen. Insofern bin ich Ihnen sehr dankbar, dass Sie in diesem Buch versuchen, unseren Planeten als ganzes System zu begreifen. Und allen, die das Buch lesen, müsste es doch genauso gehen.

Autoren: Herr Lesch, wie schätzen Sie die Bedeutung der geodätischen Satellitenverfahren ein, um ein besseres Verständnis von unserem Erdsystem zu erlangen?

HL: Schon allein die Perspektive, die die Satelliten haben, also der weite Blick von oben aus dem Weltraum, muss uns ja schon an eine ganz neue Qualität des nun verfügbaren Datenmaterials gewöhnen lassen. Bis dahin, ohne diese Satellitenverfahren, war die großräumige Vermessung unseres Planeten mit einem enormen messtechnischen Aufwand verbunden. Jetzt kann man praktisch mit einem einzigen Blick unglaublich große Flächen und Volumina darstellen. Und damit unter Umständen auch zum ersten Mal Phänomene sehen, die man aus der kleineren, also erdgebundenen Perspektive so gar nicht beobachten konnte.

In der Physik haben wir ja eine ganz ähnliche Geschichte, dass wir eben von diesen kleinteiligen Prozessen wie der Struktur der Materie usw. hingehen zu Materialien und dann immer weiter und weiter versuchen aufzubauen, was denn da draußen eigentlich los ist. Das heißt, auf der einen Seite machen wir eine Inventur, also alles was da ist. Aber wenn wir rausgehen aus dem Planeten, dann können wir auf einmal das Ganze sehen und anfangen, Prozesse zu studieren. Erst dann werden möglicherweise die Zusammenhänge klar, die man vorher beim Blick auf die einzelnen Teile gar nicht sehen konnte, selbst wenn man diese Einzelkomponenten schon sehr genau kannte. Wichtig ist dabei auch, die Prozesse und die Wechselwirkungen zwischen den Elementen einzubeziehen und zu studieren. Das heißt, nicht nur linear zwischen Ursache und Wirkung zu verbinden, sondern genau zu schauen, was da eigentlich passiert. Dabei spielen auch Rückkopplungen und Rückwirkungen zwischen den einzelnen Teilkomponenten eine wichtige Rolle.

Und diese Dinge gelten natürlich genauso für die Erforschung und das Verständnis unseres komplexen Erdsystems. Ich glaube, dafür braucht man unbedingt den Blick von oben und von ganz weit draußen. Der Sprung hin zur Satellitengeodäsie, das ist doch ein völlig neuer Blick auf unseren Planeten gewesen.

Autoren: Die Rückkopplungen, die Sie gerade angesprochen haben, bringen uns unmittelbar zum nächsten Thema. Da geht es uns nämlich um Wechselwirkungen zwischen den verschiedenen Komponenten des Erdsystems und um Feedback-Mechanismen. Eine wichtige Sache in diesem Zusammenhang sind sogenannte Kipppunkte, also kritische Punkte, wenn Prozesse sich selbst verstärken und sozusagen zum Selbstläufer werden.

HL: Erst mal ist es ja so, dass wir gar kein Organ für diese Rückkopplungen haben. Wenn wir Rückkopplungen betrachten, spielt die Zeit eine wichtige Rolle. Wir müssen uns dann genau überlegen, was für ein Langzeitphänomen dahinterstehen könnte, wenn sich ein gewisser Prozess immer wieder stärker wiederholt und immer wieder noch einen drauflegt. Der *Club of Rome* hat 1972 die Metapher von einer Pflanze verwendet, die jeden Tag ihre Fläche auf einem See verdoppelt. Eines Tages nimmt die Pflanze die Hälfte des Sees ein und alle werden sagen, das ist überhaupt noch kein Problem, aber bereits am nächsten Tag hat sie den gesamten See bedeckt. Sie sehen an diesem Beispiel, wie schnell es bei dieser exponenziellen Variante immer dramatischer wird. Nur fällt es natürlich schwer, diese Rückkopplungsprozesse auch didaktisch so darzustellen, dass Leute wirklich verstehen, worum es geht.

Für mich ist das beste Beispiel die Veränderung der Reflexionseigenschaften unseres Planeten, die sogenannte Albedo. Wir verlieren weiße Flächen, zum Beispiel infolge der Eisschmelze. Und was passiert mit dem Eis? Es wird zu Wasser, und das ist eine dunkle Fläche. Das heißt, wir verlieren auf der einen Seite die Reflektivität und verstärken gleichzeitig auf der anderen Seite die Fähigkeit, Energie zu absorbieren. Das führt natürlich dazu, dass die weißen Flächen noch schneller verschwinden werden, und auf einmal ist man in diesem Kreislauf drin, und das ist eine Instabilität. Nehmen wir als Beispiel das Eis Grönlands: Dort tauchen zum Beispiel auf einmal Löcher in der Oberfläche auf, und da steht Wasser drin. Dunkle Flecken. Vorher hatte man in keinem einzigen Schmelzszenario daran gedacht, dass das so inhomogen schmelzen kann, und jetzt auf einmal, da brennt sich an diesen Stellen das Sonnenlicht wie durch eine Lupe in das Eis herein. Das sind nicht-lineare Prozesse, die hatte man vorher gar nicht auf dem Schirm.

Und noch ein weiterer verheerender Kreislauf: Permafrost taut auf, es wird noch mehr Kohlenstoff in die Atmosphäre gebracht, sei es mit Methan oder mit Mikroorganismen an der Oberfläche, die das aufgetaute Zeug noch einmal futtern und damit noch mehr Kohlenstoff produzieren. Die Verwandlungen, die damit einhergehen, heizen den Treibhauseffekt in der Atmosphäre noch stärker an, es kommt noch mehr Wasser in die Atmosphäre, und so weiter.

Ich glaube, die wirklich dramatische Erkenntnis ist, dass sich das Erdsystem insgesamt so verwandeln kann, dass die Vorgänge in keiner Weise mehr reversibel sind, wenn wir in die Nähe der Kipppunkte kommen, also wenn wir hier kritische Grenzen überschreiten und die Prozesse sozusagen zum Selbstläufer werden. Und hier ist es gerade so, dass der Perspektivwechsel von den erdgebundenen Messungen zu den Satelliten uns klar vor Augen führt, *wie* nicht-linear das System eigentlich ist, wie stark die Rückkopplungsprozesse und Kreisläufe sind und wie wenig wir letzten Endes über das Erdsystem insgesamt tatsächlich wissen. In gewisser Weise sind wir ja bei der Erforschung unseres Erdsystems an einem Punkt, wo wir sagen können, die Langzeitrisiken unserer Handlungen, die haben wir noch gar nicht richtig verstanden, weil viele von den Risiken auch erst auftauchen, wenn das System kritische Parameter überschreitet.

Wir sprechen zum Beispiel in der Astronomie oder Physik von komplexen Systemen, von selbstorganisierter Kritikalität. Das heißt, dass ein System sich an allen Ecken bis an kritische Parameter heranarbeitet, und dann, wenn überhaupt nichts mehr geht, dann bricht es. Das ist mein täglich Brot, mich mit solchen Prozessen auseinanderzusetzen und sie mathematisch auch so zu fassen, dass man in Computersimulationen auch versteht, ob das, was man da sieht, Physik ist oder ob es sich nur um numerisches Rauschen handelt.

Autoren: Diese Nicht-Linearitäten, mit denen wir es gerade bei Erdsystemmodellen zu tun haben, sind schwierig beschreibbar, da es sich um sehr komplexe Prozesse handelt. Dies wird dann in der öffentlichen Diskussion häufig als Anlass genommen, zu sagen, ja die Modelle, die taugen ja sowieso nichts. Was ihr Wissenschaftler da behauptet, dass stimmt doch überhaupt nicht.

HL: Ein wichtiger Punkt in diesem Zusammenhang ist Vertrauen. Die Wissenschaft muss Vertrauen schaffen, und ich glaube, Euer Buch ist da genau der richtige Weg. Denn da werden Fakten präsentiert, die auf hochgenauen Beobachtungsdaten basieren, die über unabhängige Messsysteme gegenseitig kontrolliert sind. Und damit können sich die Leser ein eigenes Bild machen, wie es mit unserem Planeten ausschaut. Als jemand, der Öffentlichkeitsarbeit macht, ist für mich immer wieder wichtig, den Leuten etwas ganz Komplexes so zu präsentieren, dass sie denken: Das ist ja völlig klar! Also eine Offensichtlichkeit reinzubringen. Ich habe mal einen Vortrag über die Rückkopplung von den Bränden in Jakutien und den Einfluss auf die Arktis gehalten. Da habe ich gesagt, ja wenn es brennt, gibt es Qualm. Wo es Qualm gibt, gibt es auch Rußteilchen. Die Luft bleibt über Sibirien aber nicht stehen, und wo ist Sibirien? In der Nähe der Arktis, und was macht der Qualm? Er wird über die Arktis ziehen und kühlt sich ab, es entstehen Rußteilchen und die machen das Eis schwarz. Das ist nicht gut, denn nennenswerte Flächen werden dunkler.

Man muss einfache Beispiele finden, um die Leute in den Modus zu bringen, über die Konsequenzen unseres Handels nachzudenken. Der alte römische Satz, bedenke Deine Handlungen vom Ende her, ist heute wichtiger denn je. Das stößt natürlich in einer Gesellschaft, die auf 15-minütige Sendungen im Radio oder auf Quartalsberichte bei den DAX-Unternehmen ausgelegt ist, auf ein grundlegendes Problem. So ist es nicht verwunderlich, dass unser Handeln primär auf kurzfristige Erfolge ausgelegt ist, leider zu Lasten nachhaltiger und zukunftsweisender Konzepte. Die Unverfügbarkeit der Natur, das ist unser größtes Problem. Damit meine ich, dass wir an planetare Grenzen stoßen und feststellen, dass unser Planet nur über endliche Ressourcen verfügt, die wir nicht beliebig ausbeuten können. Und wir haben unseren Planeten durch unser eigenes Handeln bereits so verändert, wie wir es eigentlich gar nicht wollen, aber andererseits sind wir nicht entschlossen genug, dagegen etwas zu tun.

Noch einmal kurz zu den Nicht-Linearitäten: Das Fatale ist ja, dass wir bei so komplexen Systemen wie dem der Erde nicht genau sagen können, wie etwas angefangen hat, oder wo es herkommt. Und es ist auch so, dass unterschiedliche Randbedingungen in komplexen Systemen ganz andere Phänomene hervorbringen. Ein simples Beispiel: Sie schmeißen einen Stein ins Wasser und haben ein riesengroßes Becken, dann kann überhaupt nichts passieren. Aber in einem kleinen Becken, wo die Wände sehr nahe kommen, werden die Wellen interferieren, Das heißt, je nachdem, wie stark wir Systemteile einzwängen, bekommen wir völlig neue Lösungen. Wir kennen die grundlegenden Gesetze der Natur, da sind wir ziemlich gut, aber wenn ich das konkrete Problem lösen will, dann brauche ich Anfangs- und Randbedingungen. Und dann kommen Raum und Zeit als konstituierende Teile hinzu, und die bestimmen, welche Lösungen das System am Ende tatsächlich realisieren kann.

Autoren: Sie sprechen damit das Problem der Randbedingungen an. Welche Rolle sehen Sie in der Verknüpfung von hochgenauen Beobachtungsdaten des Erdsystems und Erdsystemmodellen? Wie wichtig ist es dabei, das Erdsystem ganzheitlich zu betrachten?

HL: Je mehr wir darüber verstehen, wie sehr das ganze System aus kommunizierenden Röhren besteht, umso stärker ist die Forderung, die Wechselwirkungen zwischen den einzelnen Systemteilen einzubeziehen, und deshalb gilt natürlich, je vollständiger umso besser. Für die Erdsystemmodelle ist es so, dass die aktuellen geodätischen Beobachtungen wichtige Randbedingungen liefern, um die Modelle zu validieren. Und dabei stellen wir fest, dass unsere Modelle immer richtiger werden, denn sie stimmen immer besser mit den aktuellen Beobachtungen überein. Wenn man aber andererseits, wie zum Beispiel bei den gemessenen Abschmelzraten, feststellt, dass diese von den Modellen noch deutlich unterschätzt werden, dann muss man schauen, ob irgendwelche Phänomene noch nicht richtig berücksichtigt sind oder sogar noch in den Modellen fehlen. In den Naturwissenschaften haben wir so die Erfahrung gemacht, dass die neuen Modelle die Erfolge der alten Modelle enthalten und immer besser sind. Es gibt bei diesen Modellen aber noch einen neuen Beteiligten, und das ist der Computer. Das heißt, vor allen Dingen sind dies die Algorithmen. Also wie sehr vertraut man den Algorithmen, die dort laufen? Man muss immer wieder einfache Testmöglichkeiten haben, um die Qualität von einem Programm-Code durchgreifend überprüfen zu können. Wichtig ist auch, mit verschiedenen Methoden zu simulieren und herauszufinden, wie die Modelle konvergieren, und das tun sie inzwischen längst. Ich glaube, für die öffentliche Darstellung sind diese Modelle ganz wichtig, die zum Beispiel das Klima für 100 Jahre wiedergeben. Die kann man dann mit einem bestimmten Strahlungsantrieb laufen lassen und schauen, was mit dem Klima in den nächsten Jahrzehnten tatsächlich passiert. Mein Eindruck ist, dass die Modelle immer besser werden, und dass wir sozusagen auf eine Attraktorlösung hinlaufen. Der Job der Zukunft wird sein, diese Modelle immer weiter und weiter zu verbessern.

Autoren: Die Sachstandsberichte des Weltklimarates (IPCC) fassen den gegenwärtigen Stand der Forschungsergebnisse zum Klimawandel zusammen, und sie enthalten auch Prognosen für die Zukunft. Beteiligt sind daran nahezu 1000 Wissenschaftler als Hauptautoren der IPCC-Berichte. Wie ist Ihre Einschätzung hierzu, insbesondere im Hinblick darauf, wie damit auf politischer und gesellschaftlicher Ebene umgegangen wird?

HL: Ich persönlich fände es prima, wenn die UNO dem IPCC in jedem Jahr die Gelegenheit geben würde, in der UNO-Vollversammlung zu berichten. Also eine Weltöffentlichkeitsebene zu erreichen, die so groß ist, wie es nur irgendwie geht. Um ein Signal zu setzen, welche Bedeutung die Arbeiten des IPCC haben, und auch um denjenigen gegenüber das Vertrauen auszudrücken, die ehrenamtlich ihre Arbeitskraft für die Erstellung dieser Berichte einbringen. Nun ist es aber beim IPCC so, dass aus den mehrere Tausend Seiten umfassenden Originalberichten eine Zusammenfassung für Entscheidungsträger erstellt wird, die dann Satz für Satz von den Delegierten der Regierungen verabschiedet werden muss. Und da geht es immer wieder darum, einen Konsens aller Beteiligten zu finden, weshalb die Aussagen des IPCC häufig abgeschwächt und schwammig formuliert werden, um überhaupt einen Kompromiss zu finden. Der Konjunktiv, die Möglichkeitsform wird von daher zur allgemeinen Form erhoben, und die Zurückhaltung von IPCC-Berichten ist ja schon legendär. Und dies führt leider dazu, dass die Klarheit der Daten gar nicht richtig in den Berichten abgebildet wird. Ich weiß, wie Kollegen, die da mitgearbeitet haben, schon ziemlich zerknirscht und frustriert nach Hause gegangen sind.

Die UNO sollte der Spitze des IPCC die Gelegenheit geben, der Welt klipp und klar ins Gebetbuch zu schreiben, das sind die Fakten und das sind die ungeschönten Fakten. Es muss aufhören, dass Wissenschaft in so eine „Zwitterfunktion" gerät. Auf der einen Seite verlangt man von uns die Suche nach Wahrheit, auf der anderen Seite ist es aber die Suche nach der richtigen Formulierung. Nur: Wissenschaft darf nicht diplomatisch sein. Sie muss die Wahrheit sagen, und das sollte auch die Haltung der Gesellschaft sein. Nämlich anzuerkennen, was die Sachlage ist, und was wir hier vor uns haben. Und sie sollte in Ruhe überlegen, was wir tun können, die möglichen Optionen behandeln und mutig sein, wenn verschiedene Optionen noch nicht vom Ende her gedacht werden können. Damit man Erfahrungen machen kann, um dann in eine entsprechende Lernkurve zu kommen. Der IPCC sollte deutlicher sagen, was eigentlich los ist. Das hat die Weltöffentlichkeit dringend nötig, weil ansonsten immer wieder diese Interpretationsmöglichkeiten einem entschlossenen Handeln im Wege stehen.

Autoren: Mit der Geodäsie messen wir seit vielen Jahren zum Beispiel den Meeresspiegel, aber auch andere Veränderungen unseres Planeten. Ist da etwas dabei, wo Sie jetzt sagen, da hat aber die Geodäsie das Bild revolutioniert in dem Sinne, dass man sich vorher etwas ganz anderes vorgestellt hat?

HL: Ich glaube bei den veröffentlichten Daten des Meeresspiegelanstiegs, da ist schon was passiert. Das hat niemand so erwartet, dass es so rapide ist, und dass es so deutlich wird. Wenn mal wieder ein Sturm gewesen ist, kam die Frage auf, ob ich mein Haus auf Wangerooge noch behalten soll. Also ich habe keins, aber ich habe Freunde dort, und die haben mich gefragt: Was sollen wir denn machen? Also ich an deren Stelle würde das Ding verkaufen, solange es noch jemanden gibt, der es haben will. Ich kann nicht sagen wann, aber der nächste schwere Sturm kommt bestimmt, und der Strand kommt immer näher. Ich glaube, dass gerade die Messungen des steigenden Meeresspiegels und auch die Prognosen für die nächsten Jahre oder Jahrzehnte sehr wahrgenommen werden. Mein Bruder ist in Bremerhaven, von dem kann ich das klar sagen. Ich kenne aber auch niederländische Kollegen, bei denen das Thema zu ziemlicher Unruhe führt. Denn dort liegen ja weite Bereiche unter dem Meeresspiegel, und Anpassungsmaßnahmen wie etwa höherer Deichbau werden das Allerwichtigste werden. Denn wir sehen jetzt schon, dass das gesamte System erst mal nicht zu stoppen ist. Wir sehen in allen Indikatoren, dass das Meer noch weiter ansteigen wird. Das bedeutet für die Entscheidungsträger Anpassung in jeglicher Hinsicht, also auch den Städtebau müssen wir ganz anders denken, als wir das bis jetzt getan haben.

Und diese Maßnahmen betreffen natürlich nicht nur die Nordseestaaten, denn beim Meeresspiegelanstieg handelt es sich um ein weltweites Phänomen, von dem andere Regionen teilweise noch viel stärker betroffen sind. Nun ist völlig klar, dass auch die Anpassungsmaßnahmen irgendwann an Grenzen stoßen. Deshalb sollte die Menschheit alles daran setzen, mit zukunftsweisenden Konzepten und durch entschlossenes Handeln einer weiteren Erderwärmung entgegenzuwirken. Ganz wichtig ist für mich, dass ein Fach wie die Geodäsie mit seinen wertvollen Messdaten auch eine persönliche Betroffenheit auslöst. Denn das ist nicht irgendetwas, was wir hier messen, es sind die Parameter unseres Zuhauses. Und wie haben wir unsere Wohnung bereits verändert!

Autoren: Der Meeresspiegelanstieg wird die Menschheit vor gewaltige Herausforderungen stellen. Viele Küstenregionen und Inseln, besonders auch küstennahe Megastädte, werden davon betroffen sein. Was raten Sie den Wissenschaftlern, um sich mehr Gehör zu verschaffen und um das Bewusstsein in der Bevölkerung zu schärfen?

HL: Ich antworte mal etwas bösartig: Die Institute und Laboratorien müssten im Grunde mal abgeschlossen werden und alle, die Wissenschaft betreiben, müssten auf die Straße gehen. Nicht um zu demonstrieren, sondern um ihre Ergebnisse in der Öffentlichkeit zu präsentieren. Stattdessen haben wir eine Art von Eskapismus, in Laboratorien oder in wunderbaren Forschungsprojekten, wo zwar hoch interessante, aber mitunter auch völlig irrelevante Dinge getan werden, und draußen brennt der Himmel. Wir haben viel zu wenige Leute, die sich in die Öffentlichkeit wagen und sagen, was los ist. Wir können nicht immer so weitermachen, sondern wir haben einen Handlungsbedarf. Das heißt, Wissenschaft muss etwas tun, was laut Max Weber eigentlich gar nicht erlaubt ist: Sie muss sich das Thema, also das Objekt der Begierde zu Eigen machen und es in die Gesellschaft tragen. Sie muss die Dinge in einer Sprache ansprechen, die alle verstehen können. Dann und nur dann wird die Gesellschaft wahrnehmen, dass es wirklich wichtig zu sein scheint. Solange es nur ein paar Hansel sind, die sich in der Öffentlichkeit ihren Mund verbrennen, möglicherweise dann auch noch von ihren Kolleginnen oder Kollegen hinter ihrem Rücken als Selbstdarsteller betrachtet werden, kann ein so wichtiger Wissenschaftstransfer in die Gesellschaft nicht funktionieren. Dies sollte also kein nettes *would be nice to have,* sondern ein *must* sein. Solange dies so ist, wird man immer einen Gutachter finden, sowohl für das eine wie für das andere. Wenn es aber ein Credo ist von allen, wir gehen immer raus unter die Leute, wir sagen immer was der Fall ist, dann wird die eine Person, die auf einmal genau gegen den Mainstream steht, ein Riesenproblem bekommen. Aber solange wir uns hinter verschlossenen Türen als eine Art geschlossene Gesellschaft verhalten, können diejenigen, die zum Beispiel vor Gericht oder auch bei der Politik irgendwelche Gutachten abliefern, immer noch so tun, als seien sie hoch angesehene Leute. Wichtig wäre, den wissenschaftlichen Mainstream, also das, wo unser Know-how hin konvergiert, gegenüber der Gesellschaft klar zu vertreten und zu präsentieren. So nach dem Motto, wir vertrauen unseren Methoden, und wir sind diejenigen, die aus Informationen Wissen machen. Klar kann es noch kleinere Variationen geben, aber es wird nicht so sein, dass die Wissenschaft auf einmal ein völlig anderes Klima prognostizieren wird. Da muss die Wissenschaft eine klare Haltung zeigen.

Autoren: Herr Lesch, dies war eine sehr klare Botschaft an die Wissenschaft. Wir hoffen, dass wir mit diesem Buch einen kleinen Beitrag leisten können, um der Öffentlichkeit zu vermitteln, was die Geodäsie leisten kann und wie es um unseren Planeten steht. Aber nun noch eine letzte Frage, die uns weiter nach „draußen" in den Weltraum bringt. Wie schätzen Sie die Gefahr ein, die von unserer Sonne ausgeht, zum Beispiel durch elektromagnetische Strahlung? Welchen Einfluss kann das Weltraumwetter auf unseren Alltag haben?

HL: Die Sonne sendet ständig Strahlung und geladene Teilchen in den Weltraum, die als Sonnenstürme unseren Planeten erreichen. Das sogenannte Carrington-Ereignis löste 1859 den bisher größten geomagnetischen Sturm auf der Erde aus. Sogar auf Hawaii waren damals Polarlichter zu sehen, die normalerweise nur in höheren Breiten auftreten. In der heutigen Zeit mit der digitalen Vernetzung und hochtechnisierten Infrastruktur hätte ein solches Ereignis eine wahre Katastrophe ausgelöst. Auch in den vergangenen Jahrzehnten gab es immer wieder Sonnenstürme, die Stromausfälle, Schäden an Satelliten und Störungen von Navigationssystemen verursacht haben. Es gab damals sogar einen Sonnensturm, der an der vietnamesischen Küste amerikanische Minen ausgelöst hat, weil die zu empfindlich auf magnetische Störungen reagiert haben.

Sonnenstürme stellen also ein gewaltiges Gefahrenpotenzial für die irdische Infrastruktur und unsere moderne Gesellschaft dar. Deshalb hat das Thema Weltraumwetter in den letzten Jahren erheblich mehr Beachtung gefunden. Auch die Münchner Rückversicherung hat inzwischen längst eine Gruppe, die sich intensiv damit beschäftigt. Momentan sehen wir allerdings keine so große Wahrscheinlichkeit für einen Megasturm, denn die Sonne ist gerade dabei, ihre Aktivität deutlich herunterzufahren. Aber so genau weiß man das bei der Sonne nicht, das ist ja ein Kernfusionsreaktor, der 150 Millionen Kilometer entfernt alle möglichen Erscheinungen zeigt. Wir beobachten die Sonne intensiv, und ich glaube, dass durch die Beobachtungssysteme so etwas wie eine Frühwarnung möglich wäre, also unter Umständen auch Stromnetze abzuschalten, damit sie nicht in Gefahr geraten. Aber bei so einem Sonnensturm wie dem Carrington-Ereignis wären die Folgen für unsere digital vernetzte Welt sicherlich fatal. Wir haben auch wenig Redundanz in unserem System und man hat auch den Eindruck, dass wir die Systeme so bis auf die Kante nähen. Das macht unsere Verwundbarkeit durch solche Sonnenstürme noch schlimmer. Wir rechnen damit, dass das nicht passiert. Und wenn es dann eventuell doch passiert, dann wird es düster und richtig teuer. Wir bauen unsere Häuser ja auch immer näher an den Vulkan heran und wundern uns, wenn der mal ausbricht und dann die Lava über uns drüber rollt. Damit wären wir wieder mitten im Erdsystem.

Autoren: Vielen Dank, Herr Lesch.

5.4   Bedrohte Welt – Alarmierende Signale des Klimawandels

» *„Die Satellitenbeobachtungen liefern eine wichtige Datengrundlage für wissenschaftliche Arbeiten, die sich mit den Auswirkungen des Klimawandels beschäftigen."*
[Stefan Rahmstorf]

Klimaveränderungen hat es auf unserem Planeten seit seiner Entstehung vor ca. 4,6 Milliarden Jahren schon häufig gegeben, und selbst die Größenordnungen waren viel stärker als jene, die wir heute beobachten. Aber noch nie änderte sich das Klima so rasend schnell wie seit dem Beginn der Industrialisierung. Es gibt inzwischen kaum noch Zweifel daran, dass der Mensch mit seinen gewaltigen – und leider weiter steigenden – Treibhausgasemissionen ein Hauptverursacher der globalen Erwärmung unseres Planeten ist. Es ist klar durch Messreihen belegt, dass die Konzentration von Kohlendioxid (CO_2) mit einem Wert von gegenwärtig 410 *parts per million* (ppm) bereits um fast 50 Prozent über dem vorindustriellen Vergleichsniveau liegt. Eine so hohe CO_2-Konzentration wie heute hat es in den vergangenen 800.000 Jahren noch nie gegeben, was Klimaforscher anhand zuverlässiger Daten aus Eisbohrkernen nachgewiesen haben.

Durch die Freisetzung von Treibhausgasen, die im Wesentlichen durch Energiegewinnung, Verkehr, Industrie, landwirtschaftliche Produktion, Landnutzungsänderungen und die explosionsartige Bevölkerungsentwicklung verursacht werden, hat die Menschheit in 250 Jahren eine gigantische Menge von 555 Milliarden Tonnen Kohlenstoff in die Umwelt gepustet. Davon ist etwa die Hälfte in die Atmosphäre gelangt und die andere Hälfte zu gleichen Teilen von den Ozeanen und von der Biosphäre aufgenommen worden. Wenn es bei der gegenwärtigen Emissionsrate von etwa neun Milliarden Tonnen pro Jahr bliebe, wäre bereits zur Mitte dieses Jahrhunderts so viel CO_2 in der Erdatmosphäre gespeichert, dass eine globale Temperaturerhöhung von zwei Grad Celsius gegenüber dem vorindustriellen Wert zu erwarten wäre. Dieses Zwei-Grad-Limit gilt als kritischer Grenzwert für die Erderwärmung. Gemäß des Pariser Klimagipfels 2015 soll die menschengemachte Erwärmung auf deutlich unter zwei Grad begrenzt werden. Es werden sogar Anstrengungen von der Völkergemeinschaft eingefordert, die eine Begrenzung auf 1,5 Grad Celsius erlauben, was allerdings in Anbetracht des bisher Erreichten äußerst illusorisch erscheint.

Im Jahr 1988 haben die Weltorganisation für Meteorologie (WMO) und das Umweltprogramm der Vereinten Nationen (UNEP) gemeinsam den Zwischenstaatlichen Ausschuss für Klimaänderungen (*Intergovernmental Panel on Climate Change*, IPCC) eingerichtet. Aufgabe dieses internationalen Gremiums ist es, die aktuellen Ergebnisse aus Wissenschaft und Forschung zum Klimawandel zusammenzustellen und daraus belastbare Aussagen abzuleiten. Diese werden regelmäßig in Sachstandsberichten veröffentlicht und dienen Entscheidungsträgern aus Politik und Wirtschaft als wichtige Informationsgrundlage. Der jüngste Sachstandsbericht des Weltklimarats wurde 2014 veröffentlicht (IPCC-Bericht 2014, siehe www.de-ipcc.de). Als Autoren waren über 700 Wissenschaftler an dem Bericht beteiligt, mehrere Tausend Fachexperten nahmen an der wissenschaftlichen Begutachtung teil, und im Literaturverzeichnis sind mehr als 9000 begutachtete *(peer-reviewed)* Publikationen zitiert. Gegenwärtig arbeiten nahezu 1000 Wissenschaftler an der Erstellung des sechsten Sachstandsberichtes des Weltklimarates, der in den Jahren 2021/2022 veröffentlicht werden soll (siehe https://www.de-ipcc.de). Im Kernteam sind 721 Fachleute aus 90 Ländern als Hauptautoren und Editoren beteiligt, darunter befinden sich 39 Fachexperten aus Deutschland.

Einige Kernbotschaften aus dem IPCC-Bericht von 2014: Die Erwärmung des Klimasystems ist eindeutig, und die bereits heute eingetretenen Klimaveränderungen haben eine weitreichende Auswirkung auf die Menschheit und die Lebensräume auf unserem Planeten. Durch die zunehmende Konzentration von Treibhausgasen haben sich die Atmosphäre und der Ozean erwärmt, die Schnee- und Eismengen sind zurückgegangen, und der globale Mittelwert des Meeresspiegels ist angestiegen. Infolge der Klimaerwärmung und der gegenseitigen Wechselwirkungen zwischen den Subkomponenten des Erdsystems (Abschn. 5.3) spielen auch komplexere physikalische Wirkungen auf die atmosphärische und ozeanische Zirkulation und deren Auswirkungen auf Wetterereignisse eine wichtige Rolle, bis hin zu Folgen für Ökosysteme, Landwirtschaft sowie menschliche Lebensbedingungen und Gesundheit. Die beiden nachfolgenden Boxen enthalten weitere Fakten aus dem IPCC-Bericht 2014.

Beobachtete Auswirkungen des Klimawandels (Quelle: IPCC-Bericht 2014)

Die Land- und Ozean-Oberflächentemperaturen haben sich im globalen Mittel um etwa 0,85 Grad Celsius zwischen 1880 bis 2012 erhöht. Jedes der letzten drei Jahrzehnte war an der Erdoberfläche sukzessive wärmer als alle vorangegangenen Jahrzehnte seit 1850. Allerdings steigt das Thermometer nicht überall gleichmäßig: Landflächen erwärmen sich schneller als Wasser und zudem gibt es große regionale Unterschiede. So erhöht sich die Temperatur in der Arktis etwa doppelt so schnell wie im globalen Durchschnitt. Infolge des Klimawandels erwärmen sich auch die Ozeane, wobei die Erwärmung in der Nähe der Oberfläche am größten ist. Die obersten 75 Meter sind während der relativ gut vermessenen 40-Jahres-Periode von 1971 bis 2010 um 0,11 Grad Celsius pro Jahrzehnt wärmer geworden.

Als sehr wahrscheinlich gilt, dass infolge der globalen Erwärmung extreme Wetterereignisse wie Hitzeperioden häufiger und intensiver werden. Zudem kann wärmere Luft mehr Wasser aufnehmen, wodurch unmittelbar die Gefahr von Extremniederschlägen und die Intensität von Tropenstürmen zunehmen. Zu den sichtbarsten Auswirkungen des Klimawandels gehört der Gletscherschwund. Seit Beginn der Industrialisierung haben die Gletscher in den Alpen mehr als die Hälfte an Masse verloren – ein klarer Indikator für die Erderwärmung. Weltweit gehen die Gletscher zurück und in vielen Regionen dienen die Gebirgsgletscher als Wasserspeicher für die Wasserversorgung wie zum Beispiel in Perus Hauptstadt Lima.

Nicht nur die Gebirgsgletscher, sondern auch die Eisschilde in Grönland und der Antarktis verlieren zunehmend an Masse. Der IPCC-Bericht 2014 weist für den Zeitraum von 2002 bis 2011 einen jährlichen Eisverlust von 215 Milliarden Tonnen für Grönland aus. Für die Antarktis ist in dem Bericht ein jährlicher Eisschwund von 147 Milliarden Tonnen für den Zeitraum von 2002 bis 2011 dokumentiert. Hierzu sei angemerkt, dass in früheren IPCC-Berichten das antarktische Eisschild noch als stabil eingeschätzt wurde und ein zukünftiges Abschmelzen für sehr unwahrscheinlich eingestuft wurde, was als alarmierendes Signal für den Klimawandel gedeutet werden kann.

Die abschmelzenden Eismassen fließen ins Meer und lassen den Meeresspiegel immer rascher ansteigen. Im IPCC-Bericht 2014 ist ein mittlerer Meeresspiegelanstieg von 3,2 Millimetern pro Jahr zwischen 1993 und 2010 angegeben. Dabei handelt es sich um einen globalen Mittelwert über den gesamten Ozean, der sich auf die Auswertung von Satellitenbeobachtungen mehrerer Forscherteams stützt. Allerdings gibt es regional große Unterschiede: In einigen Gebieten steigt der Meeresspiegel um bis zu einen Zentimeter pro Jahr (oder teilweise noch mehr), während er in anderen Bereichen sogar fällt (Abb. 4.8). Ein Vergleich mit einem aus Pegelmessungen abgeleiteten Wert von 1,7 Millimetern pro Jahr zwischen 1901 und 2010 zeigt, dass sich der Meeresspiegelanstieg gegenüber dem vergangenen Jahrhundert schon nahezu verdoppelt hat.

Zukünftige Prognosen für die Auswirkungen des Klimawandels (Quelle: IPCC-Bericht 2014)

Die Projektionen von Änderungen im Klimasystem werden mithilfe von Klimamodellen vorgenommen, die sich auf eine Kombination von Beobachtungen, Studien von Rückkopplungsprozessen und Modellsimulationen stützen. Ein wichtiger Faktor für diese Prognosen sind die zu erwartenden Treibhausgasemissionen, die je nach sozioökonomischen Entwicklungen und zukünftigen Klimaschutzmaßnahmen stark variieren. Der IPCC-Bericht stützt sich deshalb auf verschiedene Szenarien, die von strengem Klimaschutz bis zu ungebremsten Emissionen reichen. Im günstigsten Fall ließe sich die Erwärmung bis zum Ende des Jahrhunderts auf ein Grad Celsius (bezogen auf 1986–2005) begrenzen. Dieses Szenario gilt allerdings heute als kaum mehr erreichbar, da die bisherigen Klimaschutzmaßnahmen nicht wirksam genug waren. Am anderen Ende der Skala unter der Annahme ungebremst steigendender Treibhausgasemissionen kann die Erderwärmung auch nahezu fünf Grad Celsius betragen. Laut IPCC-Bericht 2014 wird eine Erwärmung um mehr als zwei Grad als sehr wahrscheinlich eingestuft, wobei sich die Arktis schneller als das globale Mittel erwärmen wird und die mittlere Erwärmung über dem Land größer als über dem Meer ausfallen wird.

Es gilt als sehr wahrscheinlich, dass infolge der Erderwärmung auch die Häufigkeit und Intensität von Extremwetterereignissen (Starkniederschläge, Dürren) weiter zunehmen wird. Auch die Ozeane werden sich weiter erwärmen und versauern. Dabei handelt es sich infolge der großen Trägheit der Ozeane um einen Prozess, der viele Jahrhunderte andauern wird, selbst wenn im Idealfall überhaupt keine Treibhausgasemissionen mehr erfolgen sollten. Weiterhin gilt es als sehr wahrscheinlich, dass die arktische Meereisbedeckung weiter zurückgeht und die Ausdehnung des oberflächennahen Permafrostes in höheren nördlichen Breiten weiter abnehmen wird. Durch das Tauen der Permafrostböden wird Methan freigesetzt, das als sehr starkes Treibhausgas die Erderwärmung weiter anheizt. Als sicher gilt auch, dass das Gletschervolumen der Gebirgsgletscher und der Eisschilde in Grönland und der Antarktis weiter zurückgehen wird.

Als unmittelbare Folge davon wird auch der globale Meeresspiegel weiter steigen. Der IPCC-Bericht 2014 prognostiziert bei ungebremsten Emissionen einen Meeresspiegelanstieg zwischen 51 und 97 Zentimetern bis zum Ende dieses Jahrhunderts, selbst bei striktem Klimaschutz liegt die Prognose zwischen 27 und 60 Zentimetern. Einige namhafte Klimaexperten erwarten sogar einen deutlich höheren Meeresspiegelanstieg von über einem Meter bis zum Ende des Jahrhunderts. In vielen Küstenregionen und auf Inseln kann ein solcher Meeresspiegelanstieg enorme sozioökonomische Probleme und gewaltige Migrationsbewegungen auslösen. Besorgniserregend sind auch die weiteren möglichen Folgen der Klimaerwärmung, die erhebliche Einflüsse auf die Ökosysteme und die menschlichen Lebensbedingungen haben können, etwa auf die Ernährungssicherheit, Wasserversorgung oder Ausbreitung von Krankheiten.

Im Folgenden wollen wir das Thema Klimawandel aus dem Blickwinkel der Geodäsie beleuchten. Die heutigen geodätischen Raumbeobachtungsverfahren erlauben es, die Veränderungen unseres Planeten millimetergenau aus dem Weltraum zu vermessen. Damit ist die Geodäsie in der Lage, die Auswirkungen des Klimawandels wie beispielsweise das Abschmelzen der Eisschilde sowie den dadurch hervorgerufenen Anstieg des Meeresspiegels verlässlich zu bestimmen. Auch Veränderungen im globalen Wasserhaushalt (unter anderem Dürren, Überschwemmungen, Grundwasserentnahmen) sowie Änderungen von Meeresströmungen (zum Beispiel des Nordatlantikstroms) und atmosphärischen Parametern (etwa vom Wasserdampfgehalt) sind in den Satellitendaten sichtbar.

Einer der wichtigsten Indikatoren für die Klimaveränderungen ist der Meeresspiegelanstieg. Die Satellitenaltimetrie liefert als einziges Messverfahren die globalen und regionalen Veränderungen der Meeresoberfläche über alle Ozeanbereiche. Aus den seit 1993 verfügbaren Daten der Satellitenaltimetrie (Abschn. 3.6 und 4.4) haben weltweit verschiedene Forscherteams übereinstimmend einen globalen mittleren Meeresspiegelanstieg von gut drei Millimetern pro Jahr für die beiden vergangenen Jahrzehnte berechnet. Diese unabhängig voneinander durchgeführten Berechnungen bilden die Grundlage für den im IPCC-Bericht 2014 veröffentlichten Mittelwert von 3,2 mm pro Jahr, der somit durchgreifend kontrolliert und sehr zuverlässig ist. Die Altimetrie liefert aber nicht nur den globalen Mittelwert, sondern auch die regionalen Veränderungen des Meeresspiegels. Wie in Abb. 4.8 gezeigt, gibt es regional große Unterschiede, was auf unterschiedliche Faktoren im komplexen Erdsystem zurückzuführen ist. Einige Insel- und Küstenregionen sind von einem Meeresspiegelanstieg von bis zu einem Zentimeter pro Jahr betroffen, was zu erheblichen gesellschaftlichen Problemen und Migrationsbewegungen führen kann.

Ein weiterer Indikator des Klimawandels ist der Gletscherrückgang. Die Satellitendaten zeigen einen eindeutigen Trend: Die Schmelzraten der Eisschilde in Grönland und der Westantarktis haben sich in den vergangenen Jahren dramatisch beschleunigt (Abschn. 4.5 und 5.3, Abb. 4.13). Dieses Thema und weitere hochaktuelle Fragen zum Klimawandel sind Gegenstand des nachfolgenden Interviews mit dem renommierten Ozeanografen und Klimaforscher Professor Dr. Stefan Rahmstorf vom *Potsdam-Institut für Klimafolgenforschung* (PIK).

(© Astrid Eckert)

Stefan Rahmstorf *leitet die Abteilung Erdsystemanalyse am Potsdam-Institut für Klimafolgenforschung (PIK) und ist Professor für Physik der Ozeane an der Universität Potsdam. Er gehört zu den Leitautoren des vierten Sachstandsberichtes des Weltklimarates (IPCC) und beriet acht Jahre die Bundesregierung als Mitglied des Wissenschaftlichen Beirats Globale Umweltveränderungen (WGBU).*

Autoren: Herr Rahmstorf, als Klimaexperte und langjähriger Berater der Bundesregierung sind Sie intensiv an den Arbeiten des Weltklimarates beteiligt. Was wäre die Kernbotschaft aus Ihren Erfahrungen? Wie beurteilen Sie die Bedeutung der IPCC-Berichte und wie wird seitens der Politik damit umgegangen?

Stefan Rahmstorf: Der IPCC ist ein zwischenstaatliches Gremium mit einem kleinen Büro in Genf. Die Arbeit besteht hauptsächlich aus freiwilligen Beiträgen von Tausenden Wissenschaftlern aus aller Welt, die den aktuellen Stand der Klimaforschung anhand der wissenschaftlichen Fachliteratur sichten, bewerten und zusammenfassend darstellen. Diese Berichte geben ausdrücklich keine Handlungsempfehlungen und auch keine Politikempfehlungen. Es wird die wissenschaftliche Diagnose erläutert und Handlungsoptionen aufgezeigt, aber es wird keine Therapie verordnet, denn die ist von legitimierten Regierungen zu beschließen. Der entscheidende Punkt ist, dass diese Berichte die wissenschaftliche Grundlage für die Verhandlungen zum Klimaschutz im Rahmen der Klimarahmenkonvention liefern. Das jüngste Ergebnis dieser Verhandlungen ist das Pariser Abkommen 2015. Die IPCC-Berichte werden dann von Vertretern der Regierungen jeweils gemeinsam verabschiedet, wobei sich dies aber nur auf die Zusammenfassung für Entscheidungsträger bezieht. Da setzen sich Delegationen der Regierungen eine Woche lang zusammen und verabschieden Satz für Satz diese Zusammenfassungen. Die Regierungen können dabei natürlich nicht politisch auf die Inhalte einwirken und etwas hineinschreiben, was nicht durch den mehrere Tausend Seiten langen Hauptbericht gedeckt ist. Häufig versuchen aber Interessengruppen beim Verabschieden der Zusammenfassung, wo es für jeden Satz einen Konsens geben muss, Dinge herauszuhalten, um damit die Aussagen des IPCC abzuschwächen. Dies habe ich in der deutschen Delegation selbst erlebt, als ich beim Verabschieden der Zusammenfassung für Entscheidungsträger beim vierten IPCC-Bericht 2007 dabei war. Da versuchten dann Staaten wie zum Beispiel Saudi-Arabien, Russland oder die USA jeden Satz möglichst abzuschwächen. Deshalb sind die Sachverhalte häufig nicht ganz klar formuliert.

Autoren: Wie schätzen Sie die Beiträge der Satellitenbeobachtungen für die IPCC-Berichte im Hinblick auf die Folgen des Klimawandels sowie für Klimamodelle und die daraus abgeleiteten Prognosen ein?

SR: Die Satellitenbeobachtungen liefern eine wichtige Datengrundlage für wissenschaftliche Arbeiten, die sich mit den Auswirkungen des Klimawandels beschäftigen. Für die wissenschaftliche Einschätzung, zum Beispiel in der Frage des Meeresspiegelanstiegs, sind die Satellitendatenreihen extrem wichtig. Vor den Satellitenaltimetern hatten wir keine Daten für den globalen Meeresspiegel, denn früher gab es nur punktuelle Pegelmessungen an den Küsten und nicht mitten im Ozean. Man kann sich leicht vorstellen, dass an den Küsten Prozesse ablaufen, die natürlich nicht charakteristisch für den offenen Ozean sind. Auch für die Vermessung der Eismassen sind Satellitendaten unentbehrlich, denn mit erdgebundenen Messungen kann man nicht ständig die Höhe des Eises auf der Antarktis oder auf Grönland vermessen.

Autoren: Herr Rahmstorf, Sie haben gerade schon die Eismassen angesprochen. Die aktuellen Satellitendaten zeigen, dass sich der Eisschwund in Grönland und in der Westantarktis in den letzten Jahren stark beschleunigt hat. Wie wichtig sind solche Ergebnisse für die Klimaforschung?

SR: Ganz entscheidend, denn tatsächlich hätten wir über den Eisschwund von Grönland und der Antarktis kaum vernünftige Daten ohne die Satelliten. Zum einen kann man vom Satelliten die Höhe der Eisoberfläche vermessen, das heißt man erkennt Stellen, wo das Eis dünner wird. Andererseits kann man mit den GRACE-Satelliten die Gravitationsanomalien feststellen, die durch das Abschmelzen der riesigen Eismassen verursacht werden. Die Veränderung der Satellitenanziehung kann man präzise messen und dadurch die riesige Kontinentaleismasse der Antarktis oder Grönlands „auf die Waage legen", und schauen wieviel an Masse verlorengegangen ist. Dadurch wissen wir, dass sich der Massenverlust der großen Eisschilde seit Beginn der Satellitenbeobachtung beschleunigt hat.

Autoren: Sind die vorliegenden 20- bis 30-jährigen Zeitreihen der geodätischen Beobachtungen schon lang genug, um daraus langfristige Prognosen für die Zukunft ableiten zu können?

SR: Generell macht die Klimaforschung ja keine Prognosen durch Extrapolation von irgendwelchen Datenreihen, sondern die Prognosen der Klimaforschung entstehen durch Modellsimulationen, und in diesen Modellen werden die physikalischen Prozesse beschrieben. Wir machen also keine Prognosen aus vergangenen Messungen. Das ist auch ein häufiges Missverständnis von Laien. Aber wir brauchen diese Messdaten, um die Modelle zu validieren, also um festzustellen, ob die Modelle auch zuverlässig sind. Anhand der Messdaten können wir überprüfen, ob die Vorhersagen aus den Modellen zum Beispiel für die vergangenen 100 Jahre aus diesen physikalischen Prozessen, etwa die Eisschmelze, mit den aktuellen Beobachtungen übereinstimmen. Und da hat sich in der Vergangenheit gerade bei der Frage des Eisverlustes und des Meeresspiegelanstiegs gezeigt, dass die früheren Modelle das Problem deutlich unterschätzt haben. Der Meeresspiegel ist weltweit rascher angestiegen, als das noch in der Prognose des vierten IPCC-Berichtes von 2007 erwartet worden war. In dem damaligen Bericht ging man nicht davon aus, dass die Antarktis insgesamt an Masse verliert. Sondern die Rechnungen dort haben gesagt, dass die Antarktis an Masse zunimmt, weil in einem wärmeren Klima der Wasserkreislauf stärker wird und damit auch mehr Schnee auf die Antarktis fällt. In den Modellrechnungen waren die Prozesse nicht richtig erfasst, durch die das Eis der Antarktis beschleunigt ins Meer abfließt. Oberflächenschmelze ist in der Antarktis kein Problem, denn die Temperatur ist dort fast immer unter dem Gefrierpunkt. Die Eismodelle waren noch nicht so weit entwickelt, um den Effekt zu berücksichtigen, wenn wärmeres Meerwasser von unten das Eis angreift. Bei den Eisschelfen, die auf das Meer hinausfließen, hat man eine Diskrepanz festgestellt zwischen den Satellitendaten und dem was die Modelle erwarten ließen. Man hat geschaut, woran das liegt, und man hat dann die notwendigen Prozesse mit in die Modelle aufgenommen.

Autoren: Wie beurteilen Sie im Hinblick auf den beschleunigten Eisschwund die Bedeutung sogenannter Klimakipppunkte im Erdsystem? Der Albedo-Effekt, also die Rückstrahlung weißer Eisflächen und die verstärkte Wärmeaufnahme dunklerer Flächen infolge der Eisschmelze, ist in Abschn. 5.3 besprochen worden. Aber es gibt sicherlich noch weitere solcher Kipppunkte …

SR: Ein Kipppunkt ist eine kritische Grenze, ab der der Eisverlust zum Selbstläufer wird, selbst wenn sich das Klima nicht weiter erwärmt. Das ist der Punkt, wo der komplette Verlust eines Eisschildes unaufhaltsam wird. Da gibt es zwei wesentliche Mechanismen. In Grönland ist es die Rückkopplung mit der Dicke des Eisschilds, die einen solchen Teufelskreis auslöst. Wenn der bis drei Kilometer dicke Eispanzer schmilzt und damit dünner wird, kommt die Oberfläche in immer niedrigere und damit auch wärmere Luftschichten. Dies führt dann zum unaufhaltsamen Verlust dieser Eismasse, was zu einem globalen Meeresspiegelanstieg von sieben Metern führen würde. In der Antarktis gibt es einen anderen Rückkopplungsprozess, der zu einem solchen Kipppunkt führt. Davon betroffen sind die marinen Eisschilde, das sind die Teile des antarktischen Eises, die unter dem Meeresspiegel auf dem Land aufgelagert sind. Das Gewicht des Eises drückt den darunterliegenden Felsuntergrund nach unten, sodass große Teile unter dem Meeresniveau liegen. Bei diesem Rückkopplungsprozess handelt es sich um die *marine Eisschildinstabilität*, die bereits in den 1970er-Jahren erkannt und in der Fachliteratur publiziert wurde. Eine solche Eismasse hat eine Aufsetzlinie, ab der sie nicht mehr am Boden aufliegt sondern auf dem Meerwasser schwimmt. Liegt das Eis nun auf einem zum Landinneren abfallenden Felsuntergrund, dann fließt es umso schneller ab, je weiter es sich zurückzieht. Das ist daher auch ein Teufelskreis, der beim westantarktischen Eisschild wahrscheinlich schon ausgelöst wurde und wohl nicht mehr zu stoppen ist. Dies wird in den nächsten Jahrhunderten einen unaufhaltsamen Anstieg des Meeresspiegels um gut drei Meter allein von der Westantarktis auslösen.

Abb. 5.4 Eisabbrüche in den Polargebieten: Symbole der Klimaproblematik (© Bernhard_Staehli/Getty Images/iStock)

Autoren: Der IPCC-Bericht 2014 prognostiziert einen Meeresspiegelanstieg zwischen 51 bis 97 Zentimetern bis zum Ende dieses Jahrhunderts. Sind diese Prognosen angesichts des beschleunigten Eisschwundes noch realistisch, und wie beurteilen Sie generell solche Vorhersagen für den Meeresspiegelanstieg?

SR: Die Zeitskala ist hier ganz entscheidend. Bei der Westantarktis dauert es wahrscheinlich um die 1000 Jahre, bis das Eis abgeschmolzen ist, und allein dadurch wird der Meeresspiegel um gut drei Meter steigen. Das Abschmelzen von Kontinentaleis ist ein sehr langsamer Prozess, und das ist auch der Grund warum die Prognosen für den Meeresspiegelanstieg bis 2100 noch relativ niedrig sind. Schauen wir uns an, was am Ende der letzten Eiszeit vor ca. 15.000 Jahren passierte: Da sind etwa zwei Drittel der eiszeitlichen Eisbedeckung abgeschmolzen, und der Meeresspiegel ist damals um 120 Meter angestiegen – nur aufgrund einer Erwärmung von etwa vier bis fünf Grad. Da wundert man sich vielleicht, wenn der IPCC bis zum Ende des Jahrhunderts bei der gleichen Erwärmung nur einen Meter prognostiziert, und damals waren es 120 Meter. Das liegt daran, dass das Eis am Ende der letzten Eiszeit über einen langen Zeitraum von gut 5000

Jahren abgeschmolzen ist; bei dieser Prognose geht es nur um 100 Jahre. Die wichtige Erkenntnis hierbei ist: Das was wir in den nächsten Jahrzehnten machen, wird den Meeresspiegelanstieg auf Jahrtausende hinaus bestimmen, wenn wir kritische Punkte überschreiten. Was den Anstieg bis 2100 angeht, so hatte der IPCC-Bericht 2014 die Prognosen im Vergleich zum vorherigen vierten Bericht von 2007 schon um etwa 60 Prozent erhöht. Aber auch der Bericht von 2014 ist nicht mehr ganz aktuell, denn in 2019 gab es einen Sonderbericht zu den Ozeanen und Eismassen. Dieser enthält noch einmal etwas höhere Projektionen für den Meeresspiegelanstieg bis zum Ende des Jahrhunderts, und er macht auch eine längerfristige Abschätzung bis zum Jahr 2300. Für den letzteren Fall prognostiziert der Sonderbericht einen Anstieg von etwa einem Meter, wenn wir das Pariser Abkommen einhalten (also bei niedrigeren Emissionen). Aber im hohen Emissionsbereich, wenn die Emissionen unbegrenzt weiter wachsen würden, dann rechnet der IPCC mit einem Meeresspiegelanstieg von bis zu vier Metern. Somit liegt eine sehr große Verantwortung auf der jetzigen Politikergeneration und den Menschen, sich entweder für die Ein- oder die Vier-Meter-Variante zu entscheiden. Im letzteren Fall werden viele der großen Küstenstädte und Inselstaaten aufgegeben werden müssen.

Autoren: Diese langfristigen Prognosen zeigen sehr deutlich, wie dramatisch der Meeresspiegel ansteigen wird, wenn wir immer so weitermachen wie bisher. Nun liefert die Satellitenaltimetrie ja nicht nur den Trend des Meeresspiegelanstiegs über die vergangenen zwei bis drei Jahrzehnte, sondern auch dessen zeitliche Variationen (Abschn. 4.4, Abb. 4.7). Wie schätzen Sie die Bedeutung dieser Informationen ein?

SR: Diese Zeitreihen sind wichtig, um Wechselwirkungen zwischen dem Ozean und den anderen Erdsystemkomponenten im Detail zu studieren. Dazu möchte ich ein Beispiel nennen, denn das finde ich von der Geodäsie her total spannend. Das ist die Tatsache, dass der Meeresspiegel im Jahr 2011 um fünf Millimeter abgesunken ist. Das wissen wir nur durch die Altimetrie, denn sonst könnte man das gar nicht so genau feststellen. Die spannende Frage war dann, wo das ganze Wasser geblieben ist, wenn der globale Meeresspiegel um fünf Millimeter absinkt. Mithilfe der GRACE-Satelliten hat man herausgefunden, dass es sich dabei um Wasser handelte, das auf dem australischen Kontinent gelandet war, und zwar durch extreme Regenfälle im Zusammenhang mit einem starken *La-Niña*-Ereignis im Pazifik. Nun fließt das Wasser vom australischen Kontinent zu einem großen Teil gar nicht in das offene Meer ab, da es große Verdunstungsregionen ohne

Abfluss gibt. Dort wurde das Wasser für ein bis zwei Jahre, bis es wieder verdunstet war, auf dem australischen Kontinent im Boden eingelagert, gespeichert und dadurch dem globalen Meeresspiegel entzogen. Ich finde dieses Beispiel zeigt eindrucksvoll, wie präzise man mit Satelliten solche Meeresspiegelveränderungen und auch Umlagerungen des Wassers auf der Erde verfolgen kann. In der Meeresspiegel-Community hat dies für große Aufmerksamkeit gesorgt.

Autoren: Dieses Absinken war doch sicherlich Wasser auf die Mühlen der Klimaskeptiker. Wie war da Ihre Erfahrung?

SR: Ja, diese kurze Periode eines Absinkens des Meeresspiegels wurde von einschlägigen Klimaskeptikern – prominent zum Beispiel von Björn Lomborg, dem dänischen Politikwissenschaftler – genutzt, um zu sagen, das ist ja alles viel besser als die Vorhersagen dieser alarmierenden IPCC-Berichte. Der Meeresspiegel ist gar nicht mehr gestiegen, sondern er fällt jetzt sogar schon. Und das erzählen die euch einfach nicht. Also so mit dem Unterton eines Verschwörungstheoretikers: „Die Wissenschaftler sagen der Menschheit nicht die Wahrheit.“

Autoren: Bisher ging es um den globalen Meeresspiegelanstieg, den gemittelten Wert über alle Ozeanbereiche. Im Hinblick auf die gesellschaftliche Relevanz ist aber noch viel wichtiger, wie stark der Meeresspiegelanstieg in einer bestimmten Küsten- oder Inselregion steigt. Wie schätzen Sie die Beiträge der Geodäsie hierfür ein?

SR: Die Satellitenaltimetrie ist die wichtigste Informationsquelle für die Bestimmung des Meeresspiegelanstiegs und auch für seine räumliche Verteilung, die regional sehr unterschiedlich ausfallen kann. Im Jahr 2013 führte der Tropensturm Haiyan in den Philippinen zu verheerenden Überschwemmungen. In dieser Region hatten wir seit Mitte des letzten Jahrhunderts bereits einen Meeresspiegelanstieg von etwa 60 Zentimetern zu verzeichnen, während der globale gemittelte Anstieg des Meeresspiegels seit dem frühen 20. Jahrhundert nur etwa 20 Zentimeter beträgt. Die Folgen dieser Sturmflut wurden massiv dadurch verschärft, dass sie in einer Region eingetreten ist, wo der Meeresspiegel so stark angestiegen war. Die Altimeterdaten helfen jetzt dabei, die Gründe für diese regionalen Unterschiede im Meeresspiegelanstieg zu entschlüsseln. In dem Fall ging es hauptsächlich um eine natürliche Schwankung, die Pazifisch Dekadische Oszillation, die eine Veränderung der Winde im Pazifik mit sich bringt. Dabei geht es um die Frage, ob der Wind das tropische Wasser eher in Richtung Westen oder Osten weht, je nachdem steht der Meeresspiegel dann auf dieser Seite etwas höher.

Es gibt aber noch einen weiteren sehr entscheidenden Beitrag der Geodäsie. Die GPS-Satelliten erlauben es, die Landhebung und die Landsenkung an den Küsten exakt zu bestimmen. Daraus ergibt sich ein relativer Meeresspiegelanstieg, also relativ zur Küste, denn der ist ja relevant für die Auswirkung. Es kommt also nicht nur auf den absoluten Meeresspiegel an, sondern auch auf die Veränderung der Höhe des Landes. In manchen Regionen senkt sich die Küste ab und in anderen hebt sie sich. Letzteres vor allem in Skandinavien als Spätfolge vom Abschmelzen der Eismassen der letzten Eiszeit. Dadurch gibt es dort eine erhebliche Landhebung und relativ zur Küste sinkt dort sogar der Meeresspiegel. Deshalb wurde der Hafen von Stockholm irgendwann vom Meer abgeschnitten und ein neuer musste gebaut werden, weil sich die Landmasse immer mehr aus dem Meer herausgehoben hat. Um diese ganzen Prozesse zu verstehen, da liefert die Geodäsie den entscheidenden Dateninput, der dann genutzt werden kann, um die Auswirkungen des Meeresspiegelanstiegs lokal für die jeweiligen Küstengebiete vorherzusagen.

Autoren: Herr Rahmstorf, damit sprechen Sie einen wichtigen Punkt an: Anhand des relativen Meeresspiegelanstiegs lassen sich die Auswirkung auf eine bestimmte Küstenregion feststellen. Aber nicht alle Küstenbewohner können sich so glücklich schätzen wie die Skandinavier. GPS-Beobachtungen der amerikanischen Kollegen zeigen, dass sich die Südost- und Ostküste der USA großflächig um bis zu einem Zentimeter pro Jahr absenkt, was sich dann zum Meeresspiegelanstieg addiert. Dies ist sicherlich keine beruhigende Botschaft an die dortigen Bewohner, etwa in New Orleans, Florida oder New York, aber dies nur als kleine Ergänzung. Gehen wir nun zum Thema Meeresströmungen über, mit dem Sie sich ja auch sehr intensiv beschäftigt haben. Wie beurteilen Sie den Einfluss des Klimawandels auf die Stabilität des Nordatlantikstroms?

SR: Der Nordatlantikstrom ist die Zentralheizung insbesondere von Nordwesteuropa, weil er riesige Wärmemengen im Atlantik nach Norden transportiert. Die Klimamodelle haben schon seit Langem vorhergesagt, dass er sich durch die globale Erwärmung abschwächen wird. Ein wichtiger Beitrag ist die Eisschmelze des Grönlandeises, wodurch vermehrt Süßwasser in das Oberflächenwasser des nördlichen Atlantik eindringt und dieses verdünnt. Dadurch sinkt der Salzgehalt, das Oberflächenwasser wird leichter und es kann dadurch schwerer absinken. Aber genau dieses Absinken treibt die große Umwälzbewegung des Atlantikwassers im hohen Norden an, strömt dann in 2000 bis 3000 Metern Tiefe nach Süden bis hinunter ins Südpolarmeer. An der Oberfläche fließt zum Ausgleich nun warmes Oberflächenwasser nach Norden in die hohen Breiten des nördlichen Atlantiks. Inzwischen zeigen unsere eigenen Studien, aber auch die anderer Kollegen, dass sich diese Umwälzbewegung im Atlantik seit Mitte des 20. Jahrhunderts um etwa 15 Prozent abgeschwächt hat. Sie ist damit schwächer als seit mindestens 1000 Jahren. Das belegen eine Reihe unterschiedlicher Studien auf Basis von Sedimentdaten. Die direkte Messung dieser Strömung ist allerdings ziemlich schwierig, wenn man weiter in der Vergangenheit zurückgehen möchte, denn gute Messungen haben wir eigentlich erst ab 2004, als eine Messlinie zur permanenten Beobachtung installiert worden ist.

Aber auch hier können die Altimeterdaten wieder helfen, die Veränderungen zu messen. Aufgrund der Corioliskraft haben die Meeresströmungen einen direkten Einfluss auf die Neigung des Meeresspiegels, da das strömende Wasser dadurch auf der Nordhalbkugel nach rechts abgelenkt wird. Damit es geradeaus strömen kann, gibt es ein Gefälle nach links, sodass der daraus resultierende Druckgradient die Corioliskraft genau kompensiert. Deswegen ist auf der linken Seite des Golfstroms der Meeresspiegel etwa um einen Meter niedriger als auf der rechten Seite. Genau das lässt sich mit der Altimetrie messen.

Autoren: Wie wirkt sich eine Abschwächung des Nordatlantikstroms aus?

SR: Wir untersuchen aktuell die Abschwächung um 15 Prozent. Denn dies hat dazu geführt, dass wir im nördlichen Atlantik die einzige Region der Welt finden, die sich in den letzten 100 Jahren deutlich abgekühlt hat, während der ganze Rest des Globus sich erwärmt hat. So eine deutliche Veränderung der Temperaturmuster draußen auf dem Nordatlantik relativ zum Land hat wiederum Auswirkungen auf die Verteilung von Hoch- und Tiefdruckgebieten und damit auf die Winde in der Atmosphäre. Wir glauben, dass es den Verlauf des Jetstreams in der Atmosphäre beeinflusst, und zwar vermutlich so, dass in den Sommermonaten bevorzugt die Luftströmung aus dem Südwesten nach Europa hereinkommt und damit Hitzewellen begünstigt. Studien zeigen, dass die schlimmsten Hitzewellen, wie zum Beispiel der Jahrhundertsommer 2003 oder der Sommer 2015 gerade dann eingetreten sind, wenn es im Nordatlantik besonders kalt war. Das ist erst einmal ein bisschen überraschend und paradox. Die meisten Leser haben vielleicht noch den Hollywood-Film „The Day After Tomorrow" im Kopf, wo der Nordatlantikstrom plötzlich zusammenbricht und es dann eisig kalt wird. So etwas ähnliches, wenn auch nicht so drastisch wie im Kino, könnte tatsächlich passieren, wenn der Nordatlantikstrom seinen Kipppunkt überschreitet, denn der hat auch einen solchen kritischen Punkt, und dann ganz abreißt. Dann würde es im Nordwesten Europas, insbesondere in Großbritannien und Skandinavien, tatsächlich erheblich kälter werden.

Autoren: Herr Rahmstorf, Sie haben den verheerenden Tropensturm Haiyan in den Philippinen angesprochen. In den vergangenen Jahren gab es eine ganze Reihe solcher gewaltigen Tropenstürme. Spielt hier die Klimaerwärmung eine Rolle?

SR: Es wurde lange erwartet, dass die Intensität von Tropenstürmen durch die globale Erwärmung zunimmt, weil diese Stürme ihre Energie aus der Wärmeenergie bekommen, die im Oberflächenozean gespeichert ist. Von daher ist es plausibel, dass bei einer Erwärmung der Meeresoberfläche, die wir ja beobachten, auch mehr Energie für solche Tropenstürme zur Verfügung steht. Ein entsprechender Nachweis in den Daten ist allerdings sehr schwierig und war lange stark umstritten, weil man keine wirklich homogenen und langzeitigen Datensätze über die Stärke von Tropenstürmen hat. Daher scheute das Expertengremium für Tropenstürme von der meteorologischen Weltorganisation WMO in seinen Berichten davor zurück, zu sagen, dass die Intensität von Tropenstürmen zunimmt. Im vergangenen Jahr 2019 ist das Expertengremium der WMO allerdings erstmals aufgrund der aktuellen Statistiken über Tropenstürme zu der Schlussfolgerung gekommen, dass deren Intensität signifikant zugenommen hat.

Autoren: Wie schätzen Sie die Auswirkungen der Klimaerwärmung auf den globalen Wasserkreislauf sowie auf die Intensität und Häufigkeit von Extremwetterereignissen ein, etwa von Starkregen oder Dürren? Welche Konsequenzen der Klimaerwärmung sehen Sie für die landwirtschaftliche Produktion und die Wasserversorgung und welchen Nutzen bringt die Satellitengeodäsie, um Aussagen zur Verfügbarkeit der lebenswichtigen Ressource Wasser zu machen?

SR: Man kann klar sagen, dass Extremniederschläge infolge der Klimaerwärmung zunehmen. Das ist auch zu erwarten, das ist einfache Physik. Warme Luft kann mehr Wasserdampf halten, der Sättigungsdampfdruck steigt entsprechend mit der Temperatur, und das können wir in den Messdaten gut sehen. Dazu gibt es eine Studie aus meiner Abteilung und auch aus anderen Erdteilen, dass weltweit die Häufigkeit von Extremniederschlägen signifikant zugenommen hat. Das schließt aber umgekehrt keineswegs aus, dass auch die Häufigkeit von Dürren zunimmt, und das ist regional sehr unterschiedlich. Die globale Temperatur steigt überall auf der Erde, außer im nördlichen Atlantik. Die Niederschläge nehmen in manchen Gegenden ab, in anderen nehmen sie zu, auch saisonal ist das sehr unterschiedlich. Hier in Brandenburg, wo ich wohne, nehmen sie im Sommer eher ab, und im Winter eher zu. Und dann haben wir noch das Problem, dass sich die Niederschläge anders verteilen. Ein größerer Prozentsatz der Niederschläge kommt in kurzen Extremereignissen runter und dazwischen gibt es längere Pausen. Insgesamt wird es variabler, und so kann selbst in derselben Region die Häufigkeit von Extremregen und von Dürren zunehmen. Das ist dann so ein Beispiel wo die Skeptiker immer sagen: „Ja, diese Klimaforscher … Wenn es trockener wird, sagen sie, es liegt an der Klimaerwärmung … Wenn es nasser wird, sagen sie, es liegt an der Klimaerwärmung … Wenn es kälter wird, … Wenn es wärmer wird, …" (lacht).

Die Welt ist aber leider durchaus etwas komplex und es ist tatsächlich so, dass sowohl Dürren als auch Extremregen durch die globale Erwärmung eher zunehmen. Was das für Probleme mit sich bringt, haben wir einerseits bei den massiven Buschfeuern in Australien gesehen, den Bränden im brasilianischen Regenwald, in der sibirischen Taiga und in Südeuropa, um nur einige Beispiele zu nennen. Auch in Deutschland haben wir in den letzten zwei Jahren erhebliche Probleme mit Waldbränden gehabt, wenn auch nicht ganz so schlimm wie in den trockeneren Gebieten der Erde. Der Albtraum der meisten Klimaforscher, die ich kenne, ist allerdings eine verheerende Dürre, denn die könnte zu einer Hungersnot führen, wenn entsprechende Ernteausfälle folgen. Wir haben so etwas Ähnliches schon in Syrien gesehen. Denn die Massenproteste und Unruhen dort sind nach der schlimmsten Dürre in der syrischen Geschichte ausgebrochen, als es 1,5 Millionen Binnenflüchtlinge in Syrien gab. Viele Bauern mussten ihre Dörfer verlassen, weil ihr Vieh gestorben ist und die Ernten ausgeblieben sind. So etwas kann einen schon schwachen oder konfliktbehafteten Staat tatsächlich destabilisieren. Eine Reaktion der Bauern auf zunehmende Trockenheit ist zu versuchen, dies mit Bewässerungssystemen zu kompensieren. Da muss man aber aufpassen, weil das Grundwasser und die tieferen Vorkommen eine begrenzte Ressource sind, die man übernutzen kann. Die Geodäsie ist hier sehr wichtig, da die GRACE-Satelliten globale Veränderungen im Wasserhaushalt feststellen können, also auch wo Grundwasser überbeansprucht wird und die Vorräte dadurch schrumpfen.

Autoren: Der Klimawandel wird in der Öffentlichkeit sehr kontrovers diskutiert. Die bestehenden Konflikte zwischen verschiedenen Interessengruppen erschweren nachhaltige Lösungskonzepte. Wie erleben Sie die gegenwärtige Situation?

SR: Also, zunächst einmal sehe ich die Wissenschaftler hier nicht als eine Interessengruppe, wenn es um Klimapolitik geht, denn wir tun dies ja aus einer gesellschaftlichen Verantwortung heraus und nicht, um eigene Interessen zu verfolgen. Das nur als Vorbemerkung. Es gibt aber massive Interessengruppen in die andere Richtung, nämlich Industriezweige, die kein Interesse haben, die globale Erwärmung zu begrenzen, und das möglichst verhindern wollen, weil sie die fossilen Brennstoffe noch möglichst lange weiter verkaufen möchten. Und es ist jetzt auch ans Tageslicht gekommen, dass die Firma Exxon durch die eigenen Experten schon in den 1970er- und 1980er-Jahren intern wusste, dass das Produkt, das sie verkaufen, eine globale Erwärmung verursachen wird. Die eigenen Wissenschaftler sprachen in einer internen Präsentation für die Exxon-Führung sogar von einem *Super-Interglazial,* also einer Super-Zwischeneiszeit, die noch wärmer wird als das Eem-Interglazial vor etwa 120.000 Jahren, die bisher wärmste Phase unserer jüngeren Erdgeschichte. Das hat Exxon sehr früh schon klar gesehen, hat sich aber dafür entschieden, lieber Hunderte Millionen Dollar in die Täuschung der Öffentlichkeit über diese Tatsachen zu investieren. Das hat die öffentliche Diskussion vergiftet und auch stark polarisiert. Vor allem in den USA, wo mit der Trump-Administration die fossile Energielobby an die Regierung gekommen ist.

Nun zur Wissenschaft: Ich denke, sie hat ihre Hausaufgaben gemacht mit den Arbeiten im Weltklimarat und den IPCC-Berichten. Man ist mit dieser hervorragenden Wissensgrundlage nicht mehr darauf angewiesen, selbst als Politiker, als Wirtschaftsführer oder als normaler Bürger, die primäre Fachliteratur zu studieren. Das ginge auch gar nicht, denn jedes Jahr erscheinen etwa 20.000 Fachpublikationen zum Thema Klimawandel, was für Außenstehende unüberschaubar ist. Von daher sind für mich solche freiwilligen und ehrenamtlichen Bemühungen, wie die des IPCC ganz wichtig in der modernen komplexen Welt, um das Fachwissen zu bündeln, und damit eine Grundlage für politische Entscheidungsträger und die Öffentlichkeit zu liefern.

Autoren: Wie beurteilen Sie die Bedeutung von Bürgerinitiativen wie jene von Greta Thunberg?

SR: Ich finde das großartig, dass die jungen Menschen von *Fridays for Future* auf die Straße gehen. Ich kenne Greta Thunberg persönlich und ich kann sagen, dass sie die Wissenschaft sehr gut versteht. Ich wäre froh, wenn verschiedene Bundestagsabgeordnete so viel von der Klimawissenschaft verstehen würden wie Greta Thunberg. Dann würden wir wahrscheinlich auch verantwortungsbewusstere Entscheidungen in der Politik sehen. Nach jahrzehntelangen Verhandlungen haben wir nun immerhin 2015 das Pariser Abkommen bekommen. Die Widerstände, das auch umzusetzen, sind allerdings in den meisten Ländern nach wie vor sehr groß. Die Beharrungskräfte der etablierten Lobbys sind stark. Von daher ist es sehr sinnvoll und notwendig, dass die Bürger und auch gerade die jungen Menschen auf die Politik Druck ausüben, endlich zu handeln. Ansonsten laufen wir hier in eine Katastrophe für die Menschheit hinein, die auf Jahrhunderte hinaus nicht mehr reversibel ist, wenn wir hier nicht rasch umsteuern. Das ist ein Unterschied zum Corona-Virus, der wie eine Welle über uns schwappt. Nach drei Jahren ist es sicherlich überstanden, und man hat dann wahrscheinlich einen Impfstoff entwickelt. Die Folgen der globalen Erwärmung werden Jahrhunderte lang mit uns sein, der Meeresspiegel wird Jahrtausende weiter ansteigen, sodass dann eine stabile Besiedlung der Küsten gar nicht mehr möglich ist. Wenn man eine Stadt weiter zurückbaut, ist sie nach 100 Jahren von dem dann noch weiter gestiegenen Meeresspiegel wieder eingeholt.

Autoren: Vielen Dank, Herr Rahmstorf.

Epilog

Lieber Leser! Wie geht es Ihnen nach der Lektüre dieses Buches? Sie haben sich tapfer durch die Geschichte der Geodäsie gekämpft, mit offenem Ohr und technikaffinem Appetit die Beschreibung der beeindruckenden geodätischen Beobachtungstechniken verdaut und sich danach anhand zahlreicher Beispiele vor Augen geführt, was unsere Erde so bewegt.

Der Eintritt in das Satellitenzeitalter ermöglichte uns aufgrund des neu gewonnenen weiten Blicks „von oben" auf unseren Planeten einen Perspektivenwechsel, welcher der Geodäsie völlig neue Möglichkeiten eröffnete. Mit den heutigen Satellitenverfahren können auch kleinste Veränderungen auf der Erde sehr zuverlässig detektiert werden – und zwar großräumig und über kontinentale Grenzen hinweg, was zuvor mit den erdgebundenen Messverfahren unvorstellbar war. Damit haben sich der Charakter und das Aufgabenspektrum der Disziplin in den vergangenen Jahrzehnten geradezu explosionsartig entwickelt.

Die Geodäsie hat unseren Alltag heute tief durchdrungen, und nach der Lektüre dieses Buches wissen Sie: Jeder nutzt Geodäsie! Geodätische Satellitensysteme wie GNSS sind Teil unseres täglichen Lebens geworden. Milliarden von Mobiltelefonen finden sich in Brust- Hosen- oder Handtaschen wieder und ermitteln die Position ihrer Träger, und fast ebenso viele Autofahrer vertrauen auf die liebliche Stimme „In 200 Metern rechts abbiegen" in nahezu allen Sprachen dieser Welt. Die geodätischen Beobachtungsverfahren stellen auch jenen Bezugsrahmen her, der in unserer digitalen und global vernetzten Welt eine ganz elementare Rolle als einheitliche Referenz für Informationen vielerlei Art einnimmt. Und nicht zuletzt leistet die Satellitengeodäsie wichtige

© Springer-Verlag GmbH Deutschland, ein Teil von Springer Nature 2021
D. Angermann et al., *Mission Erde*, https://doi.org/10.1007/978-3-662-62338-1

Beiträge für die interdisziplinäre Erforschung unseres Erdsystems, denn sie liefert mit den hochgenauen globalen Erdbeobachtungen wichtige Grundlagen für andere Geowissenschaften, wie etwa Geophysik, Ozeanografie, Hydrologie, Meteorologie und Klimatologie.

Beim Lesen dieses Buches hat sich vielleicht eine wichtige Erkenntnis bei Ihnen eingenistet: Wir leben auf einem einzigartigen Planeten. Das Erdsystem ist durch unzählige dynamische Prozesse geprägt, die das Erscheinungsbild der Erde im Lauf ihrer Geschichte ständig verändert haben.

Seit einigen Jahrzehnten sind wir jedoch Zeugen eines immer rasanter ablaufenden Wandels. Viele Studien belegen dramatische Transformationsprozesse, die in rasanter Geschwindigkeit Umwelt und Lebensbedingungen in vielen Regionen stark verändern, angetrieben durch die globale Erwärmung unseres Planeten und verschärft durch starkes Bevölkerungswachstum.

Wir haben in diesem Buch zahlreiche Dokumente für diese Transformation zusammengetragen und demonstriert, mit welcher erstaunlichen Genauigkeit wir diese Veränderungsprozesse geodätisch beobachten können. Mit solchen Messungen werden Fakten geschaffen, die auch die leuchtendsten Verschwörungstheorien, die den Klimawandel in Zweifel ziehen, verblassen lassen. Natürlich können diese Messungen nicht zweifelsfrei belegen, dass wir Menschen längst keine weiße Weste mehr haben und zu einem Gutteil für die aktuell beobachteten Veränderungsprozesse verantwortlich sind. Es ist auch richtig, dass wir viele Detailaspekte unseres komplexen Systems Erde noch nicht bis in die letzte Haarspitze nachvollziehen können. Als Natur- und Ingenieurwissenschaftler sind wir aber davon überzeugt, das System Erde und seine Abläufe zumindest in seinen wesentlichen Zügen verstanden zu haben. Warum sonst messen wir heute ziemlich genau das, was uns die Klimamodelle vor 20 Jahren vorhergesagt haben?

Im Vorgespräch zum Interview mit Harald Lesch hat dieser einen besonders (be-)merkenswerten Satz gesagt: „Professoren, sperrt die Hörsäle zu und geht hinaus auf die Straße, um den Leuten zu sagen, was Sache ist." Mit diesem Buch haben wir uns diesen Satz zu Herzen genommen: Wir möchten damit möglichst vielen Menschen sagen, was wir heute aufgrund von hochgenauer Beobachtung wissen und wie belastbar die daraus resultierenden Aussagen sind. Haben wir Ihnen damit ein paar Nackenhaare aufgestellt und Sie auch zum Grübeln gebracht?

Man muss kein Prophet sein, um vorherzusagen, dass die Umsetzung von Eindämmungsstrategien und umfangreichen, enorm kostspieligen Schutz- und Anpassungsmaßnahmen dabei zu den großen Herausforderungen gehört, die auf die Gesellschaft zukommen. Für die Entwicklung der richtigen Konzepte sind die Erkenntnisse der Erdsystemforschung über Prozesse und Wechselwirkungen von zentraler Bedeutung. Die Voraussetzung für ein möglichst detailliertes Verständnis der Abläufe sind verlässliche und langfristige Beobachtungsdaten von räumlichen Zuständen und zeitlichen Veränderungen. Genau für diese Aufgabe kommt der Geodäsie eine wichtige Bedeutung zu, die die Erde mit unterschiedlichen Sensoren und Beobachtungssystemen ins Visier nimmt.

Die Satellitendaten zeigen etwa ein immer schnelleres Abschmelzen der Eisschilde auf Grönland und der Westantarktis und ein kontinuierliches Ansteigen des Meeresspiegels. Dafür verantwortlich sind sich selbst verstärkende Rückkopplungsprozesse in unserem Erdsystem. Und die Experten sind sich einig, dass es hierbei kritische Kipppunkte gibt. Wenn wir also bestimmte Grenzen überschreiten, dann werden die Prozesse zum Selbstläufer und sind über Jahrhunderte nicht mehr reversibel. Treibhausgasemissionen bestimmen ganz entscheidend das Ausmaß der Erderwärmung und erhöhen die Wahrscheinlichkeit, die Latte zu solchen Kipppunkten zu reißen. Es soll nicht oberlehrerhaft klingen, doch: Wir tragen eine enorme Verantwortung für die Zukunft unseres Planeten. Deshalb sind wir aufgefordert, entschlossen zu handeln und innovative Konzepte für eine nachhaltige Zukunftsgestaltung zu entwickeln.

Also, lieber Leser: Denken Sie bitte darüber nach, auch nachdem Sie dieses Buch in Ihrem Bücherregal (analog) verräumt oder im Datenarchiv (digital) gespeichert haben: Sind wir Steuermann – oder nur blinder oder einäugiger Passagier auf unserer Mission Erde?

Danksagung

Vor gut zwei Jahren trafen wir im Rahmen einer wissenschaftlichen Großtagung eine engagierte Repräsentantin von Springer Spektrum. Bald begannen wir mit ihr eine nette Plauderei und erzählten, woran wir denn so forschen. Daraufhin fragte sie uns, ob wir das nicht einmal für ein breiteres Publikum aufschreiben wollen. Sie hat uns also dazu verführt, aus dieser spontanen Idee ein reales Buch werden zu lassen, und sie hat uns in den ersten Monaten dieses Buchprojekts mit großem Engagement begleitet. Frau Dr. Simone Jordan, ohne Sie gäbe es dieses Buch in dieser Form nicht. Ganz herzlichen Dank dafür.

Mit genauso viel Herzblut und positiver Energie wurden wir danach von Stefanie Wolf bis zur Abgabe des Manuskripts betreut. Vielen lieben Dank für Ihre zahlreichen positiven Rückmeldungen. Sie haben nicht versucht, uns in ein vorgegebenes Korsett zu zwängen, sondern haben uns beim Verfassen dieses Buches viel Freiraum und Entfaltung gelassen. Mindestens gleich großer Dank geht an Anja Dochnal und Stella Schmoll. Sie haben uns bei der Manuskripterstellung in allen technischen Angelegenheiten begleitet und unsere gefühlt Tausenden Detailfragen zur Gestaltung dieses Buches mit grenzenloser Geduld beantwortet. Ein Dankeschön auch an die übrigen Mitarbeiterinnen und Mitarbeiter des Verlages, die zur Erstellung dieses Werkes beigetragen haben.

Haben Sie, lieber Leser, eine Vorstellung davon, wie viele schlaue Köpfe und fleißige Hände mitgeholfen haben, um all die Ergebnisse, die wir in diesem Buch schlaglichtartig präsentieren, zu erzielen? Dies gilt nicht nur für die Mitarbeiter und Kollegen an unseren geodätischen Lehrstühlen an der Technischen Universität München, sondern auch für die unzähligen Kollegen, die weltweit an den geodätischen Beobachtungsstationen rund um die Uhr im Einsatz sind, sich in den internationalen Organisationen unter dem Dach der IAG engagieren oder mit der Koordination der Observatorien und der Datenanalyse befasst sind. Eure Arbeiten, liebe Kollegen, und die daraus resultierenden geodätischen Produkte, die der Allgemeinheit kostenfrei zur Nutzung zur Verfügung gestellt werden, sind das Rückgrat für die Erforschung des Systems Erde. Damit ist dieses Buch auch Euer Buch. Ein riesengroßes Dankeschön dafür.

Unser Dank gilt auch unseren Kollegen Günter Hein, Harald Lesch und Stefan Rahmstorf. Im Rahmen der Interviews für dieses Buch haben Sie auf der Grundlage Ihrer umfangreichen Expertise Ihre Sichtweise zur Relevanz der geodätischen Messsysteme und Beobachtungsergebnisse für die Erdsystemforschung und gesellschaftliche Anwendungen beigetragen. Sie haben damit die Perspektive des satellitenbasierten „Blicks von oben" auch noch um Einblicke von außen wesentlich erweitert.

Wir bedanken uns sehr herzlich bei den Kollegen der Fakultät für Luftfahrt, Raumfahrt und Geodäsie der Technischen Universität München. Dieses Umfeld befruchtet unsere Forschung, die sich ja vielfach auf Satellitenverfahren stützt, und wir freuen uns auf viele weitere gemeinsame Aktivitäten zur Erkundung unseres Heimatplaneten. Nicht zuletzt freuen wir uns, dass wir uns mit dem Buchtitel „Mission Erde" das Leitmotiv unserer Fakultät ausleihen durften.

Und natürlich möchten wir zum Schluss auch nicht verabsäumen, Ihnen, liebe Leserin und lieber Leser – nun sind wir zurück im Gender- Sprech –, Danke zu sagen. Sie haben sich tapfer durch gut 250 Seiten geodätisches Detailwissen gekämpft. Sie wissen nun, was wir Menschen schon alles über unseren Planeten wissen. Sie wissen jetzt aber auch, dass wir noch

viel mehr wissen müssen, um zu verstehen, wie dieses aus vielfach wechsel-
wirkenden Komponenten zusammengesetzte, hochkomplexe System Erde
im Detail funktioniert. Wissen und auch ein bisschen (Ge-)Wissen sind
auch die Grundvoraussetzung dafür, unser Handeln im Sinne der nächsten
Generationen und unserer Umwelt zu gestalten. Der wichtigste Beitrag
dieses Buches aber ist wohl, dass Sie jetzt nicht mehr nur Leserin oder
Leser sind, sondern Multiplikatorin und Multiplikator von Wissen über
gemessene Fakten und daraus abgeleitete Zusammenhänge. Deshalb danken
wir Ihnen schon im Voraus dafür, wenn Sie dies in ihrem Bekanntenkreis
weitererzählen!

Literaturempfehlungen

Becker M und Hehl K (2012) Geodäsie. GEOWISSEN KOMPAKT. WBG Darmstadt, ISBN 978-3-534-23156-0
Dieses Lehrbuch führt in das Thema Geodäsie und ihre Disziplinen auf sehr verständliche und übersichtliche Weise ein.

Bialas V (1982) Erdgestalt, Kosmologie und Weltanschauung. Die Geschichte der Geodäsie als Teil der Kulturgeschichte der Menschheit. K. Wittwer, Stuttgart, ISBN 3-87919-135-2
Dieses Buch stellt die Geschichte der Messungen der Erde und der damit zusammenhängenden Vorstellungen von der Erdgestalt in den Kontext der Kulturgeschichte und den geistigen Standort des Menschen.

Bührke T (2015) Die Geschichte einer Formel. EINSTEINS Jahrhundertwerk. 2. Aufl. dtv Premium, München, ISBN 978-3-423-34898-0
Der Wissenschaftsjournalist, Physiker und Astronom Thomas Bührke stellt in diesem Taschenbuch die wesentlichen Aspekte der Einstein'schen Relativitätstheorie dar und zeigt die Entwicklung bis zum gegenwärtigen Stand der Erkenntnisse.

Intergovernmental Panel on Climate Change – IPCC (2014) Climate Change 2014: Synthesis Report. Contribution of Working Groups I, II and III to the Fifth Assessment Report of the Intergovernmental Panel on Climate Change [Core Writing Team, R.K. Pachauri and L.A. Meyer (eds.)]. IPCC, Geneva, Switzerland; www.de-ipcc.de
Dieses Dokument ist der zum Zeitpunkt des Erscheinens dieses Buches aktuellste Sachstandsbericht des Weltklimarats. Er stellt die Grundlage für die Weltklimakonferenzen und politische Entscheidungsprozesse dar.

Kehlmann D (2008) Die Vermessung der Welt. Rowolt, Reinbek bei Hamburg, ISBN 978-3-499-24100-0
In diesem Roman schildert Daniel Kehlmann mit hintergründigem Humor das Leben zweier Genies: Alexander von Humboldt und Carl Friedrich Gauß.

© Springer-Verlag GmbH Deutschland, ein Teil von Springer Nature 2021
D. Angermann et al., *Mission Erde*, https://doi.org/10.1007/978-3-662-62338-1

Lesch H und Kamphausen K (2018) Wenn nicht jetzt, wann dann? Handeln für eine Welt in der wir leben wollen. Penguin Verlag, München, ISBN 978-3-328-60021-3
In diesem Buch werden anhand zahlreicher Beispiele Lösungsansätze für brennende Probleme der Menschheit, wie den Klimawandel, die Ausbeutung der Natur durch den Menschen, die zunehmende Ökonomisierung und die Spaltung der Gesellschaft aufgezeigt.

Müller J, Pail R und die Abteilung Erdmessung der Deutschen Geodätischen Kommission DGK (2019): Erdmessung 2030, Zeitschrift für Vermessungswesen (zfv) 1/2019, S. 4-16; https://geodaesie.info/zfv/heftbeitrag/8326
Dieses Strategiepapier dokumentiert den aktuellen Stand und nennt die wichtigsten Zukunftsaufgaben, die die Erdmessung in Deutschland mit einem zeitlichen Horizont bis 2030 identifiziert hat. Es wurde von den Mitgliedern der Abteilung Erdmessung der Deutschen Geodätischen Kommission verfasst.

Padova T de (2015) Leibniz, Newton und die Erfindung der Zeit. 2. Aufl. Piper, München/Berlin, ISBN 978-3-492-30628-7
Der Physiker und Wissenschaftsjournalist Thomas de Padova rollt anhand der faszinierenden Biografien von Isaac Newton und Gottfried Wilhelm Leibniz die Geschichte unseres Verständnisses von Zeit auf.

Padova T de (2015) Das Weltgeheimnis. Kepler, Galilei und die Vermessung des Himmels, 7. Aufl. Piper, München/Berlin, ISBN 978-3-492-25861-6
Dieses Taschenbuch erzählt die ungleiche Beziehung zweier berühmter Forscher und die packende Entstehungsgeschichte des modernen Weltbilds.

Rahmstorf S, Schellnhuber HJ (2019) Der Klimawandel. 9. Aufl. C.H. Beck, München, ISBN 978-3-406-74376-4; https://scilogs.spektrum.de/klimalounge
Zwei international führende Klima-Experten geben einen kompakten und verständlichen Überblick über den aktuellen Stand unseres Wissens zum Thema Klimawandel und zeigen Lösungswege auf.

Rummel R (Hrsg.) (2017) Erdmessung und Satellitengeodäsie. Handbuch der Geodäsie (Hrsg. Freeden W und Rummel R). Springer Spektrum, Berlin, ISBN 978-3-662-47099-2
Dieser Band der sechsbändigen Reihe „Handbuch der Geodäsie" ist ein wissenschaftlich fundiertes Werk zu den Themen Erdmessung und Satellitengeodäsie.

Teunissen PJG, Montenbruck O (Eds.) (2017) Springer Handbook of Global Navigation Satellite Systems, Springer International Publishing AG, Cham, Switzerland, ISBN 978-3-319-42926-7
Dieses Handbuch bietet einen vollständigen und tiefgreifenden Überblick über die Grundlagen, Methoden und Anwendungen von globalen satellitengestützten Navigationssystemen.

Torge W (2009) Geschichte der Geodäsie in Deutschland. 2. Aufl. W. de Gruyter, Berlin/New York, ISBN 978-3-11-020719-4
Die Monografie stellt die lange Geschichte der Geodäsie als eine mehrere Tausend Jahre alte Geo- und Ingenieurwissenschaft vor. Schwerpunkt dieses umfassenden Werkes sind die geodätischen Arbeiten in Deutschland bis in die 1950er-Jahre.

Torge W, Müller J (2012) Geodesy. 4th Edition, De Gruyter, Berlin/New York, ISBN 978-3-11-020718-7
Dieses Lehrbuch bietet einen fundierten Überblick über Grundlagen, Messtechniken und Methoden der modernen Geodäsie.

Wulf A (2016) Alexander von Humboldt und die Erfindung der Natur. 12. Aufl. deutsche Ausgabe C. Bertelsmann, München, ISBN 978-3-570-10206-0
Die Historikerin Andrea Wulf folgt den Spuren des berühmten Naturforschers und Vermessers Alexander von Humboldt. Sie zeigt, dass unser heutiges Wissen um die Verwundbarkeit der Erde in seinen Überzeugungen verwurzelt ist.

Stichwortverzeichnis

© Springer-Verlag GmbH Deutschland, ein Teil von Springer Nature 2021
D. Angermann et al., *Mission Erde*, https://doi.org/10.1007/978-3-662-62338-1

Springer

Willkommen zu den Springer Alerts

Unser Neuerscheinungs-Service für Sie:
aktuell | kostenlos | passgenau | flexibel

Mit dem Springer Alert-Service informieren wir Sie individuell und kostenlos über aktuelle Entwicklungen in Ihren Fachgebieten.

Abonnieren Sie unseren Service und erhalten Sie per E-Mail frühzeitig Meldungen zu neuen Zeitschrifteninhalten, bevorstehenden Buchveröffentlichungen und speziellen Angeboten.

Sie können Ihr Springer Alerts-Profil individuell an Ihre Bedürfnisse anpassen. Wählen Sie aus über 500 Fachgebieten Ihre Interessensgebiete aus.

Bleiben Sie informiert mit den Springer Alerts.

Jetzt anmelden!

Mehr Infos unter: springer.com/alert

Part of **SPRINGER NATURE**

CPSIA information can be obtained
at www.ICGtesting.com
Printed in the USA
LVHW082146030321
680549LV00010B/505